INSTATIONÄRE WÄRMESPANNUNGEN

VON

HEINZ PARKUS
O. PROFESSOR AN DER TECHNISCHEN HOCHSCHULE IN WIEN

MIT 34 TEXTABBILDUNGEN

WIEN
SPRINGER-VERLAG
1959

ISBN 978-3-7091-5712-1   ISBN 978-3-7091-5710-7 (eBook)
DOI 10.1007/978-3-7091-5710-7

ALLE RECHTE, INSBESONDERE DAS DER ÜBERSETZUNG
IN FREMDE SPRACHEN, VORBEHALTEN

OHNE AUSDRÜCKLICHE GENEHMIGUNG DES VERLAGES IST ES AUCH NICHT GESTATTET,
DIESES BUCH ODER TEILE DARAUS AUF PHOTOMECHANISCHEM WEGE
(PHOTOKOPIE, MIKROKOPIE) ZU VERVIELFÄLTIGEN

© 1959 BY SPRINGER-VERLAG IN VIENNA

Softcover reprint of the hardcover 1st edition 1959

Vorwort.

Der vorliegende Band bildet die Fortsetzung und den vorläufigen Abschluß einer systematischen Darstellung der Theorie der Wärmespannungen, die mit dem Buch „Wärmespannungen infolge stationärer Temperaturfelder" von E. MELAN und H. PARKUS begonnen wurde. Während dort stationäre Temperaturfelder und vollkommen elastische Werkstoffe vorausgesetzt wurden, sind hier nichtstationäre Vorgänge behandelt, wobei sowohl vollkommen elastische, als auch viskoelastische und elasto-plastische Körper betrachtet werden. Gelegentliche Hinweise auf das genannte Werk, das kurz mit MELAN-PARKUS zitiert wird, waren nicht zu vermeiden. Ich hoffe aber, daß das neue Buch auch ohne Kenntnis des ersten verständlich ist.

Das Interesse an Wärmespannungsproblemen hat in den letzten Jahren eine starke Steigerung erfahren, wovon die ständig wachsende Zahl von einschlägigen Abhandlungen Zeugnis ablegt. Ich habe diese, soweit sie mir bekannt wurden, im Literaturverzeichnis vollständig aufgeführt. Solche Veröffentlichungen, die bereits in MELAN-PARKUS enthalten sind, wurden nicht neuerlich aufgenommen. Eine Ausnahme bilden lediglich diejenigen Arbeiten, auf die im vorliegenden Band explizit Bezug genommen wird.

Alle Fachgenossen, die mich durch Übersendung ihrer Arbeiten unterstützt haben, spreche ich hiermit meinen herzlichsten Dank aus.

Herr Prof. Dr. ERNST MELAN, auf dessen Initiative beide Bücher zurückgehen, sah sich leider wegen Überlastung durch anderweitige Arbeiten außerstande, am vorliegenden Band mitzuwirken. Ich möchte ihm für vielfache Anregungen danken. Besonders das Kapitel IV ist durch seine Gedankengänge beeinflußt.

Mein besonderer Dank gebührt weiters allen meinen Mitarbeitern, vor allem Frau Dr. ELFRIEDE TUNGL, die sämtliche Korrekturen las und bei dieser Gelegenheit fast alle Formeln einer neuerlichen Durchrechnung unterzog, sowie schließlich dem Springer-Verlag, der das Buch in gewohnt mustergültiger Ausstattung herausgebracht hat.

Wien, im Dezember 1958.   H. Parkus.

Inhaltsverzeichnis.

                                                                                      Seite

I. Einige allgemeine Sätze der Thermoelastizität 1
  1. Die Grundgleichungen 1
  2. Formänderungsenergie und D'ALEMBERTsches Prinzip 3
  3. HAMILTONsches Prinzip. Minimum der potentiellen Energie 5
  4. Ergänzungsenergie 6
  5. Eindeutigkeit der Lösung 8
  6. Volumsänderung 9
  7. Das thermisch-elastische Verschiebungspotential 10
  8. Die GREENsche Funktion 11
  9. Die quasistatische Behandlung instationärer elastischer Wärmespannungen 13

II. Anheiz- und Abkühlvorgänge 15
  1. Momentanquelle im unendlichen Körper 15
  2. Momentaner Dipol im unendlichen Körper 18
  3. Momentanquelle an der Oberfläche des Halbraumes. Oberfläche wärmeisoliert 18
  4. Momentaner Dipol an der Oberfläche des Halbraumes. Oberfläche auf konstanter Temperatur 21
  5. Halbraum mit plötzlicher örtlicher Erwärmung der Oberfläche 23
  6. Unendlicher Körper mit kugeligem Hohlraum 29
  7. Voll- und Hohlzylinder mit Kreisquerschnitt. Erster Lösungsanteil 34
  8. Voll- und Hohlzylinder mit Kreisquerschnitt. Zweiter Lösungsanteil 40
  9. Plötzliche Erwärmung eines Zylinders 42
 10. Auf einem Teil seiner Mantelfläche erwärmter langer Zylinder 47
 11. Auf der gesamten Mantelfläche erwärmter langer Hohlzylinder...... 51
 12. In Umfangsrichtung ungleichmäßig erwärmter langer Zylinder.... 58
 13. Wärmespannungen in der Kugel 64
 14. Im Mittelpunkt erhitzte Scheibe 68

III. Periodische Temperaturänderungen 71
  1. Allgemeines 71
  2. Halbraum mit periodisch veränderlicher Oberflächentemperatur 71
  3. Periodische Wärmequelle im unendlichen Körper 72
  4. Periodische Linien und Flächenquellen 74

IV. Bewegte Wärmequellen 76
  1. Allgemeines 76
  2. Bewegte Punktquelle an der Oberfläche des Halbraumes 77
  3. Bewegte Punktquelle an der Oberfläche einer dünnen Scheibe...... 80
  4. Rotierendes Temperaturfeld 82

Inhaltsverzeichnis. **V**

Seite

V. Dynamische Einflüsse 87
   1. Allgemeines 87
   2. Wärmeschock an der Oberfläche des Halbraumes 89
   3. Wärmeschock mit endlichem Temperaturgradienten............... 94
   4. Momentanquelle im unendlichen Körper......................... 96
   5. Unendlicher Körper mit kugeligem Hohlraum.................... 98
   6. Periodische Temperaturänderungen 102
   7. Periodische Wärmequelle im unendlichen Körper................ 102
   8. Im Mittelpunkt erhitzte Scheibe 104
   9. Wärmeschock an der Oberfläche des langen Vollzylinders......... 106
  10. Thermisch erregte Plattenschwingungen 108
  11. Wärmeschock an der Oberfläche einer Platte 109

VI. Wärmespannungen bei viskoelastischem Verhalten des Werkstoffes 114
   1. Einleitung 114
   2. Die Spannungs-Verzerrungs-Gleichungen 115
   3. Elastisch-viskoelastische Analogie 118
   4. Das thermisch-viskoelastische Verschiebungspotential 120
   5. Stationäre und quasistationäre Temperaturfelder 121
   6. Halbraum mit periodisch veränderlicher Oberflächentemperatur..... 123
   7. Unendlicher Körper mit kugeligem Hohlraum.................... 123

VII. Wärmespannungen bei elastisch-plastischem Verhalten des Werkstoffes 127
   1. Fließbedingung und Spannungs-Verzerrungsgleichungen 127
   2. Elastisch-plastische Kugel..................................... 131
   3. Dickwandiges Rohr... 137
   4. Im Mittelpunkt erhitzte Scheibe 142
   5. Gebogene Platte 147

Literaturverzeichnis... 154

Sachverzeichnis 166

I. Einige allgemeine Sätze der Thermoelastizität.

1. Die Grundgleichungen. Die in MELAN-PARKUS, Kap. II, angegebenen Gleichungen bedürfen für den im vorliegenden Band behandelten Problemkreis einiger Ergänzungen. Wir wollen uns dabei zunächst auf einen homogenen und isotropen Werkstoff beschränken, der dem HOOKEschen Gesetz gehorcht. Der Schubmodul G und die Querdehnungszahl μ seien temperaturunabhängig.

Ein instationäres Temperaturfeld $T(x, y, z, t)$ erzeugt ein zeitlich veränderliches Spannungsfeld[1]. Grundsätzlich liegt also nicht mehr ein Problem der Statik, sondern eines der Dynamik vor. Nun gehen aber, von Ausnahmefällen abgesehen, die Temperaturänderungen so langsam vor sich, daß man im allgemeinen den Einfluß der Beschleunigungen vernachlässigen, die Bewegung also als eine Aufeinanderfolge von Gleichgewichtslagen ansehen darf[2]. Man spricht dann von einer „quasistatischen" Behandlung. Im Hinblick auf die Untersuchungen des Kap. V wollen wir aber zunächst die Beschleunigungen mit berücksichtigen.

Die Gleichgewichtsbedingungen (II, 1) in MELAN-PARKUS sind dann durch Bewegungsgleichungen zu ersetzen:

$$\sum_k \frac{\partial \sigma_{ki}}{\partial k} = \varrho \, \frac{\partial^2 u_i}{\partial t^2} \quad (i, k = x, y, z), \tag{I, 1}$$

ϱ ist die Masse pro Volumeinheit.

Wir werden uns, ebenso wie in MELAN-PARKUS, auch in diesem Buch auf kleine Verschiebungen und Verschiebungsableitungen beschränken[3]. Die geometrischen Beziehungen Gl. (II, 2) bzw. (II, 3) in MELAN-PARKUS

$$\varepsilon_{ik} = \frac{1}{2}\left(\frac{\partial u_i}{\partial k} + \frac{\partial u_k}{\partial i}\right)$$

---

[1] Wir nehmen an, daß das Temperaturfeld unabhängig ist von den mit ihm verknüpften Formänderungen. Das ist nicht streng richtig, da die Verformungen Wärme erzeugen oder verbrauchen und somit die Temperatur beeinflussen. Die Beeinflussung ist aber sehr gering. Vgl. hierzu DUHAMEL, LESSEN (4), WEINER (2), PARKUS (1). Sie kann allerdings dort von Bedeutung werden, wo die Temperaturänderungen nicht von äußeren Wärmequellen, sondern ausschließlich von den Verformungen herrühren, wie etwa beim Problem der thermoelastischen Dämpfung von Wellenausbreitungen, CHADWICK and SNEDDON, LOCKETT.

[2] Diese Hypothese geht auf DUHAMEL zurück.

[3] Zwei Beispiele mit endlichen Verschiebungen behandelt SETH.

bleiben dann ebenso wie die Verträglichkeitsbedingungen Gl. (II, 4) in MELAN-PARKUS weiterhin gültig. Auch an den dort angegebenen HOOKE-schen Gleichungen (II, 7), (II, 9) und (II, 10)

$$\sigma_{ik} = 2G\left(\varepsilon_{ik} + \frac{\mu}{1-2\mu}e\,\delta_{ik} - \frac{1+\mu}{1-2\mu}\varkappa\,T\,\delta_{ik}\right)$$

ändert sich nichts. Wohl aber müssen die thermoelastischen Verschiebungsgleichungen ergänzt werden. Setzen wir nämlich jetzt die HOOKESCHEN Gleichungen in die Bewegungsgleichungen (I, 1) ein, so ergeben sich nach den gleichen Umformungen wie in MELAN-PARKUS S. 7 die folgenden drei Gleichungen

$$\Delta u_i + \frac{1}{1-2\mu}\frac{\partial e}{\partial i} - \frac{\varrho}{G}\frac{\partial^2 u_i}{\partial t^2} = \frac{2(1+\mu)}{1-2\mu}\frac{\partial(\varkappa T)}{\partial i} \qquad (i = x, y, z) \qquad (I, 2)$$

mit e als Volumsdilatation.

Neben den rechtwinkeligen kartesischen Koordinaten x, y, z spielen vor allem noch Zylinderkoordinaten r, φ, z und Kugelkoordinaten r, φ, ϑ eine wichtige Rolle. Die entsprechenden Formeln sind im nachstehenden zusammengestellt.

Zylinderkoordinaten. Es sei Symmetrie in bezug auf die z-Achse vorausgesetzt. Die Verschiebungskomponente in Umfangsrichtung verschwindet dann ebenso wie die Spannungen $\sigma_{r\varphi}$ und $\sigma_{z\varphi}$ und die Verschiebungskomponenten u in radialer und w in axialer Richtung werden von φ unabhängig. Es gelten die folgenden Beziehungen (vgl. MELAN-PARKUS, S. 71):

$$\left.\begin{array}{l}\dfrac{\partial \sigma_{rr}}{\partial r} + \dfrac{\partial \sigma_{rz}}{\partial z} + \dfrac{1}{r}(\sigma_{rr} - \sigma_{\varphi\varphi}) = \varrho\dfrac{\partial^2 u}{\partial t^2}, \\[2mm] \dfrac{\partial \sigma_{rz}}{\partial r} + \dfrac{\partial \sigma_{zz}}{\partial z} + \dfrac{\sigma_{rz}}{r} = \varrho\dfrac{\partial^2 w}{\partial t^2},\end{array}\right\} \quad (I, 3)$$

$$\left.\begin{array}{l}\varepsilon_{rr} = \dfrac{\partial u}{\partial r}, \quad \varepsilon_{\varphi\varphi} = \dfrac{u}{r}, \quad \varepsilon_{zz} = \dfrac{\partial w}{\partial z}, \quad \varepsilon_{rz} = \dfrac{1}{2}\left(\dfrac{\partial u}{\partial z} + \dfrac{\partial w}{\partial r}\right), \\[2mm] e = \dfrac{\partial u}{\partial r} + \dfrac{u}{r} + \dfrac{\partial w}{\partial z},\end{array}\right\} \quad (I, 4)$$

$$\left.\begin{array}{l}\Delta u - \dfrac{u}{r^2} + \dfrac{1}{1-2\mu}\dfrac{\partial e}{\partial r} - \dfrac{\varrho}{G}\dfrac{\partial^2 u}{\partial t^2} = \dfrac{2(1+\mu)}{1-2\mu}\dfrac{\partial(\varkappa T)}{\partial r}, \\[2mm] \Delta w + \dfrac{1}{1-2\mu}\dfrac{\partial e}{\partial z} - \dfrac{\varrho}{G}\dfrac{\partial^2 w}{\partial t^2} = \dfrac{2(1+\mu)}{1-2\mu}\dfrac{\partial(\varkappa T)}{\partial z}.\end{array}\right\} \quad (I, 5)$$

Der LAPLACEsche Operator hat hier die Form

$$\Delta = \frac{\partial^2}{\partial r^2} + \frac{1}{r}\frac{\partial}{\partial r} + \frac{\partial^2}{\partial z^2} = \frac{1}{r}\frac{\partial}{\partial r}\left(r\frac{\partial}{\partial r}\right) + \frac{\partial^2}{\partial z^2}.$$

Kugelkoordinaten. Wir setzen Symmetrie in bezug auf den Ursprung voraus. Dann ist nur die radiale Verschiebungskomponente $u(r, t)$ von Null verschieden. Die Spannungen $\sigma_{r\varphi}, \sigma_{\varphi\vartheta}$ und $\sigma_{\vartheta r}$ verschwinden und sämtliche Größen werden von φ und ϑ unabhängig. Die Bewegungsgleichung lautet (vgl. die Lehrbücher der Elastizitätstheorie)

$$\frac{\partial \sigma_{rr}}{\partial r} + \frac{2}{r}(\sigma_{rr} - \sigma_{\varphi\varphi}) = \varrho \frac{\partial^2 u}{\partial t^2}, \qquad \sigma_{\vartheta\vartheta} = \sigma_{\varphi\varphi}. \tag{I, 6}$$

Für die Beziehungen zwischen Verschiebung und Dehnungen und als Verträglichkeitsbedingung hat man

$$\left. \begin{array}{l} \varepsilon_{rr} = \dfrac{\partial u}{\partial r}, \qquad \varepsilon_{\varphi\varphi} = \varepsilon_{\vartheta\vartheta} = \dfrac{u}{r}, \\[2mm] e = \dfrac{\partial u}{\partial r} + 2\dfrac{u}{r}, \qquad \dfrac{\partial \varepsilon_{\varphi\varphi}}{\partial r} + \dfrac{1}{r}(\varepsilon_{\varphi\varphi} - \varepsilon_{rr}) = 0. \end{array} \right\} \tag{I, 7}$$

Durch Elimination der Spannungen und Dehnungen aus den Gl. (I, 6) und (I, 7) mit Hilfe des HOOKEschen Gesetzes ergibt sich die Verschiebungsgleichung

$$\Delta u - \frac{2u}{r^2} - \frac{1-2\mu}{2(1-\mu)} \frac{\varrho}{G} \frac{\partial^2 u}{\partial t^2} = \frac{1+\mu}{1-\mu} \frac{\partial(\alpha T)}{\partial r}, \tag{I, 8}$$

wobei

$$\Delta = \frac{\partial^2}{\partial r^2} + \frac{2}{r} \frac{\partial}{\partial r} = \frac{1}{r^2} \frac{\partial}{\partial r}\left(r^2 \frac{\partial}{\partial r}\right).$$

2. Formänderungsenergie und D'ALEMBERTsches Prinzip. Der Körper möge sich zur Zeit t in dem durch die Verschiebungen $u_i(x, y, z, t)$ gekennzeichneten Verformungszustand befinden. Wir erteilen ihm nun (bei festgehaltener Zeit und unveränderter Temperatur) aus diesem Momentanzustand heraus virtuelle Verschiebungen δu_i derart, daß auch die neue Lage geometrisch möglich, d. h. mit dem Zusammenhang des Körpers und den Auflagerbedingungen verträglich ist. Multiplizieren wir jetzt die drei Gleichungen (I, 1) der Reihe nach mit δu_x, δu_y, δu_z, addieren und integrieren über das Gesamtvolumen des Körpers, so erhalten wir

$$\int_V \left(\sum_i \sum_k \frac{\partial \sigma_{ki}}{\partial k} \delta u_i - \varrho \sum_i \frac{\partial^2 u_i}{\partial t^2} \delta u_i \right) dV = 0 \qquad (i, k = x, y, z). \tag{I, 9}$$

Wir formen nun um. Zunächst ist

$$\int_V \sum_k \frac{\partial \sigma_{ki}}{\partial k} \delta u_i \, dV = \int_V \sum_k \frac{\partial}{\partial k}(\sigma_{ki} \delta u_i) \, dV - \int_V \sum_k \sigma_{ki} \frac{\partial(\delta u_i)}{\partial k} \, dV =$$

$$= \int_O \sum_k \sigma_{ki} n_k \delta u_i \, dO - \int_V \sum_k \sigma_{ki} \frac{\partial(\delta u_i)}{\partial k} \, dV.$$

Hierbei wurde vom GAUSSschen Integralsatz Gebrauch gemacht, um das Volumintegral in ein über die Körperoberfläche erstrecktes Flächenintegral überzuführen. n_k sind die Komponenten des positiv nach außen gezählten Normalvektors der Oberfläche. Weiters ist nach einer bekannten Beziehung der Elastizitätstheorie[1]

$$\sum_k \sigma_{ki} n_k = p_i, \tag{I, 10}$$

---

[1] Vgl. z. B. SOKOLNIKOFF: Theory of Elasticity. 2. Aufl., New York 1956. S. 39.

wobei p_x, p_y, p_z die drei Komponenten des an der Körperoberfläche angreifenden Spannungsvektors sind. Nunmehr definieren wir durch

$$W = G\left(\varepsilon_{xx}^2 + \varepsilon_{yy}^2 + \varepsilon_{zz}^2 + 2(\varepsilon_{xy}^2 + \varepsilon_{yz}^2 + \varepsilon_{zx}^2) + \frac{\mu}{1-2\mu}e^2 - \frac{2(1+\mu)}{1-2\mu}\alpha T e\right).$$

$$U = \int_V W \, dV \qquad (I, 11)$$

das „elastische Potential" W pro Volumeinheit des Körpers und die gesamte „elastische potentielle Energie" („Formänderungsenergie") U. Man überzeugt sich mit Benützung des HOOKEschen Gesetzes sofort, daß $\sigma_{ij} = \partial W/\partial \varepsilon_{ij}$ gilt. Damit folgt aber nach den Regeln der Variationsrechnung

$$\delta U = \sum_i \sum_k \frac{\partial U}{\partial \varepsilon_{ik}} \delta \varepsilon_{ik} = \int_V \sum_i \sum_k \sigma_{ik} \, \delta \varepsilon_{ik} \, dV.$$

Wegen

$$\delta \varepsilon_{xx} = \frac{\partial}{\partial x}(\delta u_x), \ldots 2\, \delta \varepsilon_{zx} = \frac{\partial(\delta u_z)}{\partial x} + \frac{\partial(\delta u_x)}{\partial z}$$

geht dies aber über in

$$\delta U = \int_V \sum_i \sum_k \sigma_{ki} \frac{\partial(\delta u_i)}{\partial k} \, dV.$$

Beachtet man noch, daß

$$\int_O \sum_i \sum_k \sigma_{ki} n_k \, \delta u_i \, dO = \int_O \sum_i p_i \, \delta u_i \, dO = \delta A \qquad (I, 12)$$

nichts anderes ist als die virtuelle Arbeit, welche von den äußeren Oberflächenkräften an den virtuellen Verschiebungen geleistet wird, so nimmt Gl. (I, 9) die Form an

$$\delta A - \int_V \varrho \sum_i \frac{\partial^2 u_i}{\partial t^2} \delta u_i \, dV = \delta U \quad (i = x, y, z). \qquad (I, 13)$$

Wir haben damit das „D'ALEMBERTsche Prinzip" erhalten: Bei einer virtuellen Verschiebung des Körpers aus einer Momentanlage heraus ist die von den äußeren Kräften und den Trägheitskräften geleistete Arbeit gleich der Änderung der Verzerrungsenergie. Man beachte, daß die Temperaturverteilung während der virtuellen Verschiebung unverändert zu halten, die Variation also isotherm vorzunehmen ist.

Im allgemeinen werden die äußeren Reaktionskräfte bei einer virtuellen Verschiebung keine Arbeit leisten („ideale Führungen"). Sie fallen dann aus Gl. (I, 13) heraus.

Das D'ALEMBERTsche Prinzip kann als die Verallgemeinerung des *Prinzips der virtuellen Verschiebungen* angesehen werden, in das es für den statischen bzw. quasistatischen Fall übergeht:

$$\delta A = \delta U. \qquad (I, 14)$$

Es sei noch hervorgehoben, daß die durch Gl. (I, 11) definierte Zustandsgröße U^1 keineswegs immer mit der im Körper tatsächlich aufgespeicherten Formänderungsarbeit identisch ist. Diese ist keine Zustandsfunktion, sondern durchaus abhängig von der Reihenfolge, in der Belastung und Temperaturänderung aufgebracht werden.

3. HAMILTONsches Prinzip. Minimum der potentiellen Energie.

Aus Gl. (I, 13) können wir das HAMILTONsche Prinzip unmittelbar herleiten. Betrachten wir nämlich nicht nur eine einzige Momentanlage des Körpers, sondern eine kontinuierliche Aufeinanderfolge solcher Lagen zwischen zwei festen Zeitpunkten $t = 0$ und t, und ebenso eine durch die Variationen δu_i mit diesen Lagen verknüpfte Aufeinanderfolge von Nachbarlagen, wobei aber für den Anfangs- und Endpunkt des betrachteten Zeitintervalls variierte Lage und tatsächliche Lage zusammenfallen sollen, $\delta u_i \big|_0^t = 0$, so gilt in jedem Augenblick Gl. (I, 13). Integrieren wir nun über das Zeitintervall $[0, t]$, so erhalten wir

$$\int_0^t \delta A \, dt - \int_0^t dt \int_V \varrho \sum_i \frac{\partial^2 u_i}{\partial t^2} \delta u_i \, dV = \int_0^t \delta U \, dt. \qquad (I, 15)$$

Die kinetische Energie des Körpers ist gegeben durch

$$K = \frac{1}{2} \int_V \varrho \sum_i \left(\frac{\partial u_i}{\partial t}\right)^2 dV. \qquad (I, 16)$$

Bildet man ihre Variation, so folgt

$$\delta K = \int_V \varrho \sum_i \frac{\partial u_i}{\partial t} \frac{\partial \delta u_i}{\partial t} \, dV =$$

$$= \int_V \varrho \frac{\partial}{\partial t} \left(\sum_i \frac{\partial u_i}{\partial t} \delta u_i\right) dV - \int_V \varrho \sum_i \frac{\partial^2 u_i}{\partial t^2} \delta u_i \, dV.$$

Integration über das Zeitintervall $[0, t]$ liefert unter Beachtung von $\delta u_i \big|_0^t = 0$

$$\int_0^t \delta K \, dt = - \int_0^t dt \int_V \varrho \sum_i \frac{\partial^2 u_i}{\partial t^2} \delta u_i \, dV.$$

Wird dies in Gl. (I, 15) eingesetzt, so folgt

$$\delta \int_0^t (U - K) \, dt = \int_0^t \delta A \, dt. \qquad (I, 17)$$

Hierbei haben wir auf der linken Seite das Variationszeichen vor das Integral gezogen, da sowohl U wie auch K Zustandsfunktionen sind, die

---
[1] Sie stellt, von einer additiven Temperaturfunktion abgesehen, die „freie Energie" des Körpers dar.

nur vom Momentanzustand des Körpers abhängen, nicht aber von der Art und Weise, wie dieser Zustand erreicht wurde.

Sind die äußeren Kräfte konservativ, z. B. konstant, so besitzen sie ein Potential V und es wird

$$\delta A = -\sum_i \frac{\partial V}{\partial u_i} \delta u_i = -\delta V. \qquad (I, 18)$$

Faßt man noch das Potential U der inneren Kräfte und das der äußeren Kräfte zu einem Gesamtpotential Π zusammen,

$$\Pi = V + U, \qquad (I, 19)$$

so kann Gl. (I, 17) in der Form geschrieben werden

$$\delta \int_0^t (\Pi - K)\, dt = 0. \qquad (I, 20)$$

Dies ist das HAMILTONsche Prinzip in seiner üblichen Form.

Im statischen bzw. quasistatischen Fall gilt statt Gl. (I, 13) die Gl. (I, 14) und an die Stelle des HAMILTONschen Prinzips tritt das *Prinzip vom Minimum der potentiellen Energie* (DIRICHLETsches Prinzip):

$$\delta \Pi = 0, \qquad (I, 21)$$

oder in Worten: Unter allen geometrisch möglichen (stabilen) Gleichgewichtslagen tritt diejenige wirklich ein, für welche die potentielle Energie ein Minimum wird. Daß es sich hierbei um ein Minimum handelt, folgt aus der Betrachtung der zweiten Variation, welche positiv ist[1].

4. Ergänzungsenergie. Im statischen und quasistatischen Fall läßt sich dem Prinzip vom Minimum der potentiellen Energie noch ein zweites Minimalprinzip an die Seite stellen, das als Prinzip vom *Minimum der Ergänzungsenergie* oder auch als CASTIGLIANOsches *Prinzip* bezeichnet wird.

Zu seiner Herleitung gehen wir vom Prinzip der virtuellen Verschiebungen (I, 14) aus:

$$\int_V \sum_i \sum_k \sigma_{ik} \delta \varepsilon_{ik}\, dV = \int_O \sum_i p_i \delta u_i\, dO. \qquad (I, 22)$$

Es sei daran erinnert, daß gemäß der Definition der δu_i diese an den Teilen der Körperoberfläche, wo die Verschiebungen vorgeschrieben sind, verschwinden müssen. Das Flächenintegral wäre also zunächst nur über den Teil O' der Oberfläche zu erstrecken, wo die Kräfte gegeben sind. Man kann sich aber natürlich von dieser Einschränkung befreien und allgemeinere virtuelle Verschiebungen zulassen, indem man alle oder auch nur einzelne Stützungen entfernt denkt, den Körper also ganz oder teilweise „frei macht". Die virtuelle Arbeit der Stützkräfte ist dann nicht mehr Null.

---

[1] Vgl. etwa TREFFTZ, in Handb. d. Physik, Bd. VI, S. 71. Berlin: 1928.

Ergänzungsenergie.

Damit kann man aber auch unter der bereits zu Beginn dieses Kapitels gemachten Voraussetzung kleiner Verzerrungen ohne weiteres als virtuelle Verformungen speziell die wirklich eingetretenen wählen, da sie natürlich den Verträglichkeits- und Stützungsbedingungen genügen. Dann wird Gl. (I, 22)

$$\int_V \sum_i \sum_k \sigma_{ik}\, \varepsilon_{ik}\, dV = \int_O \sum_i p_i\, u_i\, dO. \qquad (I, 23)$$

Nunmehr denken wir uns auch den Spannungszustand σ_{ik} und die äußeren Kräfte p_i variiert, d. h. wir betrachten einen benachbarten Spannungs- und Lastzustand $\sigma_{ik} + \delta\sigma_{ik}$, $p_i + \delta p_i$. Die Variation möge aber so beschaffen sein, daß auch der benachbarte Zustand statisch möglich ist, also den Gleichgewichtsbedingungen genügt. Dann gilt auch für ihn das Prinzip der virtuellen Verschiebungen, das wir mit Gl. (I, 23) schreiben können:

$$\int_V \sum_i \sum_k (\sigma_{ik} + \delta\sigma_{ik})\, \varepsilon_{ik}\, dV = \int_O \sum_i (p_i + \delta p_i)\, u_i\, dO.$$

Subtrahiert man davon die Gl. (I, 23), so bleibt

$$\int_V \sum_i \sum_k \varepsilon_{ik}\, \delta\sigma_{ik}\, dV = \int_O \sum_i u_i\, \delta p_i\, dO \qquad (I, 24)$$

und wir haben damit das *Prinzip der virtuellen Kräfte* erhalten.

Die linke Seite von Gl. (I, 24) können wir aber als die Variation einer Zustandsfunktion U^* ansehen, wobei

$$\left.\begin{aligned} U^* &= \int_V W^*\, dV, \\ W^* &= \frac{1}{4G}\left(\sigma_{xx}^2 + \sigma_{yy}^2 + \sigma_{zz}^2 + 2(\sigma_{xy}^2 + \sigma_{yz}^2 + \sigma_{zx}^2) - \frac{\mu}{1+\mu} s^2\right) + \\ &\quad + \alpha\, T\, s. \end{aligned}\right\} \qquad (I, 25)$$

Dies folgt unmittelbar durch Bildung von δU^* und Einsetzen des HOOKEschen Gesetzes, wobei man sich gleichzeitig überzeugt, daß $\varepsilon_{ij} = \partial W^*/\partial \sigma_{ij}$.

Wenn $T \equiv 0$ ist, wird U^* aus U einfach dadurch erhalten, daß man die ε_{ik} mittels des HOOKEschen Gesetzes durch die σ_{ik} ausdrückt. Für $T \neq 0$ gilt das aber nicht mehr.

Gl. (I, 24) lautet nunmehr

$$\delta\left(U^* - \int_O \sum_i u_i\, p_i\, dO\right) = 0. \qquad (I, 26)$$

Der Ausdruck $U^* - \int_O \sum_i u_i\, p_i\, dO$ wird als „Ergänzungsenergie" bezeichnet und Gl. (I, 26) stellt das *Prinzip von* CASTIGLIANO dar: „Unter allen statisch möglichen Spannungszuständen tritt derjenige wirklich ein, der die Ergänzungsenergie zu einem Minimum macht." Daß es sich hierbei um ein Minimum handelt, folgt wieder aus der zweiten Variation, welche positiv ist.

Während man also beim Prinzip vom Minimum der potentiellen Energie den Verformungszustand des Körpers variiert, werden beim CASTIGLIANOschen Prinzip benachbarte Spannungszustände betrachtet.

Wenn an der Körperoberfläche nicht verteilte Kräfte, sondern Einzelkräfte $P_1, \ldots, P_m$ auftreten, ist das Integral auf der linken Seite von Gl. (I, 26) durch $\sum_n a_n P_n$ zu ersetzen, wobei a_n der „Arbeitsweg" der Kraft P_n ist, nämlich die Projektion der durch die Deformation entstehenden Verschiebung des Angriffspunktes von P_n auf die Richtung von P_n. Denkt man sich dann U^* durch diese Kräfte ausgedrückt, $U^*(P_1, \ldots, P_m)$, so folgt aus Gl. (I, 26)

$$\delta U^* = \sum_n \frac{\partial U^*}{\partial P_n} \delta P_n = \sum_n a_n \, \delta P_n$$

und damit wegen der Willkürlichkeit der Variationen δP_n

$$\frac{\partial U^*}{\partial P_n} = a_n. \tag{I, 27}$$

Damit ist der *Satz von* CASTIGLIANO gewonnen: „Die Ableitung von U^* nach einer Kraft gibt den Arbeitsweg dieser Kraft."

Es sei noch erwähnt, daß E. REISSNER[1] ein allgemeineres Prinzip aufgestellt hat, welches die Prinzipe (I, 21) und (I, 26) als Sonderfälle umfaßt und auch bei endlichen Deformationen gilt.

5. Eindeutigkeit der Lösung. Unter der eingangs gemachten Voraussetzung kleiner Verschiebungen und Verschiebungsableitungen sind die Elastizitätsgleichungen linear, es gilt also das Überlagerungsprinzip. Um die Frage nach der Eindeutigkeit der Lösung dieser Gleichungen mit den entsprechenden Randbedingungen zu beantworten, nehmen wir an, es gäbe zur gleichen Temperaturverteilung zwei verschiedene Lösungen $u_i^{(1)}$, $\sigma_{ij}^{(1)}$ und $u_i^{(2)}$, $\sigma_{ij}^{(2)}$. Dann ist nach dem Überlagerungsprinzip auch die Differenz dieser Lösungen eine Lösung der Gleichungen mit $T \equiv 0$, also der Gleichungen des unbelasteten Körpers bei der ursprünglichen Temperatur. Nach dem KIRCHHOFFschen Eindeutigkeitssatz[2] ist diese Lösung aber Null, also $u_i^{(1)} = u_i^{(2)}$, $\sigma_{ij}^{(1)} = \sigma_{ij}^{(2)}$.

Es muß aber hervorgehoben werden, daß der KIRCHHOFFsche Satz nur gilt unter der Voraussetzung stetiger und eindeutiger Verschiebungen und Spannungen[3]. Tritt z. B. bei der Erwärmung teilweise Fließen ein, so werden die Spannungen nach dem Abkühlen nicht mehr vollständig verschwinden, sondern es wird ein „Eigenspannungszustand" zurückbleiben, vgl. Kap. VII.

Ebenso braucht im Falle großer Verschiebungen, also nichtlinearer Elastizitätsgleichungen, Eindeutigkeit nicht mehr vorzuliegen. Zum Bei-

---

[1] E. REISSNER: On a variational theorem for finite elastic deformations. Journ. of Math. and Physics **37**, 129 (1953).
[2] Siehe z. B. E. TREFFTZ, in Handb. d. Physik, Bd. VI, S. 75. Berlin: 1928.
[3] Vgl. H. REISSNER.

spiel verzweigt sich die Lösung an einer Stabilitätsgrenze, so daß dann mehrere Gleichgewichtslagen existieren.

6. Volumänderung. Wir wollen zeigen, daß statische oder quasistatische Wärmespannungen in einem frei verformbaren Körper keine Änderung des Gesamtvolumens bewirken[1].

Gemäß Gl. (II, 9) in MELAN-PARKUS, ist die Volumdilatation

$$e = \frac{1-2\mu}{E} s + 3 \alpha T.$$

Das erste Glied auf der rechten Seite stellt den durch die Spannungen erzeugten Anteil an der örtlichen Volumänderung dar. Integrieren wir über das Gesamtvolumen, so erhalten wir für dessen Änderung

$$\Delta V = \int_V e\, dV = \frac{1-2\mu}{E} \int s\, dV + \int 3 \alpha T\, dV.$$

Nun ist

$$s = \sum_i \sigma_{ii} = \sum_i \sum_j \frac{\partial}{\partial x_i} (x_j \sigma_{ij}),$$

denn

$$\sum_i \sum_j \frac{\partial}{\partial x_i} (x_j \sigma_{ij}) = \sum_i \sum_j \frac{\partial x_j}{\partial x_i} \sigma_{ij} + \sum_i \sum_j x_j \frac{\partial \sigma_{ij}}{\partial x_i}.$$

Wegen der Gleichgewichtsbedingung

$$\sum_i \frac{\partial \sigma_{ij}}{\partial x_i} = 0$$

verschwindet aber das zweite Glied und das erste geht mit $\frac{\partial x_j}{\partial x_i} = \delta_{ij}$ über in $\sum_i \sigma_{ii}$. Wir haben also mit Hilfe des GAUSSschen Integralsatzes

$$\int_V s\, dV = \int_V \sum_i \sum_j \frac{\partial}{\partial x_i} (x_j \sigma_{ij})\, dV = \int_O \sum_i \sum_j x_j \sigma_{ij} n_i\, dO.$$

Der Körper wurde als frei verformbar vorausgesetzt. Seine Oberfläche ist somit spannungsfrei und es gilt gemäß Gl. (I, 10)

$$\sum_i \sigma_{ij} n_i = 0.$$

Damit folgt

$$\int_V s\, dV = 0. \qquad (I, 28)$$

Die durch die Spannungen bewirkte Volumänderung ist also Null, und es bleibt nur die durch die Temperatur direkt erzeugte Änderung

$$\Delta V = \int_V 3 \alpha T\, dV. \qquad (I, 29)$$

---

[1] HIEKE (3).

7. Das thermisch-elastische Verschiebungspotential. Das in MELAN-PARKUS, S. 7, als Partikulärlösung der statischen Grundgleichungen (II, 11) eingeführte thermisch-elastische Verschiebungspotential Φ läßt sich auch noch im dynamischen Fall beibehalten. Macht man nämlich wieder wie dort den Ansatz (II, 12),

$$u_i = \frac{\partial \Phi}{\partial i},$$

so ergibt sich nach Eintragen in unsere Gl. (I, 2)

$$\frac{2(1-\mu)}{1-2\mu} \frac{\partial}{\partial i}(\Delta \Phi) - \frac{\varrho}{G} \frac{\partial}{\partial i}\left(\frac{\partial^2 \Phi}{\partial t^2}\right) = \frac{2(1+\mu)}{1-2\mu} \frac{\partial(\alpha T)}{\partial i}.$$

Integriert man über i und setzt die Integrationsfunktion gleich Null, so folgt

$$\Delta \Phi - \frac{1-2\mu}{2(1-\mu)} \frac{\varrho}{G} \frac{\partial^2 \Phi}{\partial t^2} = \frac{1+\mu}{1-\mu} \alpha T \qquad (I, 30)$$

als Verallgemeinerung von Gl. (II, 13) von MELAN-PARKUS. Mit Hilfe der HOOKEschen Gleichungen erhält man dann die zum Potential Φ gehörigen Spannungen

$$\sigma_{ik} = 2G\left\{\frac{\partial^2 \Phi}{\partial i\, \partial k} + \frac{\delta_{ik}}{1-2\mu}\left[\mu \Delta \Phi - (1+\mu) \alpha T\right]\right\}$$

und nach Einsetzen von $(1+\mu)\alpha T$ aus Gl. (I, 30)

$$\sigma_{ik} = 2G\left(\frac{\partial^2 \Phi}{\partial i\, \partial k} - \Delta \Phi\, \delta_{ik}\right) + \varrho \frac{\partial^2 \Phi}{\partial t^2}\, \delta_{ik}. \qquad (I, 31)$$

In gleicher Weise ergibt sich in *Zylinderkoordinaten* bei Symmetrie bezüglich der z-Achse, also mit $\dfrac{\partial}{\partial \varphi} = 0$ (vgl. S. 2),

$$\left.\begin{aligned}
\sigma_{rr} &= 2G\left(\frac{\partial^2 \Phi}{\partial r^2} - \Delta \Phi\right) + \varrho \frac{\partial^2 \Phi}{\partial t^2}, \quad \sigma_{rz} = 2G\frac{\partial^2 \Phi}{\partial r\, \partial z}, \\
\sigma_{\varphi\varphi} &= 2G\left(\frac{1}{r}\frac{\partial \Phi}{\partial r} - \Delta \Phi\right) + \varrho \frac{\partial^2 \Phi}{\partial t^2}, \\
\sigma_{zz} &= 2G\left(\frac{\partial^2 \Phi}{\partial z^2} - \Delta \Phi\right) + \varrho \frac{\partial^2 \Phi}{\partial t^2}
\end{aligned}\right\} \qquad (I, 32)$$

und schließlich in *Kugelkoordinaten* bei Symmetrie bezüglich des Ursprunges (vgl. S. 2)

$$\left.\begin{aligned}
\sigma_{rr} &= -\frac{4G}{r}\frac{\partial \Phi}{\partial r} + \varrho \frac{\partial^2 \Phi}{\partial t^2}, \\
\sigma_{\varphi\varphi} &= \sigma_{\vartheta\vartheta} = 2G\left(\frac{1}{r}\frac{\partial \Phi}{\partial r} - \Delta \Phi\right) + \varrho \frac{\partial^2 \Phi}{\partial t^2}.
\end{aligned}\right\} \qquad (I, 33)$$

Hier bietet die Einführung des Verschiebungspotentials allerdings kaum besondere Vorteile, da sich das Problem ohnedies ganz allgemein auf eine einzige unbekannte Funktion, nämlich die Radialverschiebung u, zurückführen läßt, welche der Gl. (I, 8) genügt.

Die Gln. (I, 30), (I, 31) und (I, 32) gelten auch für den *ebenen Verzerrungszustand*, siehe MELAN-PARKUS, Kap. V, 1. Es ist bloß überall

$\frac{\partial}{\partial z} \equiv 0$ zu setzen. Im Falle des *ebenen Spannungszustandes*, MELAN-PARKUS, Kap. V, 2, wird wieder an Stelle von Φ ein Verschiebungspotential Ψ eingeführt,

$$u = \frac{\partial \Psi}{\partial x}, \quad v = \frac{\partial \Psi}{\partial y}.$$

Zunächst sind aber die Gl. (I, 2) wegen $\sigma_{zz} = 0$ zu ersetzen durch

$$(1-\mu) \Delta u + (1+\mu) \frac{\partial}{\partial x} \left(\frac{\partial u}{\partial x} + \frac{\partial v}{\partial y} \right) - (1-\mu) \frac{\varrho}{G} \frac{\partial^2 u}{\partial t^2} =$$
$$= 2(1+\mu) \frac{\partial(\alpha T)}{\partial x} \tag{I, 34}$$

und eine zweite Gleichung, die durch Vertauschung von x mit y und u mit v erhalten wird. Einsetzen von Ψ und Integration liefert dann

$$\Delta \Psi - \frac{1-\mu}{2} \frac{\varrho}{G} \frac{\partial^2 \Psi}{\partial t^2} = (1+\mu) \alpha T. \tag{I, 35}$$

Dies ist die Erweiterung der Gl. (V, 14) in MELAN-PARKUS auf den dynamischen Fall. Für die zugehörigen Spannungen gilt mit den dortigen Gln. (V, 12)

$$\left.\begin{aligned}\sigma_{xx} &= \frac{2G}{1-\mu} \left(\frac{\partial^2 \Psi}{\partial x^2} + \mu \frac{\partial^2 \Psi}{\partial y^2} - (1+\mu) \alpha T \right) = \varrho \frac{\partial^2 \Psi}{\partial t^2} - 2G \frac{\partial^2 \Psi}{\partial y^2}, \\ \sigma_{yy} &= \varrho \frac{\partial^2 \Psi}{\partial t^2} - 2G \frac{\partial^2 \Psi}{\partial x^2}, \quad \sigma_{xy} = 2G \frac{\partial^2 \Psi}{\partial x \partial y}.\end{aligned}\right\} \tag{I, 36}$$

Analog in Polarkoordinaten

$$\left.\begin{aligned}\sigma_{rr} &= \varrho \frac{\partial^2 \Psi}{\partial t^2} - 2G \left(\frac{1}{r} \frac{\partial \Psi}{\partial r} + \frac{1}{r^2} \frac{\partial^2 \Psi}{\partial \varphi^2} \right), \\ \sigma_{\varphi\varphi} &= \varrho \frac{\partial^2 \Psi}{\partial t^2} - 2G \frac{\partial^2 \Psi}{\partial r^2}, \quad \sigma_{r\varphi} = 2G \frac{\partial}{\partial r} \left(\frac{1}{r} \frac{\partial \Psi}{\partial \varphi} \right).\end{aligned}\right\} \tag{I, 37}$$

8. Die GREENsche Funktion. Die Methode der GREENschen Funktion wird vor allem in der Potentialtheorie gerne verwendet[1]. Sie läßt sich aber auch auf Probleme der instationären Wärmeleitung erweitern[2]. Wir betrachten zwei Fälle.

Fall a). Ein Körper besitze zur Zeit $t = 0$ die Anfangstemperatur $F(x, y, z)$. Für $t > 0$ wird seiner Oberfläche O die Temperatur $\theta(x, y, z, t)$ aufgezwungen.

Die GREENsche Funktion $\overline{T}(Q, P, t-\tau)$ ist dann definiert als die Temperatur im Punkt $Q(\xi, \eta, \zeta)$ zur Zeit t, hervorgerufen durch eine „Momentanquelle"[3] mit der Stärke $M = 1$, die im Punkt $P(x, y, z)$ zur

---

[1] Siehe z. B. O. D. KELLOGG: Foundations of Potential Theory. S. 236. Berlin: 1929.
[2] CARSLAW-JAEGER, S. 291.
[3] Man spricht von einer Momentanquelle der Stärke M, wenn im betreffenden Punkt plötzlich die Wärmemenge $\lambda M/a$ frei wird.

Zeit τ auftritt, wobei die Körperoberfläche O auf der Temperatur $\overline{T} = 0$ gehalten wird. $\overline{T}$ ist also diejenige Lösung der Wärmeleitungsgleichung

$$\frac{\partial \overline{T}}{\partial t} = a\,\Delta \overline{T} \tag{I, 38}$$

mit der Randbedingung

$$\overline{T} = 0 \text{ auf } O, \tag{I, 39}$$

die im Punkt $Q = P$ für $t \to \tau$ eine Singularität der Form

$$\frac{1}{8\,[\pi\,a\,(t-\tau)]^{3/2}}\,e^{-R^2/4\,a\,(t-\tau)} \tag{I, 40}$$

aufweist, wobei $R = [(x-\xi)^2 + (y-\eta)^2 + (z-\zeta)^2]^{\frac{1}{2}}$.

Fall b). Der Körper besitze zur Zeit $t = 0$ die Anfangstemperatur $F(x, y, z)$. Für $t > 0$ findet Wärmeübergang in ein Medium der Temperatur $\theta(x, y, z, t)$ statt.

Die GREENsche Funktion ist hier in gleicher Weise definiert wie im Fall a) mit Ausnahme der Randbedingung (I, 39), die durch Wärmeübergang in ein Medium der Temperatur Null, also durch

$$\frac{\partial \overline{T}}{\partial n} = h\,\overline{T} \text{ auf } O \tag{I, 41}$$

zu ersetzen ist.

Es läßt sich nun zeigen[1], daß sowohl im Fall a) wie im Fall b) der Temperaturverlauf $T(x, y, z, t)$ im Körper gegeben ist durch

$$T(P, t) = \iiint_V \overline{T}(Q, P, t-0)\,F(Q)\,dV_Q -$$

$$- a \int_0^t d\tau \iint_O \theta(Q, \tau)\,\frac{\partial \overline{T}(Q, P, t-\tau)}{\partial n_Q}\,dO_Q. \tag{I, 42}$$

$dV_Q = d\xi\,d\eta\,d\zeta$ und dO_Q sind Volums- und Oberflächenelement mit ξ, η, ζ als Integrationsvariable. $\partial/\partial n_Q$ bedeutet Differentiation bezüglich ξ, η, ζ in Richtung der nach außen positiven Oberflächennormalen. Die GREENsche Funktion ist symmetrisch: $\overline{T}(Q, P, t-\tau) = \overline{T}(P, Q, t-\tau)$.

Im Falle einer ebenen Temperaturverteilung $T(x, y, t)$ gelten dieselben Formeln. Es ist nur das Volumintegral zu ersetzen durch ein über den ebenen Bereich erstrecktes Flächenintegral und das Oberflächenintegral zu ersetzen durch ein über die Berandung des Bereiches erstrecktes Linienintegral. An Stelle des Ausdruckes (I, 40) tritt die Singularität

$$\frac{1}{4\,\pi\,a(t-\tau)}\,e^{-R^2/4\,a(t-\tau)} \tag{I, 43}$$

mit $R = [(x-\xi)^2 + (y-\eta)^2]^{\frac{1}{2}}$.

---

[1] CARSLAW-JAEGER, loc. cit.

Die eben dargelegten Ergebnisse kann man nun dazu verwenden, GREENsche Funktionen für die Spannungsverteilung zu konstruieren. Man braucht sich dazu nur zu überlegen, daß Gl. (I, 42) eine sehr einfache physikalische Deutung zuläßt. Denn da $\partial \overline{T}/\partial n_Q$ die Temperatur im Punkt P ist, die durch einen Wärmedipol der Stärke 1 im Punkt Q hervorgerufen wird, so besagt Gl. (I, 42), daß man sich die Temperaturverteilung im Körper erzeugt denken kann durch eine Verteilung von Momentanquellen im Körperinneren und eine Verteilung von momentanen Dipolen auf der Körperoberfläche. Berechnet man also unter der Voraussetzung homogener Randbedingungen[1] die Spannungsverteilung σ'_{ij} für eine im Körperinneren im Punkt Q zur Zeit $t = 0$ auftretende Momentanquelle der Stärke 1 und die Spannungsverteilung σ''_{ij} für einen zur Zeit τ auf der Körperoberfläche im Punkt Q auftretenden Dipol von der Stärke a, wobei die Achse des Dipols mit der Flächennormalen zusammenfällt, so ist die im Körper herrschende Spannungsverteilung gemäß Gl. (I, 42) gegeben durch

$$\sigma_{ij}(P,t) = \iiint_V \sigma'_{ij}(P,Q,t) F(Q) dV_Q -$$

$$- \int_0^t d\tau \iint_O \sigma''_{ij}(P,Q,t-\tau) \theta(Q,\tau) dO_Q. \qquad (I, 44)$$

Das zu σ''_{ij} gehörige Temperaturfeld kann gemäß Gl. (I, 42) in einfacher Weise durch Differentiation erhalten werden: $T'' = a \dfrac{\partial T'}{\partial n_Q}$.

9. Die quasistatische Behandlung instationärer elastischer Wärmespannungen. Wie S. 1 erwähnt, ist ein instationärer Wärmespannungszustand zwar grundsätzlich als dynamisches Problem anzusehen, doch können wegen der im allgemeinen langsamen Temperaturänderungen die Beschleunigungen häufig vernächlässigt werden (DUHAMELsche Hypothese). Eine Ausnahme machen lediglich solche Fälle, bei denen dem Körper von außen her, etwa an der Körperoberfläche, sehr rasche Temperaturänderungen aufgezwungen werden. Darüber ist in Kap. V Näheres zu finden. In den zunächst folgenden Kapiteln wollen wir uns dagegen ausschließlich auf die sogenannte „quasistatische" Untersuchung beschränken, d. h. wir streichen in den Gleichungen der vorangehenden Abschnitte die mit ϱ behafteten dynamischen Glieder.

Der einzige Unterschied zwischen den Gleichungen des stationären und des instationären Wärmespannungsproblems liegt dann in der Wärmeleitungsgleichung, die jetzt (bei Abwesenheit kontinuierlich verteilter Wärmequellen) die Form hat

$$\frac{\partial T}{\partial t} = a \Delta T, \qquad (I, 45)$$

---

[1] D. h. in jedem Punkt der Oberfläche verschwindet entweder die Spannung oder die Verschiebung. Sind die Randbedingungen nicht homogen, so wird der dadurch erzeugte Spannungszustand nachträglich getrennt berechnet und überlagert.

Damit läßt sich aber sofort eine Lösung der Gleichung

$$\Delta \Phi = \frac{1+\mu}{1-\mu} \alpha T \qquad (I, 46)$$

für das quasistatische thermoelastische Potential angeben. Differenziert man nämlich nach t und setzt Gl. (I, 45) ein, so folgt

$$\Delta \frac{\partial \Phi}{\partial t} = \frac{1+\mu}{1-\mu} a \alpha \Delta T$$

und nach Integration[1]

$$\Phi = \frac{1+\mu}{1-\mu} \alpha a \int_0^t T \, dt + \Phi_0 + t \Phi_1. \qquad (I, 47)$$

Φ_1 ist eine beliebige harmonische Funktion, $\Delta \Phi_1 = 0$, und $\Phi_0 = \Phi(t=0)$ ist das der Anfangstemperatur $T_0(x, y, z)$ entsprechende Verschiebungspotential, $\Delta \Phi_0 = \frac{1+\mu}{1-\mu} \alpha T_0$. Einsetzen von Gl. (I, 47) in Gl. (I, 46) zeigt, daß in der Tat eine Lösung dieser Gleichung vorliegt. Wenn die Anfangstemperatur des Körpers Null ist, wird man $\Phi_0 = 0$ setzen.

Der durch Φ gegebenen Lösung ist dann in der üblichen Weise (vgl. MELAN-PARKUS) noch eine Lösung der homogenen Elastizitätsgleichungen zu überlagern, damit die Randbedingungen erfüllt werden können.

Da somit bei der quasistatischen Behandlung des instationären Wärmespannungsproblems die Zeit t nur als Parameter auftritt, können die Lösungen der entsprechenden stationären Probleme unverändert übernommen werden, vorausgesetzt natürlich, daß bei ihrer Herleitung nirgends von der Wärmeleitungsgleichung Gebrauch gemacht wurde.

Das gleiche gilt selbstverständlich für die Sonderfälle des ebenen Verzerrungszustandes und des ebenen Spannungszustandes. Insbesondere kann hier, ebenso wie für Φ, auch für das Verschiebungspotential Ψ sofort eine Lösung der Gl. (I, 35) mit $\varrho = 0$ angegeben werden, nämlich

$$\Psi = (1+\mu) a \alpha \int_0^t T \, dt + \Psi_0 + t \Psi_1, \qquad (I, 48)$$

wobei wieder $\Psi_0 = 0$ wird, wenn die Anfangstemperatur Null ist.

Die Gleichungen der *Scheibe mit Wärmeabgabe an den Oberflächen* sind dagegen neu zu formulieren, da an die Stelle der Wärmeleitungsgleichung (V, 19) in MELAN-PARKUS jetzt die Gleichung

$$\Delta T - m^2 T = \frac{1}{a} \frac{\partial T}{\partial t}, \qquad m^2 = \frac{2k}{\lambda h} \qquad (I, 49)$$

tritt. Hierbei wurde eine zeitlich und räumlich konstante Umgebungstemperatur $\theta = 0$ vorausgesetzt, was in den meisten praktisch wichtigen Fällen zutrifft. k ist die Wärmeübergangszahl zwischen Scheibe und Umgebung, λ die Wärmeleitfähigkeit und h die Scheibendicke.

---

[1] GOODIER (2).

Wendet man auf Gl. (I, 49) eine LAPLACE-Transformation[1] an,

$$T^*(x, y, z, s) = \int_0^\infty T(x, y, z, t) e^{-st} dt,$$

so erhält man

$$\Delta T^* = \left(m^2 + \frac{s}{a}\right) T^* - \frac{T_0}{a}.$$

$T_0(x, y)$ ist die Anfangstemperatur der Scheibe. Wird Gl. (I, 35) — mit $\varrho = 0$ — gleichfalls transformiert,

$$\Delta \Psi^* = (1 + \mu) \varkappa T^*,$$

und T^* aus der obigen Gleichung eingesetzt, so folgt

$$\Delta \Psi^* = \frac{(1+\mu)\varkappa}{m^2 + \frac{s}{a}} \left(\Delta T^* + \frac{T_0}{a}\right).$$

Bestimmt man nun eine Funktion Ψ_0 als Partikulärlösung von

$$\Delta \Psi_0 = (1 + \mu) \varkappa T_0, \qquad (I, 50)$$

so folgt sofort

$$\Psi^* = \frac{1}{m^2 + \frac{s}{a}} \left((1+\mu) \varkappa T^* + \frac{1}{a} \Psi_0\right)$$

und daraus nach Rücktransformation

$$\Psi = \left((1+\mu) \varkappa a \int_0^t T(x, y, \tau) e^{a m^2 \tau} d\tau + \Psi_0\right) e^{-a m^2 t}. \qquad (I, 51)$$

$\Psi_0 = \Psi(t = 0)$ ist das der Anfangstemperatur T_0 entsprechende Verschiebungspotential. Von der Beifügung einer Integrationskonstanten wurde abgesehen. Man überzeugt sich leicht durch Bildung von $\Delta \Psi$ unter Berücksichtigung von Gln. (I, 49), (I, 50) und mittels partieller Integration, daß Gl. (I, 35) mit $\varrho = 0$ in der Tat erfüllt ist. Falls $\lim_{t \to \infty} T = T_\infty$ existiert, liefert Gl. (I, 51)

$$\lim_{t \to \infty} \Psi = (1+\mu) \frac{\varkappa}{m^2} T_\infty,$$

wie es der stationären Lösung entspricht, vgl. MELAN-PARKUS, Gl. (V, 22).

II. Anheiz- und Abkühlvorgänge.

1. Momentanquelle im unendlichen Körper[2]. An der Stelle $A(\xi, \eta, \zeta)$ eines unbeschränkt elastischen, unendlich ausgedehnten Körpers wird zur Zeit $t = 0$ plötzlich die Wärmemenge $Q = \varrho c M$ deponiert[3]. Die Temperatur springt dann im Punkt A zunächst unstetig nach Unendlich,

---

[1] Für eine Einführung in die LAPLACE-Transformation sei vor allem verwiesen auf die im Literaturverzeichnis angeführten Bücher von G. DOETSCH.

[2] NOWACKI (4). Hier wird auch die Momentanquelle im Inneren des Halbraumes mit starrer Oberfläche behandelt.

[3] c ist die spezifische Wärme pro Masseneinheit, ϱ die Dichte.

um sofort wieder abzuklingen und schließlich im ganzen Körper auf den ursprünglichen Wert, den wir mit Null annehmen wollen, zurückzugehen.

Es ist klar, daß der plötzliche Temperatursprung den Voraussetzungen einer quasistatischen Behandlung widerspricht, abgesehen davon, daß sich in der Umgebung der Punktquelle ein plastischer Bereich ausbilden wird. Wir wollen aber hier von beiden Einflüssen absehen.

Die Lösung der Gl. (I, 45), die dem hier vorgegebenen Anfangszustand entspricht, ist[1]

$$T = \frac{M}{(4\pi a t)^{3/2}} e^{-R^2/4at}, \qquad (II, 1)$$

wo $R = [(x-\xi)^2 + (y-\eta)^2 + (z-\zeta)^2]^{1/2}$. Wird dies in Gl. (I, 47) eingesetzt, so ergibt sich für das Verschiebungspotential

$$\Phi = \frac{K_1}{4G} \frac{a}{\sqrt{\pi}} \int_0^t (at)^{-3/2} e^{-R^2/4at} dt + \Phi_0 + t\Phi_1,$$

wobei zur Abkürzung

$$K_1 = \frac{1+\mu}{1-\mu} \alpha \frac{MG}{2\pi} \qquad (II, 2)$$

geschrieben wurde. Führt man die neue Variable $u = R/(2\sqrt{at})$ ein, so folgt mit $dt = -(R^2/2au^3)du$

$$\Phi = \frac{K_1}{2G} \frac{1}{R} \frac{2}{\sqrt{\pi}} \int_u^\infty e^{-u^2} du + \Phi_0 + t\Phi_1$$

und mit der GAUSSschen Fehlerfunktion

$$\frac{2}{\sqrt{\pi}} \int_0^u e^{-\lambda^2} d\lambda = \text{erf}(u)$$

wegen $\text{erf}(0) = 0$, $\text{erf}(\infty) = 1$

$$\Phi = \frac{K_1}{2GR} \left[1 - \text{erf}\left(\frac{R}{2\sqrt{at}}\right)\right] + \Phi_0 + t\Phi_1.$$

Nach hinreichend langer Zeit, d. h. für $t \to \infty$, müssen Verschiebungen und Spannungen wieder auf Null zurückgegangen sein. Diese Bedingung können wir erfüllen, indem wir

$$\Phi_0 = -\frac{K_1}{2G} \frac{1}{R}, \quad \Phi_1 = 0$$

setzen. Es ergibt sich also schließlich

$$\Phi = \frac{-K_1}{2G} \frac{1}{R} \text{erf}\left(\frac{R}{2\sqrt{at}}\right). \qquad (II, 3)$$

Mit Hilfe der Gl. (I, 31) erhält man dann (bei Vernachlässigung der dynamischen Glieder) wegen

$$\frac{\partial}{\partial u}[\text{erf}(u)] = \frac{2}{\sqrt{\pi}} e^{-u^2}, \quad \frac{\partial R}{\partial x} = \frac{x-\xi}{R} \quad \text{usw.}$$

---

[1] CARSLAW-JAEGER, S. 216.

für die zugehörigen Spannungen:

$$\sigma_{xx} = 2G\left(\frac{\partial^2 \Phi}{\partial x^2} - \Delta\Phi\right) =$$

$$= \frac{K_1}{R^2}\left\{\left(1 - \frac{3(x-\xi)^2}{R^2}\right)\left[\frac{1}{R}\operatorname{erf}\left(\frac{R}{2\sqrt{at}}\right) - \frac{1}{\sqrt{\pi at}}e^{-R^2/4at}\right] + \right.$$

$$\left. + \frac{1}{2\sqrt{\pi}(at)^{3/2}}[(x-\xi)^2 - R^2]e^{-R^2/4at}\right\} \quad (II, 4)$$

und zwei analoge Gleichungen für σ_{yy} und σ_{zz} sowie

$$\sigma_{xy} = 2G\frac{\partial^2 \Phi}{\partial x\,\partial y} =$$

$$= \frac{3K_1}{R^4}(x-\xi)(y-\eta)\left[\frac{1}{\sqrt{\pi at}}\left(1 + \frac{R^2}{6at}\right)e^{-\frac{R^2}{4at}} - \frac{1}{R}\operatorname{erf}\left(\frac{R}{2\sqrt{at}}\right)\right] \quad (II, 5)$$

und zwei weitere Gleichungen für σ_{yz} und σ_{zx}.

Um die Lösung eindeutig zu machen, schreiben wir folgende Bedingungen vor:

a) Verschiebungen und Spannungen sollen im Unendlichen verschwinden.

b) Für $R \to 0$ soll Φ endlich bleiben. Die Verschiebungen dürfen damit höchstens von der Ordnung $\frac{1}{R}$, die Spannungen höchstens von der Ordnung $\frac{1}{R^2}$ Unendlich werden.

Die Bedingung a) ist erfüllt. Um die Bedingung b) nachzuprüfen, berechnen wir die Radialverschiebung u in $R = 0$ und erhalten

$$u = \left.\frac{\partial \Phi}{\partial R}\right|_{R=0} = \frac{K_1}{2G}\lim_{R\to 0}\frac{1}{R}\left[\frac{1}{R}\operatorname{erf}\left(\frac{R}{2\sqrt{at}}\right) - \frac{1}{\sqrt{\pi at}}e^{-R^2/4at}\right] = 0.$$

Bedingung b) ist also gleichfalls erfüllt.

Die Lösung (II, 4) und (II, 5) genügt somit allen Bedingungen des gestellten Problems. Eine weitere Spannungsverteilung braucht daher nicht mehr überlagert zu werden.

Die Temperaturverteilung gemäß Gl. (II, 1) mit $M = 1$ stellt die GREENsche Funktion für den unendlichen Körper dar. Damit lassen sich aber nach Gl. (I, 44) die Spannungen berechnen, die in diesem Körper bei beliebig vorgegebener Anfangstemperaturverteilung $F(x, y, z)$ entstehen:

$$\sigma_{ij}(x, y, z, t) = \iiint_V \sigma'_{ij}(x, y, z, \xi, \eta, \zeta, t)\, F(\xi, \eta, \zeta)\, d\xi\, d\eta\, d\zeta, \quad (II, 6)$$

wobei σ'_{ij} die Spannungen gemäß Gl. (II, 4) und (II, 5) bedeuten, wenn $M = 1$ gesetzt wird.

Da der Spannungszustand Kugelsymmetrie aufweist, können auch die Gln. (I, 33) herangezogen werden, wobei r durch R zu ersetzen ist. Es ergibt sich

$$\sigma_{rr} = -\frac{2 K_1}{R^3} \left[\mathrm{erf}\left(\frac{R}{2\sqrt{a t}}\right) - \frac{R}{\sqrt{\pi a t}} e^{-\frac{R^2}{4 a t}} \right],$$

$$\sigma_{\varphi\varphi} = \sigma_{\vartheta\vartheta} = \frac{K_1}{R^3} \left[\mathrm{erf}\left(\frac{R}{2\sqrt{a t}}\right) - \left(1 + \frac{R^2}{2 a t}\right) \frac{R}{\sqrt{\pi a t}} e^{-\frac{R^2}{4 a t}} \right].$$

(II, 7)

2. Momentaner Dipol im unendlichen Körper[1]. An der Stelle $A(\xi, \eta, \zeta)$ eines vollkommen elastischen, unendlich ausgedehnten Körpers von der Anfangstemperatur Null wirkt im Augenblick $t = 0$ ein momentaner Wärmedipol. Ein solcher Dipol kann als der Grenzfall zweier Wärmequellen mit den Quellstärken $+M$ und $-M$ angesehen werden, wenn sich diese längs einer Geraden (der Achse des Dipols) unbeschränkt nähern, wobei das Produkt $M l = N$ konstant bleibt, wenn der Abstand l gegen Null geht[2]. Ist $\overline{T}$ die Temperaturverteilung für eine momentane Wärmequelle, Gl. (II, 1), so folgt die des Dipols zu

$$T = \frac{N}{M} \frac{\partial \overline{T}}{\partial n},$$

wobei $\frac{\partial}{\partial n}$ die Ableitung bezüglich ξ, η, ζ in Richtung der Dipolachse bedeutet. Fällt also z. B. die z-Achse mit der Dipolachse zusammen, so wird

$$T = \frac{N}{(4\pi a t)^{3/2}} \frac{\partial}{\partial \zeta}(e^{-R^2/4 a t}) = \frac{-N}{(4\pi a t)^{3/2}} \frac{\partial}{\partial z}(e^{-R^2/4 a t}),$$

$$T = \frac{N(z-\zeta)}{16(\pi)^{3/2}(a t)^{5/2}} e^{-R^2/4 a t}.$$

(II, 8)

Damit läßt sich aber das zugehörige thermische Verschiebungspotential durch Differentiation des Ausdruckes (II, 3) sofort angeben:

$$\Phi = \frac{N}{M} \frac{K_1}{2 G} \frac{\partial}{\partial z}\left[\frac{1}{R} \mathrm{erf}\left(\frac{R}{2\sqrt{a t}}\right)\right] =$$

$$= -\frac{1+\mu}{1-\mu} \frac{\alpha N}{4\pi} \frac{z-\zeta}{R^3} \left[\mathrm{erf}\left(\frac{R}{2\sqrt{a t}}\right) - \frac{R}{\sqrt{\pi a t}} e^{-R^2/4 a t}\right].$$

(II, 9)

Der zugehörige Spannungszustand ist damit festgelegt, vgl. auch Ziff. II, 4.

3. Momentanquelle an der Oberfläche des Halbraumes. Oberfläche wärmeisoliert[3]. Im Koordinatenursprung O des elastischen Halbraumes $z \geq 0$ wird zur Zeit $t = 0$ plötzlich die Wärmemenge $Q = \varrho c M$ freigegeben. Wenn die Oberfläche $z = 0$ vollkommen wärmeisoliert, also dort $\partial T/\partial z = 0$ ist, bleibt die Temperaturverteilung nach Gl. (II, 1) auch hier gültig, wie man sich mit $R^2 = x^2 + y^2 + z^2$ leicht überzeugt. Damit kann aber auch das thermoelastische Verschiebungspotential Gl. (II, 3) ohne weiteres von dort übernommen werden. Es ist allerdings jetzt zweckmäßiger, Zylinderkoordinaten r, φ, z zu benutzen. Man erhält dann aus den Gln. (I, 32) mit $\varrho = 0$

---

[1] Nowacki (7).
[2] Carslaw-Jaeger, S. 228.
[3] Nowacki (7).

$$\bar{\sigma}_{rr} = -\frac{K_1}{R^3}\left\{\left(2 - \frac{3z^2}{R^2}\right)\mathrm{erf}\left(\frac{R}{2\sqrt{at}}\right) - \right.$$
$$\left. - \frac{R}{\sqrt{\pi a t}} e^{-R^2/4at}\left[2 - \frac{3z^2}{R^2}\left(1 + \frac{R^2}{6at}\right)\right]\right\},$$

$$\bar{\sigma}_{\varphi\varphi} = \frac{K_1}{R^3}\left[\mathrm{erf}\left(\frac{R}{2\sqrt{at}}\right) - \frac{R}{\sqrt{\pi a t}} e^{-R^2/4at}\left(1 + \frac{R^2}{2at}\right)\right],$$

$$\bar{\sigma}_{zz} = -\frac{K_1}{R^3}\left\{\left(2 - \frac{3r^2}{R^2}\right)\mathrm{erf}\left(\frac{R}{2\sqrt{at}}\right) - \right.$$
$$\left. - \frac{R}{\sqrt{\pi a t}} e^{-R^2/4at}\left[2 - \frac{3r^2}{R^2}\left(1 - \frac{R^2}{6at}\right)\right]\right\},$$

$$\bar{\sigma}_{rz} = -\frac{3K_1 rz}{R^5}\left[\mathrm{erf}\left(\frac{R}{2\sqrt{at}}\right) - \frac{R}{\sqrt{\pi a t}} e^{-R^2/4at}\left(1 + \frac{R^2}{6at}\right)\right].$$

(II, 10)

Dieser Spannungszustand erfüllt allerdings noch nicht die Randbedingungen an der Oberfläche $z = 0$, da dort zwar die Schubspannungen $\bar{\sigma}_{rz}$ verschwinden (auch im Ursprung $R = 0$), nicht aber die Normalspannungen $\bar{\sigma}_{zz}$. Es ist also noch ein zweites Spannungsfeld zu überlagern.

Es wurde bereits[1] darauf hingewiesen, daß man sich einen solchen zweiten Spannungszustand im axialsymmetrischen Fall zweckmäßig mit Hilfe der LOVEschen Verschiebungsfunktion beschaffen kann. Wir setzen also mit Benützung der biharmonischen Funktionen $J_0(\lambda r) e^{-\lambda z}$ und $z J_0(\lambda r) e^{-\lambda z}$ an[2]:

$$L = \int_0^\infty [A(\lambda, t) + \lambda z B(\lambda, t)] J_0(\lambda r) e^{-\lambda z} d\lambda. \quad \text{(II, 11)}$$

Berechnet man jetzt mittels der Gln. (VIII, 10) in MELAN-PARKUS die zu L gehörigen Spannungen $\bar{\bar{\sigma}}_{ij}$ und setzt $\bar{\bar{\sigma}}_{rz}\big|_{z=0} = 0$, so folgt $A = 2\mu B$ und damit

$$\bar{\bar{\sigma}}_{rr} = \frac{2G}{1 - 2\mu}\int_0^\infty B\lambda^3\left[(1 - \lambda z) J_0(\lambda r) + (2\mu - 1 + \lambda z)\frac{J_1(\lambda r)}{\lambda r}\right]e^{-\lambda z} d\lambda,$$

$$\bar{\bar{\sigma}}_{\varphi\varphi} = \frac{2G}{1 - 2\mu}\int_0^\infty B\lambda^3\left[2\mu J_0(\lambda r) - (2\mu - 1 + \lambda z)\frac{J_1(\lambda r)}{\lambda r}\right]e^{-\lambda z} d\lambda,$$

$$\bar{\bar{\sigma}}_{zz} = \frac{2G}{1 - 2\mu}\int_0^\infty B\lambda^3 (1 + \lambda z) J_0(\lambda r) e^{-\lambda z} d\lambda,$$

$$\bar{\bar{\sigma}}_{rz} = \frac{2G}{1 - 2\mu} z \int_0^\infty B\lambda^4 J_1(\lambda r) e^{-\lambda z} d\lambda,$$

(II, 12)

[1] MELAN-PARKUS, S. 73.
[2] Eine Verwechslung der hier auftretenden Größe λ mit der Wärmeleitzahl ist wohl kaum möglich.

Die noch unbekannte Größe $B(\lambda, t)$ folgt aus der Bedingung $\bar{\sigma}_{zz} + \bar{\bar{\sigma}}_{zz} = 0$ in $z = 0$. Um diese Bedingung erfüllen zu können, muß die Spannung $\bar{\sigma}_{zz}$ nach Gl. (II, 10) oder — einfacher — die Funktion Φ nach Gl. (II, 3) gleichfalls durch ein FOURIER-BESSELsches Integral dargestellt werden[1]:

$$\Phi(r, 0, t) = \frac{-K_1}{2G} \frac{1}{r} \operatorname{erf}\left(\frac{r}{2\sqrt{a\,t}}\right) = \frac{-K_1}{2G} \int_0^\infty J_0(\lambda\,r)\,\operatorname{erfc}(\lambda\sqrt{a\,t})\,d\lambda.$$

Da $\bar{\sigma}_{zz}$ aus Φ durch Differentiation nach r hervorgeht, konnte sofort $z = 0$ gesetzt werden. $\operatorname{erfc}(u)$ ist die komplementäre Fehlerfunktion, definiert durch

$$\operatorname{erfc}(u) = \frac{2}{\sqrt{\pi}} \int_u^\infty e^{-\lambda^2}\,d\lambda = 1 - \operatorname{erf}(u).$$

Schreibt man jetzt die oben angegebene Randbedingung an, so folgt durch Vergleich der beiden Integranden

$$B(\lambda, t) = \frac{(1 - 2\mu)\,K_1}{2G\,\lambda} \operatorname{erfc}(\lambda\sqrt{a\,t}). \qquad (II, 13)$$

Damit ist das Spannungs- und Verschiebungsfeld bestimmt. Die gleichmäßige Konvergenz der Integrale für $t > 0$ ist ohne Schwierigkeiten nachweisbar.

Durch Integration über t erhält man Temperatur und Spannungen für eine *kontinuierlich wirkende Wärmequelle*. Ist $S(t)$ kcal/s die Ergiebigkeit dieser Wärmequelle, so wird mit $dQ = \varrho\,c\,dM = S\,dt$

$$\left.\begin{aligned} T(r, z, t) &= \int_0^t S(\tau)\,\tilde{T}(r, z, t - \tau)\,d\tau, \\ \sigma_{ij}(r, z, t) &= \int_0^t S(\tau)\,\tilde{\sigma}_{ij}(r, z, t - \tau)\,d\tau, \end{aligned}\right\} \qquad (II, 14)$$

wo $\tilde{T}$ und $\tilde{\sigma}_{ij}$ Temperatur und Spannungen für eine Momentanquelle mit $Q = 1$ sind. Ist im besonderen $S = \text{const}$, so erhält man mit Gl. (II, 1)

$$T(r, z, t) = \frac{S}{\varrho\,c} \frac{1}{(4\pi a)^{3/2}} \int_0^t \frac{1}{(t-\tau)^{3/2}} e^{-R^2/4a(t-\tau)}\,d\tau =$$

$$= \frac{1}{4\pi a R} \frac{S}{\varrho\,c} \operatorname{erfc}\left(\frac{R}{2\sqrt{a\,t}}\right). \qquad (II, 15)$$

---

[1] ERDÉLYI et al., Bd. 2, S. 92, Korrespondenz (23). Man verifiziert das Integral ohne Schwierigkeiten, indem man nach $\sqrt{a\,t} = \alpha$ differenziert, das sich ergebende WEBERsche Integral auswertet und wieder nach α integriert; vgl. Ziff. II, 4.

Aus Gl. (II, 3) folgt

$$\Phi(r, z, t) = -\frac{1+\mu}{1-\mu}\frac{\alpha}{4\pi}\frac{S}{\varrho c}\frac{1}{R}\int_0^t \mathrm{erf}\left(\frac{R}{2\sqrt{a(t-\tau)}}\right)d\tau =$$

$$= \frac{1+\mu}{1-\mu}\frac{\alpha}{8\pi a}\frac{S R}{\varrho c}\left[1-\left(1+\frac{2at}{R^2}\right)\mathrm{erf}\left(\frac{R}{2\sqrt{at}}\right)-\frac{2}{R}\sqrt{\frac{at}{\pi}}e^{-R^2/4at}\right]. \quad\text{(II, 16)}$$

Gl. (II, 13) schließlich gibt

$$B(\lambda, t) = \frac{(1+\mu)(1-2\mu)}{1-\mu}\frac{\alpha}{4\pi\lambda}\frac{S}{\varrho c}\int_0^t \mathrm{erfc}\left[\lambda\sqrt{a(t-\tau)}\right]d\tau =$$

$$= \frac{(1+\mu)(1-2\mu)}{1-\mu}\frac{\alpha}{8\pi a}\frac{S}{\varrho c}\frac{1}{\lambda^3}\left[2at\lambda^2 + (1-2at\lambda^2)\,\mathrm{erf}(\lambda\sqrt{at}) - \right.$$

$$\left. - 2\lambda\sqrt{\frac{at}{\pi}}e^{-at\lambda^2}\right]. \quad\text{(II, 17)}$$

4. Momentaner Dipol an der Oberfläche des Halbraumes. Oberfläche auf konstanter Temperatur[1]. Im Koordinatenursprung O des elastischen Halbraumes $z \geqslant 0$ wird zur Zeit $t = 0$ plötzlich ein momentaner Wärmedipol aufgebracht. Die Oberfläche $z = 0$, $r > 0$ wird dauernd auf der Temperatur Null gehalten.

Man sieht zunächst ohne weiteres, daß die Temperaturverteilung nach Gl. (II, 8) mit $\xi = \eta = \zeta = 0$ auch für den vorliegenden Fall richtig bleibt. Das gleiche gilt dann aber auch für das Verschiebungspotential Φ nach Gl. (II, 9) und man erhält mittels der Gln. (I, 32) für die zugehörigen Spannungen in Zylinderkoordinaten

$$\bar{\sigma}_{rr} = -\frac{K_2 z}{R^5}\left\{3\left(4-\frac{5z^2}{R^2}\right)\left[\mathrm{erf}\left(\frac{R}{2\sqrt{at}}\right)-\frac{R}{\sqrt{\pi at}}e^{-R^2/4at}\right]-\right.$$
$$\left.-\left(4-\frac{5z^2}{R^2}-\frac{z^2}{2at}\right)\frac{R^3}{2\sqrt{\pi(at)^{3/2}}}e^{-R^2/4at}\right\},$$

$$\bar{\sigma}_{\varphi\varphi} = \frac{K_2 z}{R^5}\left\{3\left[\mathrm{erf}\left(\frac{R}{2\sqrt{at}}\right)-\frac{R}{\sqrt{\pi at}}e^{-R^2/4at}\right]-\right.$$
$$\left.-\left(1+\frac{R^2}{2at}\right)\frac{R^3}{2\sqrt{\pi(at)^{3/2}}}e^{-R^2/4at}\right\},$$

$$\bar{\sigma}_{zz} = -\frac{3K_2 z}{R^5}\left\{\left(\frac{5z^2}{R^2}-3\right)\left[\mathrm{erf}\left(\frac{R}{2\sqrt{at}}\right)-\frac{R}{\sqrt{\pi at}}e^{-R^2/4at}\right]+\right.$$
$$\left.+\left(3-\frac{5z^2}{R^2}+\frac{r^2}{2at}\right)\frac{R^3}{6\sqrt{\pi(at)^{3/2}}}e^{-R^2/4at}\right\},$$

$$\bar{\sigma}_{rz} = \frac{3K_2 r}{R^5}\left\{\left(1-\frac{5z^2}{R^2}\right)\left[\mathrm{erf}\left(\frac{R}{2\sqrt{at}}\right)-\frac{R}{\sqrt{\pi at}}e^{-R^2/4at}\right]-\right.$$
$$\left.-\left(1-\frac{5z^2}{R^2}-\frac{z^2}{2at}\right)\frac{R^3}{6\sqrt{\pi(at)^{3/2}}}e^{-R^2/4at}\right\}.$$

(II, 18)

[1] Nowacki (7).

Hierbei ist
$$K_2 = \frac{1+\mu}{1-\mu} \alpha \frac{NG}{2\pi}. \tag{II, 19}$$

Um die Randbedingungen an der Oberfläche $z = 0$, nämlich
$$\sigma_{zz} = 0, \quad \sigma_{zr} = 0$$
zu erfüllen, muß wieder ein zweiter Spannungszustand überlagert werden, der aus einer LOVEschen Verschiebungsfunktion gewonnen wird. Wir können hierbei ohne weiteres den Ausdruck (II, 11) übernehmen, müssen aber, da jetzt $\bar{\bar{\sigma}}_{zz} = 0$ sein muß, $A = -(1-2\mu)B$ setzen. Damit erhalten wir für die entsprechenden Spannungen

$$\left.\begin{aligned}
\bar{\bar{\sigma}}_{rr} &= \frac{2G}{1-2\mu} \int_0^\infty B\lambda^3 \left((2-\lambda z) J_0(\lambda r) + (2\mu - 2 + \lambda z) \frac{J_1(\lambda r)}{\lambda r}\right) e^{-\lambda z} d\lambda, \\
\bar{\bar{\sigma}}_{\varphi\varphi} &= \frac{2G}{1-2\mu} \int_0^\infty B\lambda^3 \left(2\mu J_0(\lambda r) - (2\mu - 2 + \lambda z) \frac{J_1(\lambda r)}{\lambda r}\right) e^{-\lambda z} d\lambda, \\
\bar{\bar{\sigma}}_{zz} &= \frac{2G}{1-2\mu} z \int_0^\infty B\lambda^4 J_0(\lambda r) e^{-\lambda z} d\lambda, \\
\bar{\bar{\sigma}}_{rz} &= -\frac{2G}{1-2\mu} \int_0^\infty B\lambda^3 (1-\lambda z) J_1(\lambda r) e^{-\lambda z} d\lambda.
\end{aligned}\right\} \tag{II, 20}$$

Die Größe $B(\lambda, t)$ folgt aus der Bedingung $\bar{\sigma}_{rz} + \bar{\bar{\sigma}}_{rz} = 0$ in $z = 0$. Dazu müssen wir $\bar{\sigma}_{rz}|_{z=0}$ durch ein FOURIER-BESSELsches Integral darstellen. Wir bilden zuerst mit Gl. (II, 9)

$$\begin{aligned}
\frac{\partial \Phi}{\partial z}\bigg|_{z=0} &= -\frac{1+\mu}{1-\mu} \frac{\alpha N}{4\pi} \frac{1}{r^3} \left[\text{erf}\left(\frac{r}{2\sqrt{at}}\right) - \frac{r}{\sqrt{\pi at}} e^{-r^2/4at}\right] = \\
&= -\frac{1+\mu}{1-\mu} \frac{\alpha N}{4\pi} \left[\frac{1}{\sqrt{\pi at}} \int_0^\infty \lambda J_0(\lambda r) e^{-\lambda^2 at} d\lambda - \right. \\
&\quad \left. - \int_0^\infty \lambda^2 J_0(\lambda r) \, \text{erfc}(\lambda \sqrt{at}) d\lambda\right]. \tag{II, 21}
\end{aligned}$$

Die Richtigkeit dieser Integraldarstellung läßt sich direkt nachweisen. Zunächst gilt[1] die WEBERsche Integralformel

$$\int_0^\infty \lambda J_0(\lambda r) e^{-\lambda^2 at} d\lambda = \frac{1}{2at} e^{-r^2/4at}. \tag{II, 22}$$

Durch Differentiation dieser Gleichung nach dem Parameter at und durch Differentiation des zweiten Integrals in Gl. (II, 21) nach dem Parameter $\sqrt{at} = \alpha$ erhält man weiter

$$\frac{\sqrt{\pi}}{2} \frac{d}{d\alpha} \int_0^\infty \lambda^2 J_0(\lambda r) \, \text{erfc}(\lambda \sqrt{at}) d\lambda = \frac{1}{2\alpha} \frac{d}{d\alpha} \left(\frac{1}{2\alpha^2} e^{-r^2/4\alpha^2}\right).$$

---
[1] WATSON, S. 393.

Somit

$$\int_0^\infty \lambda^2 J_0(\lambda r)\,\mathrm{erfc}\,(\lambda\,\alpha)\,d\lambda = \frac{-1}{2\sqrt{\pi}} \int_\alpha^\infty \frac{1}{\alpha}\frac{d}{d\alpha}\left(\frac{1}{\alpha^2}e^{-r^2/4\alpha^2}\right)d\alpha =$$

$$= \frac{1}{2\sqrt{\pi}}\left(\frac{1}{\alpha^3}e^{-r^2/4\alpha^2} - \int_\alpha^\infty \frac{1}{\alpha^4}e^{-r^2/4\alpha^2}\,d\alpha\right) =$$

$$= \frac{1}{2\sqrt{\pi}\,\alpha^3}e^{-r^2/4\alpha^2} - \frac{1}{r^3}\left[\mathrm{erf}\left(\frac{r}{2\alpha}\right) - \frac{r}{\alpha\sqrt{\pi}}e^{-r^2/4\alpha^2}\right].$$

Die Randbedingung kann jetzt angeschrieben werden und liefert mit

$$\left.\overline{\sigma}_{rz}\right|_{z=0} = 2G\left.\frac{\partial^2 \Phi}{\partial r\,\partial z}\right|_{z=0} = K_2 \int_0^\infty \left(\frac{\lambda^2}{\sqrt{\pi a t}}e^{-\lambda^2 a t} - \lambda^3\,\mathrm{erfc}\,(\lambda\sqrt{a t})\right) J_1(\lambda r)\,d\lambda$$

für die Größe $B(\lambda, t)$

$$B(\lambda, t) = \frac{(1+\mu)(1-2\mu)}{1-\mu}\,\frac{\alpha N}{4\pi}\left(\frac{1}{\lambda\sqrt{\pi a t}}e^{-\lambda^2 a t} - \mathrm{erfc}\,(\lambda\sqrt{a t})\right). \qquad \text{(II, 23)}$$

Die Lösung des vorliegenden Problems stellt gleichzeitig die GREENsche Funktion für den Halbraum mit der Anfangstemperatur Null bei beliebig vorgegebener Oberflächentemperatur θ dar. Denn gemäß Gl. (I, 44) kann die Spannungsverteilung in diesem Fall erhalten werden durch eine passende Verteilung von Dipolen auf der Oberfläche $z = 0$.

5. Halbraum mit plötzlicher örtlicher Erwärmung der Oberfläche[1].

Ein elastischer Körper, der den Halbraum $z \geq 0$ erfüllt, besitzt die Temperatur $T = 0$. Zur Zeit $t = 0$ wird an der Oberfläche $z = 0$ eine Kreisfläche vom Radius $r = b$ plötzlich auf die konstante Temperatur $T = T_0$ gebracht und dauernd auf dieser Temperatur gehalten. Die restliche Oberfläche bleibt weiterhin auf $T = 0$.

Dem Problem kommt insoferne einige praktische Bedeutung zu, als rasche lokale Erhitzungen an der Oberfläche von Körpern recht häufig auftreten.

Man könnte die Lösung des Problems mittels der in Ziff. II, 4 angegebenen GREENschen Funktion gewinnen. Wir ziehen hier aber die direkte Herleitung vor, da man so unmittelbar Gebrauch von der vorhandenen Symmetrie machen kann.

Wir berechnen zuerst das Temperaturfeld. Wird auf die Gl. (I, 45) eine LAPLACE-Transformation ausgeübt,

$$T^*(r, z, s) = \int_0^\infty T(r, z, t)\,e^{-s t}\,dt,$$

so geht sie unter Berücksichtigung der Anfangsbedingung $T(r, z, 0) = 0$ über in

$$\Delta T^* - \frac{s}{a} T^* = 0, \qquad \text{(II, 24)}$$

---

[1] BAILEY.

deren Lösung mittels Variablentrennung in der Form

$$T^* = \int_0^\infty A(s, \lambda)\, J_0(\lambda r)\, e^{-\gamma z}\, d\lambda,$$

$$\gamma = \sqrt{\lambda^2 + \frac{s}{a}}$$

(II, 25)

geschrieben werden kann. Das negative Vorzeichen im Exponenten wurde eingeführt, weil die Temperatur im Unendlichen beschränkt bleiben muß. Die zunächst beliebige Funktion $A(s, \lambda)$ folgt aus den Randbedingungen in $z = 0$, die nach Transformation lauten:

$$T^*(r, 0, s) = \begin{cases} T_0/s & \text{in } r < b, \\ 0 & \text{in } r > b. \end{cases}$$

Mit Benützung des diskontinuierlichen Integrals[1]

$$\int_0^\infty J_0(\lambda r)\, J_1(\lambda b)\, d\lambda = \begin{cases} 1/b & \text{für } r < b, \\ 1/2b & \text{für } r = b, \\ 0 & \text{für } r > b \end{cases} \quad \text{(II, 26)}$$

ergibt sich unmittelbar

$$A(s, \lambda) = \frac{b\, T_0}{s}\, J_1(\lambda b).$$

Die Lösung im Bildraum lautet somit

$$T^* = b\, T_0 \int_0^\infty J_1(\lambda b)\, J_0(\lambda r)\, \frac{e^{-\gamma z}}{s}\, d\lambda. \quad \text{(II, 27)}$$

Sie kann mit Hilfe einer Korrespondenztafel[2] sofort in den Originalraum transformiert werden:

$$T = \frac{b\, T_0}{2} \int_0^\infty J_1(\lambda b)\, J_0(\lambda r) \left[e^{\lambda z}\, \mathrm{erfc}\left(\frac{z + 2 a \lambda t}{2 \sqrt{a t}} \right) + e^{-\lambda z}\, \mathrm{erfc}\left(\frac{z - 2 a \lambda t}{2 \sqrt{a t}} \right) \right] d\lambda.$$

(II, 28)

Die Lösung ist zunächst rein formal, solange nicht nachgewiesen ist, daß die uneigentlichen Integrale konvergieren und die beim Einsetzen in die Randbedingungen und in die Differentialgleichung notwendig werdenden Vertauschungen von Integration und Grenzübergang zulässig sind. Diesbezüglich wird auf die Originalarbeit von Bailey verwiesen.

Nunmehr kann an die Spannungsberechnung geschritten werden. Die plötzliche Temperaturänderung an der Oberfläche führt zu einer Spannungswelle, die in Ziff. V, 2 besprochen ist. Hier soll der quasistatische Anteil der Lösung ermittelt werden, der sehr bald nach Durchlaufen der Welle praktisch allein wirksam ist.

---

[1] Watson, S. 398.
[2] Z. B. Erdélyi et al., Bd. I, vgl. auch Gl. (II, 34, c).

Wir gehen wieder vom Verschiebungspotential Φ aus. Gl. (I, 47) mit $\Phi_0 = 0$ geht mittels einer LAPLACE-Transformation über in

$$\Phi^* = \frac{1+\mu}{1-\mu} \alpha a \frac{T^*}{s} + \frac{\Phi_1}{s^2}. \qquad (II, 29)$$

Setzt man T^* nach Gl. (II, 27) ein und berechnet die zugehörigen Spannungen, so zeigt sich, daß die Integrale an der Oberfläche $z = 0$ divergieren. Diese Singularität kann aber durch passende Wahl von Φ_1 weggeschafft werden. Hierbei kann man sich von der Überlegung leiten lassen, daß für $t \to \infty$ die stationäre Lösung entstehen muß. Nun ist nach einem Satz aus der Theorie der LAPLACE-Transformation

$$\lim_{s \to 0} s\, f^*(s) = \lim_{t \to \infty} f(t)$$

vorausgesetzt, daß $\lim_{t \to \infty} f(t)$ existiert. Wendet man dies auf Φ^* an und verlangt, daß $\lim_{s \to 0} s\, \Phi^*$ existieren soll, so folgt unmittelbar[1]

$$\Phi_1 = -\frac{1+\mu}{1-\mu} \alpha a T_\infty$$

und damit, nicht nur auf den vorliegenden Fall beschränkt,

$$\Phi^* = \frac{1+\mu}{1-\mu} \frac{a\alpha}{s^2} (s T^* - T_\infty), \qquad (II, 30)$$

wobei $T_\infty = \lim_{s \to 0} s T^*$ die nach hinreichend langer Zeit sich einstellende stationäre Temperatur ist. Daß damit $\Delta \Phi_1 = 0$ zutrifft, folgt sofort, da T_∞ natürlich der stationären Wärmeleitungsgleichung genügt.

Nach Einsetzen von T^* gemäß Gl. (II, 27) ergibt sich für den vorliegenden Fall

$$\Phi^*(r, z, s) = \frac{C_1}{2G} \int_0^\infty J_1(\lambda b) J_0(\lambda r) \frac{e^{-\gamma z} - e^{-\lambda z}}{s^2} d\lambda, \qquad (II, 31)$$

wobei $C_1 = \frac{1+\mu}{1-\mu} 2 G \alpha a b T_0$.

Jetzt können im Bildraum die zu Φ^* gehörigen Spannungen $\bar{\sigma}_{ij}^*$ mittels der Gl. (I, 32) berechnet werden, wobei nur (mit $\varrho = 0$) σ_{ij} durch $\bar{\sigma}_{ij}^*$ und Φ durch Φ^* zu ersetzen ist. Es ergibt sich

$$\left. \begin{aligned}
\bar{\sigma}_{rr}^* &= C_1 \int_0^\infty J_1(\lambda b) \left(\frac{J_1(\lambda r)}{\lambda r} \frac{e^{-\gamma z} - e^{-\lambda z}}{s^2} \lambda^2 - J_0(\lambda r) \frac{\gamma^2 e^{-\gamma z} - \lambda^2 e^{-\lambda z}}{s^2} \right) d\lambda, \\
\bar{\sigma}_{\varphi\varphi}^* &= -C_1 \int_0^\infty J_1(\lambda b) \left(\frac{J_1(\lambda r)}{\lambda r} \frac{e^{-\gamma z} - e^{-\lambda z}}{s^2} \lambda^2 - J_0(\lambda r) \frac{e^{-\gamma z}}{a s} \right) d\lambda, \\
\bar{\sigma}_{rz}^* &= C_1 \int_0^\infty J_1(\lambda b) J_1(\lambda r) \frac{\gamma e^{-\gamma z} - \lambda e^{-\lambda z}}{s^2} \lambda\, d\lambda, \\
\bar{\sigma}_{zz}^* &= C_1 \int_0^\infty J_1(\lambda b) J_0(\lambda r) \frac{e^{-\gamma z} - e^{-\lambda z}}{s^2} \lambda^2\, d\lambda.
\end{aligned} \right\} \quad (II, 32)$$

---
[1] GOODIER (2).

Es läßt sich zeigen, daß die Integrale gleichmäßig konvergieren, die Spannungen $\bar{\sigma}^*$ (und damit die Spannungen $\bar{\sigma}$) also stetige Funktionen von r und z in $z \geqslant 0$ sind. An der Oberfläche $z = 0$ verschwindet $\bar{\sigma}_{zz}^*$, wie es die Randbedingungen verlangen, es bleibt aber dort eine Schubspannung, die durch Überlagerung einer zweiten Lösung weggeschafft werden muß.

Wie bereits wiederholt auseinandergesetzt, kann man eine solche zweite Lösung mit Hilfe der LOVEschen Verschiebungsfunktion gewinnen. Mit Rücksicht auf die zu erfüllenden Randbedingungen machen wir hiefür folgenden Ansatz:

$$L^*(r, z, s) = \int_0^\infty [A(s, \lambda) z + B(s, \lambda)] J_0(\lambda r) e^{-\lambda z} d\lambda.$$

Man überzeugt sich zunächst ohne Schwierigkeiten, daß dieser Ansatz der Differentialgleichung $\Delta\Delta L^* = 0$ genügt. Berechnet man weiter mit Hilfe der Gln. (VIII, 10) in MELAN-PARKUS die zu L^* gehörigen Spannungen $\bar{\bar{\sigma}}_{zz}^*$ und $\bar{\bar{\sigma}}_{rz}^*$ und setzt in die Randbedingungen

$$\bar{\bar{\sigma}}_{zz}^* = 0, \quad \bar{\bar{\sigma}}_{rz}^* = -\bar{\sigma}_{rz}^* \quad \text{in} \quad z = 0$$

ein, so erhält man für die beiden Faktoren A und B

$$A(s, \lambda) = \frac{(1 + \mu)(1 - 2\mu) \alpha\, a\, b\, T_0}{1 - \mu} \frac{(\gamma - \lambda) J_1(\lambda b)}{\lambda s^2},$$

$$B(s, \lambda) = -\frac{1 - 2\mu}{\lambda} A(s, \lambda).$$

Damit sind L^* und mittels der Gln. (VIII, 10) in MELAN-PARKUS auch die zugehörigen Spannungen $\bar{\bar{\sigma}}_{ij}^*$ bekannt. Rechnet man diese Spannungen aus und fügt gleich die vom Verschiebungspotential Φ^* stammenden Spannungen $\bar{\sigma}_{ij}^*$ hinzu, so folgt für die Gesamtspannungen $\sigma_{ij}^* = \bar{\sigma}_{ij}^* + \bar{\bar{\sigma}}_{ij}^*$ im Bildraum:

$$\sigma_{rr}^* = \frac{C_1}{s^2} \int_0^\infty J_1(\lambda b) \left(\frac{J_1(\lambda r)}{\lambda r} \{\lambda^2 e^{-\gamma z} + \right.$$
$$+ [\lambda(\lambda z + 2\mu - 2)(\gamma - \lambda) - \lambda^2] e^{-\lambda z}\} +$$
$$\left. + J_0(\lambda r) \{-\gamma^2 e^{-\gamma z} + [\lambda(2 - \lambda z)(\gamma - \lambda) + \lambda^2] e^{-\lambda z}\} \right) d\lambda,$$

$$\sigma_{\varphi\varphi}^* = \frac{C_1}{s^2} \int_0^\infty J_1(\lambda b) \left[\frac{J_1(\lambda r)}{\lambda r} \{-\lambda^2 e^{-\gamma z} + \right.$$
$$+ [\lambda(2 - \lambda z - 2\mu)(\gamma - \lambda) + \lambda^2] e^{-\lambda z}\} -$$
$$\left. - J_0(\lambda r) \left(\frac{s}{a} e^{-\gamma z} - 2\mu\lambda(\gamma - \lambda) e^{-\lambda z}\right) \right] d\lambda,$$

$$\sigma_{rz}^* = \frac{C_1}{s^2} \int_0^\infty J_1(\lambda b) J_1(\lambda r) \{\lambda\gamma e^{-\gamma z} +$$
$$+ \lambda[(\lambda z - 1)(\gamma - \lambda) - \lambda] e^{-\lambda z}\} d\lambda,$$

$$\sigma_{zz}^* = \frac{C_1}{s^2} \int_0^\infty J_1(\lambda b) J_0(\lambda r) \{\lambda^2 e^{-\gamma z} + \lambda^2 [z(\gamma - \lambda) - 1] e^{-\lambda z}\} d\lambda.$$

(II, 33)

Halbraum mit plötzlicher örtlicher Erwärmung der Oberfläche.

Als letztes sind diese Spannungen nun noch aus dem Bildraum in den Originalraum zurück zu transformieren. Hierbei werden die folgenden Umkehrformeln benötigt:

$$\begin{aligned}
&\text{a)} \quad L^{-1}\left\{\frac{1}{s}\right\} = 1, \qquad \text{b)} \quad L^{-1}\left\{\frac{1}{s^2}\right\} = t, \\
&\text{c)} \quad L^{-1}\left\{\frac{e^{-\gamma z}}{s}\right\} = \frac{1}{2}\left[e^{\lambda z}\operatorname{erfc}\left(\frac{z + 2a\lambda t}{2\sqrt{at}}\right) + e^{-\lambda z}\operatorname{erfc}\left(\frac{z - 2a\lambda t}{2\sqrt{at}}\right)\right], \\
&\text{d)} \quad L^{-1}\left\{\frac{\gamma}{s^2}\right\} = \frac{1 + 2a\lambda^2 t}{2a\lambda}\operatorname{erf}(\lambda\sqrt{at}) + \sqrt{\frac{t}{a\pi}}\, e^{-\lambda^2 a t}, \\
&\text{e)} \quad L^{-1}\left\{\frac{e^{-\gamma z}}{s^2}\right\} = \frac{z + 2at\lambda}{4a\lambda}e^{\lambda z}\operatorname{erfc}\left(\frac{z + 2at\lambda}{2\sqrt{at}}\right) - \frac{z - 2at\lambda}{4a\lambda}e^{-\lambda z}\operatorname{erfc}\left(\frac{z - 2a\lambda t}{2\sqrt{at}}\right), \\
&\text{f)} \quad L^{-1}\left\{\frac{\gamma e^{-\gamma z}}{s^2}\right\} = -\frac{1 + \lambda z + 2at\lambda^2}{4a\lambda}e^{\lambda z}\operatorname{erfc}\left(\frac{z + 2at\lambda}{2\sqrt{at}}\right) + \\
&\qquad + \frac{1 - \lambda z + 2at\lambda^2}{4a\lambda}e^{-\lambda z}\operatorname{erfc}\left(\frac{z - 2at\lambda}{2\sqrt{at}}\right) + \sqrt{\frac{t}{a\pi}}\, e^{-(at\lambda^2 + z^2/4at)}.
\end{aligned} \qquad (II, 34)$$

Man findet diese Umkehrformeln mit Hilfe der oben zitierten Tafeln von ERDÉLYI und durch Anwendung des Verschiebungs- und Faltungssatzes. Transformation f) geht aus e) durch Differentiation nach z hervor.

Setzt man in die Gln. (II, 33) ein und vertauscht Integration und inverse LAPLACE-Transformation, so ist der Spannungszustand bestimmt. Die Verschiebungen u und w können in gleicher Weise direkt aus Φ und L ermittelt werden.

Die so erhaltene formale Lösung läßt sich durch entsprechenden Nachweis der gleichmäßigen Konvergenz ohne Schwierigkeiten verifizieren.

An der Oberfläche $z = 0$ verschwinden die Spannungen σ_{zz} und σ_{rz} und für die Spannungen σ_{rr} und $\sigma_{\varphi\varphi}$ ergibt sich dort

$$\begin{aligned}
\sigma_{rr} &= -\frac{C_1}{a}\int_0^\infty J_1(\lambda b)\Big[J_0(\lambda r) - \Big(J_0(\lambda r) - \\
&\quad - (1-\mu)\frac{J_1(\lambda r)}{\lambda r}\Big)\Big(\operatorname{erf}(\lambda\sqrt{at}) - 2\lambda^2 at\operatorname{erfc}(\lambda\sqrt{at}) + \\
&\quad + 2\lambda\sqrt{\frac{at}{\pi}}\, e^{-\lambda^2 a t}\Big)\Big]d\lambda, \\
\sigma_{\varphi\varphi} &= -\frac{C_1}{a}\int_0^\infty J_1(\lambda b)\Big[J_0(\lambda r) - \Big(\mu J_0(\lambda r) + \\
&\quad + (1-\mu)\frac{J_1(\lambda r)}{\lambda r}\Big)\Big(\operatorname{erf}(\lambda\sqrt{at}) - 2\lambda^2 at\operatorname{erfc}(\lambda\sqrt{at}) + \\
&\quad + 2\lambda\sqrt{\frac{at}{\pi}}\, e^{-\lambda^2 a t}\Big)\Big]d\lambda.
\end{aligned} \qquad (II, 35)$$

Unmittelbar nach dem Aufbringen des Temperatursprunges, also für $t \to 0+$ folgt daraus mit Benützung von Gl. (II, 26) und nach Einsetzen von C_1

$$\sigma_{rr} = \sigma_{\varphi\varphi} = \begin{cases} -\dfrac{E \alpha T_0}{1-\mu} & \text{für } r < b, \\ -\dfrac{1}{2}\dfrac{E \alpha T_0}{1-\mu} & \text{für } r = b, \\ 0 & \text{für } r > b, \end{cases} \qquad (II, 36)$$

in Übereinstimmung mit den bei der plötzlichen Erwärmung eines Zylinders (Ziff. II, 9) bzw. einer Kugel (Ziff. II, 13) auftretenden Anfangsspannungen[1].

Nach hinreichend langer Zeit, d. h. für $t \to \infty$ stellt sich ein stationärer Temperatur- und Spannungszustand ein. Die bezüglichen Lösungen lassen sich aus den Gln. (II, 27) und (II, 33) durch Grenzübergang unmittelbar erhalten. Insbesondere wird mit $\lim\limits_{t \to \infty} \sigma_{ij} = \lim\limits_{s \to 0} s\, \sigma_{ij}^*$ für die stationären Spannungen[2]

$$\left.\begin{aligned}\sigma_{rr} &= -E \alpha T_0 b \int_0^\infty J_1(\lambda b) \left(J_0(\lambda r) - \frac{J_1(\lambda r)}{\lambda r} \right) e^{-\lambda z} d\lambda, \\ \sigma_{\varphi\varphi} &= -E \alpha T_0 b \int_0^\infty J_1(\lambda b) \frac{J_1(\lambda r)}{\lambda r} e^{-\lambda z} d\lambda, \\ \sigma_{rz} &= \sigma_{zz} = 0.\end{aligned}\right\} \qquad (II, 37)$$

Der Vollständigkeit halber seien noch die LAPLACE-Transformierten der Verschiebungskomponenten u in radialer und w in axialer Richtung angegeben:

$$\left.\begin{aligned}u^* &= \frac{1+\mu}{1-\mu} \alpha\, a\, b \frac{T_0}{s^2} \int_0^\infty J_1(\lambda b) J_1(\lambda r) \{[(2 - 2\mu - \lambda z)\gamma - \\ &\quad - (1 - 2\mu - \lambda z)\lambda] e^{-\lambda z} - \lambda e^{-\gamma z}\} d\lambda, \\ w^* &= \frac{1+\mu}{1-\mu} \alpha\, a\, b \frac{T_0}{s^2} \int_0^\infty J_1(\lambda b) J_1(\lambda r) \{[(2 - 2\mu + \lambda z)\lambda - \\ &\quad - (1 - 2\mu + \lambda z)\gamma] e^{-\lambda z} - \gamma e^{-\gamma z}\} d\lambda.\end{aligned}\right\} \qquad (II, 38)$$

u und w selbst folgen daraus ohne Schwierigkeiten mittels der Transformationsformeln (II, 34). Für die stationären Verschiebungen ergibt sich insbesondere

---

[1] SADOWSKY behandelt ein verwandtes Problem, bei dem die Temperatur der Kreisfläche unendlich ist, während die restliche Oberfläche und der Halbraum dauernd die Temperatur Null aufweisen.

[2] Der stationäre Fall wurde von mehreren Autoren behandelt. STERNBERG and MCDOWELL geben geschlossene Lösungen mittels elliptischer Funktionen.

$$u = (1+\mu)\,\alpha\,b\,T_0 \int_0^\infty J_1(\lambda b)\,J_1(\lambda r)\,e^{-\lambda z}\,\frac{d\lambda}{\lambda},$$

$$w = -(1+\mu)\,\alpha\,b\,T_0 \int_0^\infty J_1(\lambda b)\,J_0(\lambda r)\,e^{-\lambda z}\,\frac{d\lambda}{\lambda}.$$

(II, 39)

Sehr einfache Ausdrücke ergeben sich für die stationären Spannungen an der Oberfläche $z = 0$, da sich dort die Integrale auf elementare Funktionen reduzieren[1]. Man erhält

$$\sigma_{rr} = -E\,\alpha\,T_0 \begin{cases} \dfrac{1}{2} & \text{für } r \leqslant b, \\ \dfrac{1}{2}\left(\dfrac{b}{r}\right)^2 & \text{für } r \geqslant b, \end{cases}$$

$$\sigma_{\varphi\varphi} = -E\,\alpha\,T_0 \begin{cases} \dfrac{1}{2} & \text{für } r < b, \\ 0 & \text{für } r = b, \\ -\dfrac{1}{2}\left(\dfrac{b}{r}\right)^2 & \text{für } r > b, \end{cases}$$

$$\sigma_{rz} = \sigma_{zz} = 0.$$

(II, 40)

6. Unendlicher Körper mit kugeligem Hohlraum[2]. Ein unendlich ausgedehntes elastisches Medium von der Temperatur $T = 0$ enthält einen kugelförmigen Hohlraum vom Radius R. Zur Zeit $t = 0$ wird die Oberfläche dieses Hohlraumes plötzlich auf die Temperatur T_0 gebracht und weiterhin auf dieser Temperatur gehalten.

Die Lösung der transformierten Gl. (II, 24) für das Temperaturfeld lautet wegen der hier vorliegenden Punktsymmetrie mit $\Delta = \dfrac{\partial^2}{\partial r^2} + \dfrac{2}{r}\dfrac{\partial}{\partial r}$,

$$T^*(r, s) = \frac{1}{r}\left[A(s)\,e^{-r\sqrt{s/a}} + B(s)\,e^{+r\sqrt{s/a}}\right].$$

Wir müssen verlangen, daß $T^* \to 0$ für $r \to \infty$. Dies liefert $B(s) = 0$. Weiters ist die Randbedingung

$$T^* = \frac{T_0}{s} \quad \text{in } r = R$$

zu erfüllen. Sie liefert $A(s)$ und damit als Lösung im Bildraum

$$T^*(r, s) = \frac{T_0}{s}\,\frac{R}{r}\,e^{-(r-R)\sqrt{s/a}}. \qquad (\text{II, 41})$$

Die Rücktransformation[3] ergibt[4]

$$T(r, t) = T_0\,\frac{R}{r}\,\text{erfc}\,\frac{r-R}{2\sqrt{a t}}. \qquad (\text{II, 42})$$

---

[1] Vgl. z. B. MAGNUS-OBERHETTINGER: Formeln und Sätze für die speziellen Funktionen der mathematischen Physik. 2. Aufl., Berlin: 1948, S. 50.
[2] STERNBERG (1).
[3] Gl. (II, 34, c).
[4] CARSLAW-JAEGER, S. 209.

Wir gehen nun an die Berechnung des Spannungs- und Verschiebungszustandes. Da hier nur Radialverschiebungen $u(r, t)$ auftreten, wobei sich die Spannungen wegen der Gln. (I, 7) gemäß

$$\sigma_{rr} = \frac{2G}{1-2\mu}\left((1-\mu)\frac{\partial u}{\partial r} + 2\mu\frac{u}{r} - (1+\mu)\varkappa T\right),$$
$$\sigma_{\varphi\varphi} = \sigma_{\vartheta\vartheta} = \frac{2G}{1-2\mu}\left(\frac{u}{r} + \mu\frac{\partial u}{\partial r} - (1+\mu)\varkappa T\right)$$
(II, 43)

durch u ausdrücken, kann das Problem auf die Lösung einer einzigen Differentialgleichung (I, 8)

$$\frac{\partial^2 u}{\partial r^2} + \frac{2}{r}\frac{\partial u}{\partial r} - \frac{2u}{r^2} = \frac{1+\mu}{1-\mu}\varkappa\frac{\partial T}{\partial r}$$

zurückgeführt werden. Die allgemeine Lösung dieser Gleichung ist

$$u = C_1 r + \frac{C_2}{r^2} + \frac{1+\mu}{1-\mu}\frac{\varkappa}{r^2}\int_R^r x^2 T(x,t)\,dx.$$

Verschiebung und Spannungen sollen im Unendlichen verschwinden, es muß also $C_1 = 0$ sein. Ebenso setzen wir die Oberfläche des Hohlraumes als frei von Spannungen voraus,

$$\sigma_{rr} = 0 \quad \text{in } r = R.$$

Mit Benützung der ersten Gl. (II, 43) liefert dies $C_2 = 0$. Man erhält also schließlich

$$u = \frac{1+\mu}{1-\mu}\frac{\varkappa}{r^2}\int_R^r x^2 T(x,t)\,dx. \tag{II, 44}$$

Die Lösung weist eine merkwürdige Eigenschaft auf. Es ist nämlich $u(R, t) = 0$ für alle t, d. h. der Radius des Hohlraumes bleibt trotz der Erwärmung ungeändert, unabhängig von der Art des Temperaturfeldes[1]. Gl. (II, 44) ist damit auch gleichzeitig Lösung für den Fall der festgehaltenen Hohlraumoberfläche.

Einsetzen von Gl. (II, 44) in die Gln. (II, 43) gibt

$$\sigma_{rr} = \frac{-2E\alpha}{1-\mu}\frac{1}{r^3}\int_R^r x^2 T(x,t)\,dx,$$
$$\sigma_{\varphi\varphi} = \sigma_{\vartheta\vartheta} = \frac{E\alpha}{1-\mu}\left(\frac{1}{r^3}\int_R^r x^2 T(x,t)\,dx - T(r,t)\right).$$
(II, 45)

Wir führen jetzt die spezielle, hier vorliegende Temperaturverteilung nach Gl. (II, 42) ein. Mit dem dimensionslosen Radius ϱ und der dimensionslosen Zeit τ,

$$\varrho = \frac{r}{R}, \quad \tau = \frac{at}{R^2} \tag{II, 46}$$

---

[1] Dies gilt allerdings nur für die quasistatische Lösung. Vgl. Ziff. VI, 7.

wird dann
$$\frac{1}{r^3}\int_R^r x^2\, T(x,t)\, dx = \frac{T_0}{\varrho^3} F(\varrho, \tau), \qquad (II, 47)$$
wobei
$$F(\varrho, \tau) = \int_1^\varrho \eta\, \mathrm{erfc}\, \frac{\eta - 1}{2\sqrt{\tau}}\, d\eta.$$

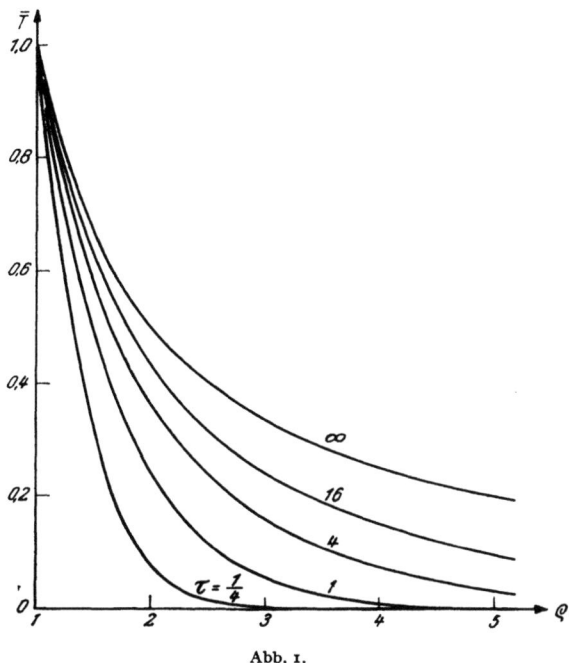

Abb. 1.

Das Integral läßt sich in geschlossener Form schreiben. Mit der neuen Variablen $\zeta = \dfrac{\varrho - 1}{2\sqrt{\tau}}$ wird zuerst
$$F(\varrho, \tau) = 4\tau \int_0^\zeta \zeta\, \mathrm{erfc}\, \zeta\, d\zeta + 2\sqrt{\tau} \int_0^\zeta \mathrm{erfc}\, \zeta\, d\zeta$$
und nach partieller Integration schließlich
$$F(\varrho, \tau) = \frac{1}{2}(\varrho^2 - 2\tau - 1)\, \mathrm{erfc}\, \frac{\varrho - 1}{2\sqrt{\tau}} - (\varrho + 1)\sqrt{\frac{\tau}{\pi}} e^{-(\varrho-1)^2/4\tau} +$$
$$+ \tau + 2\sqrt{\frac{\tau}{\pi}}. \qquad (II, 48)$$

Nach hinreichend langer Zeit, d. i. für $\tau \to \infty$, stellt sich mit
$$\lim_{\tau \to \infty} F(\varrho, \tau) = \frac{\varrho^2 - 1}{2}$$

32 Anheiz- und Abkühlvorgänge.

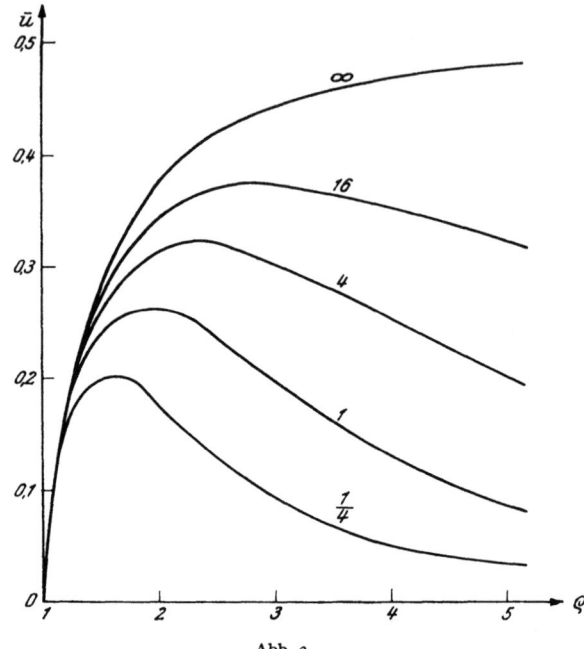

Abb. 2.

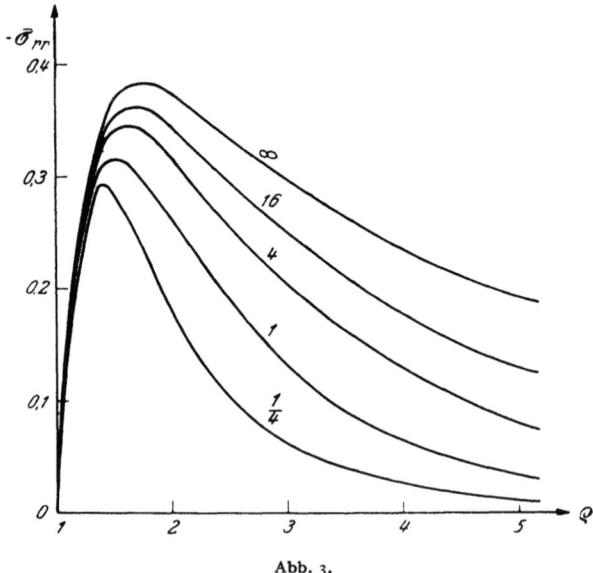

Abb. 3.

der stationäre Zustand ein:

$$u = \frac{1+\mu}{1-\mu} \frac{\alpha R T_0}{2} \left(1 - \frac{1}{\varrho^2}\right), \quad \sigma_{rr} = -\frac{E \alpha T_0}{1-\mu} \frac{\varrho^2 - 1}{\varrho^3},$$

$$\sigma_{\varphi\varphi} = \sigma_{\vartheta\vartheta} = -\frac{E \alpha T_0}{1-\mu} \frac{\varrho^2 + 1}{2 \varrho^3}, \quad T = \frac{T_0}{\varrho}. \quad \bigg\} \quad (II, 49)$$

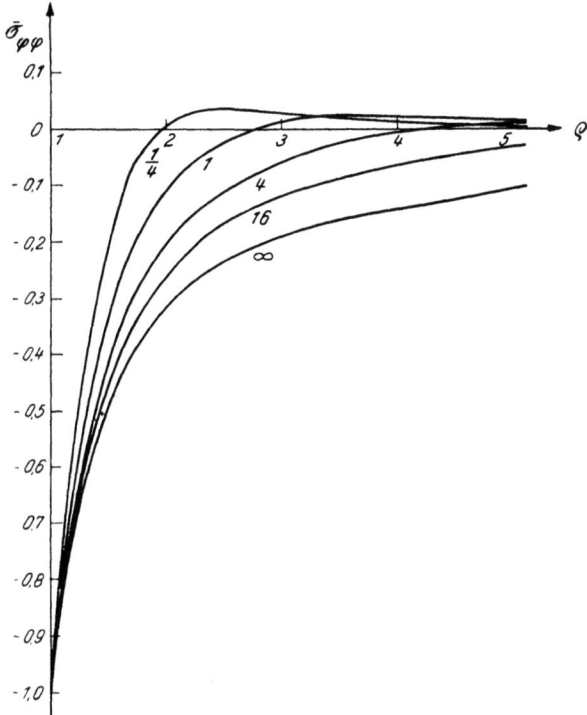

Abb. 4.

An der Oberfläche $\varrho = 1$ ist $\sigma_{\varphi\varphi} = \sigma_{\vartheta\vartheta} = -E \alpha T_0/(1-\mu)$. Diesen Wert besitzt die Umfangsspannung nicht nur für $t \to \infty$, sondern dauernd, wie man Gl. (II, 45) entnimmt.

Die Abb. 1 bis 4 zeigen Temperatur, Verschiebung und Spannungen zu verschiedenen Zeitpunkten τ als Funktionen des dimensionslosen Radius ϱ. Die dargestellten, dimensionslosen Größen sind definiert durch

$$\bar{T} = \frac{T}{T_0}, \quad \bar{u} = \frac{1-\mu}{1+\mu} \frac{u}{\alpha R T_0}, \quad \bar{\sigma} = \frac{1-\mu}{E \alpha T_0} \sigma.$$

In Abhängigkeit von der Zeit betrachtet, also bei festgehaltenem ϱ, sind $\bar{T}$, $\bar{u}$ und $-\bar{\sigma}_{rr}$ monoton wachsende Funktionen von τ, während $\bar{\sigma}_{\varphi\varphi}$ zunächst ansteigt, dann ein positives Maximum erreicht und schließlich seinem negativen stationären Endwert zustrebt.

7. Voll- und Hohlzylinder mit Kreisquerschnitt. Erster Lösungsanteil.

Der Zylinder von der Länge l möge zunächst überall die Temperatur $T = 0$ aufweisen. Vom Augenblick $t = 0$ an werden innere und äußere Mantelfläche einer beliebig zeitabhängigen, aber in Umfangsrichtung konstanten Umgebungstemperatur ausgesetzt. An den Stirnflächen sei zunächst Wärmeübergang in ein Medium der Temperatur Null angenommen[1]. Dies schließt die beiden Grenzfälle völlig wärmeisolierter bzw. auf der Temperatur Null gehaltener Stirnflächen ein.

Zur Berechnung der Temperaturverteilung ist also Gl. (I, 45) zu lösen mit der Anfangsbedingung $T = 0$ und den Randbedingungen

$$a_{11} T + a_{12} \frac{\partial T}{\partial z} \bigg|_{z=l} = 0, \quad b_{11} T + b_{12} \frac{\partial T}{\partial z} \bigg|_{z=0} = 0, \quad (II, 50)$$

$$c_{11} T + c_{12} \frac{\partial T}{\partial r} \bigg|_{r=R_a} = \varphi_a(z, t), \quad d_{11} T + d_{12} \frac{\partial T}{\partial r} \bigg|_{r=R_i} = \varphi_i(z, t). \quad (II, 51)$$

r und z sind Radial- bzw. Axialkoordinate, R_i und R_a bedeuten den Innen- bzw. Außenradius. Die Konstanten $a_{11}, \ldots, d_{12}$ lassen sich mittels Gl. (I, 7) in MELAN-PARKUS in jedem Sonderfall leicht ausrechnen.

Die LAPLACE-Transformation führt Gl. (I, 45) über in Gl. (II, 24). Ähnlich wie in Ziff. 5 können wir eine Lösung dieser Gleichung schreiben:

mit
$$T_1^* = [A I_0(\lambda r) + B K_0(\lambda r)] [C_1 \cos \gamma z + C_2 \sin \gamma z]$$

$$\lambda = \sqrt{\gamma^2 + \frac{s}{a}}. \quad (II, 52)$$

Diese Lösung geht aus der in Gl. (II, 25) gegebenen hervor, indem man γ bzw. λ durch $i\gamma$ bzw. $i\lambda$ ersetzt. I_0 und K_0 sind die modifizierten BESSEL-Funktionen.

Wird T_1^* in die beiden Randbedingungen (II, 50) eingesetzt, so ergeben sich zwei homogene lineare Gleichungen in den Konstanten C_1 und C_2, die nur dann eine nichttriviale Lösung besitzen, wenn die Determinante verschwindet. Diese Bedingung liefert

$$\tan \gamma l = \gamma \frac{a_{11} b_{12} - a_{12} b_{11}}{a_{11} b_{11} + \gamma^2 a_{12} b_{12}}. \quad (II, 53)$$

Die abzählbar unendlich vielen Wurzeln dieser Gleichung sind die Eigenwerte γ_n ($n = 1, 2, 3, \ldots$) unseres Problems. Mit gegebenen $a_{11}, a_{12}, b_{11}, b_{12}$ sind sie als bekannt anzusehen.

Zu jedem Eigenwert γ_n kann die zugehörige Eigenfunktion leicht angegeben werden. Da die Determinante verschwindet, werden die beiden Gleichungen für C_1 und C_2 identisch und man kann etwa C_2 durch

---

[1] Dieses Problem wurde von TROSTEL (1), jedoch ohne Verwendung der LAPLACE-Transformation behandelt. Einen Sonderfall untersuchte BOCK. Der stationäre Fall wurde auch von BUCKENS (1) diskutiert.

Voll- und Hohlzylinder mit Kreisquerschnitt. Erster Lösungsanteil.

C_1 ausdrücken, wobei letztere Konstante willkürlich bleibt. Wählt man sie passend, so kann man als Eigenfunktion schreiben

$$Z(\gamma_n z) = C_1 \cos \gamma_n z + C_2 \sin \gamma_n z \qquad \text{(II, 54)}$$

mit

$$C_1 = \gamma_n a_{12} \cos \gamma_n l + a_{11} \sin \gamma_n l,$$

$$C_2 = \gamma_n a_{12} \sin \gamma_n l - a_{11} \cos \gamma_n l.$$

Man beachte, daß die Eigenfunktionen $Z(\gamma_n z)$ ein vollständiges Orthogonalsystem bilden, da sie ja aus einem STURM-LIOUVILLEschen Randwertproblem hervorgegangen sind.

Durch Summation über n kann jetzt die allgemeine Lösung sofort angeschrieben werden:

$$T^* = \sum_{n=1}^{\infty} [A_n I_0(\lambda_n r) + B_n K_0(\lambda_n r)] Z(\gamma_n z), \qquad \text{(II, 55)}$$

wobei zu jedem γ_n das zugehörige λ_n aus Gl. (II, 52) zu berechnen ist.

Die beiden Konstantenfolgen A_n und B_n sind durch die beiden Randbedingungen (II, 51) bestimmt. Diese müssen allerdings zunächst in den Bildraum transformiert werden, d. h. es ist T durch T^* und φ_a bzw. φ_i durch die LAPLACE-Transformierten $\varphi_a^*(z, s)$ und $\varphi_i^*(z, s)$ zu ersetzen. Wird jetzt T^* nach Gl. (II, 55) eingesetzt und werden φ_a^* bzw. φ_i^* in Reihen nach den Eigenfunktionen $Z(\gamma_n z)$ entwickelt,

$$\varphi_a^*(z, s) = \sum_{n=1}^{\infty} c_n^a(s) Z(\gamma_n z), \quad \varphi_i^*(z, s) = \sum_{n=1}^{\infty} c_n^i(s) Z(\gamma_n z), \qquad \text{(II, 56)}$$

so ergibt sich durch Reihenvergleich

$$\left.\begin{array}{l} A_n [c_{11} I_0(\lambda_n R_a) + \lambda_n c_{12} I_0'(\lambda_n R_a)] + \\ + B_n [c_{11} K_0(\lambda_n R_a) + \lambda_n c_{12} K_0'(\lambda_n R_a)] = c_n^a, \\ A_n [d_{11} I_0(\lambda_n R_i) + \lambda_n d_{12} I_0'(\lambda_n R_i)] + \\ + B_n [d_{11} K_0(\lambda_n R_i) + \lambda_n d_{12} K_0'(\lambda_n R_i)] = c_n^i. \end{array}\right\} \qquad \text{(II, 57)}$$

Ein ' bedeutet hier und weiterhin stets die Ableitung nach dem Argument, also z. B. $I_0'(u) = \dfrac{dI_0}{du}$. Aus den beiden Gleichungen sind die gesuchten Konstanten A_n, B_n zu berechnen. T^* ist damit bestimmt.

Die Entwicklungskoeffizienten c_n^a und c_n^i sind, da die $Z(\gamma_n z)$ ein Orthogonalsystem bilden, gegeben durch

$$c_n^a(s) = \frac{1}{N_n} \int_0^l \varphi_a^*(z, s) Z(\gamma_n z) \, dz, \quad c_n^i(s) = \frac{1}{N_n} \int_0^l \varphi_i^*(z, s) Z(\gamma_n z) \, dz, \qquad \text{(II, 58)}$$

mit

$$N_n = \int_0^l Z^2(\gamma_n z) \, dz.$$

Die Konvergenz der Reihen (II, 56) ist für die in den Anwendungen in Frage kommenden Funktionen φ_a^* und φ_i^* durch bekannte Kriterien gesichert.

Setzt man für $Z(\gamma_n z)$ gemäß Gl. (II, 54) ein, so ergibt sich für die „Norm" N_n

$$\frac{N_n}{l} = \frac{a_{11}^2 + \gamma_n^2 a_{12}^2}{2} + [(\gamma_n^2 a_{12}^2 - a_{11}^2) \cos \gamma_n l + 2 \gamma_n a_{11} a_{12} \sin \gamma_n l] \frac{\sin \gamma_n l}{2 \gamma_n l}.$$
(II, 59)

Die Lösung T^* muß nun noch vom Bildraum in den Originalraum zurücktransformiert werden, um die Temperaturverteilung T zu erhalten. Dies wird am besten in jedem Einzelfall gesondert durchgeführt, wobei neben Korrespondenztafeln vor allem die Umkehrformel der LAPLACE-Transformation heranzuziehen sein wird.

Mit bekanntem T^* wird nun an die Lösung des Spannungsproblems geschritten, und zwar wird zunächst das Verschiebungspotential Φ bestimmt. Dabei gehen wir wie in Ziff. 5 vor und verlangen, daß $\lim_{s \to 0} s \Phi^*$ existiert. Damit gilt wieder Gl. (II, 30), aus der wir nach Einsetzen von T^* aus Gl. (II, 55) die zugehörigen (in den Bildraum transformierten) Spannungen $\bar{\sigma}_{ij}^*$ mittels der Gl. (I, 32) berechnen können. Wir schreiben die allgemeinen Ausdrücke nicht an, da sie sich im Einzelfall leicht angeben lassen.

An den Mantelflächen $r = R_a$ und $r = R_i$ verbleiben aber noch Radial- und Schubspannungen. Um diese zum Verschwinden zu bringen, überlagern wir einen weiteren „temperaturfreien" (d. h. zur Temperatur $T = 0$ gehörigen) Spannungszustand $\bar{\bar{\sigma}}_{ij}^*$, den wir uns mit Hilfe der LOVEschen Verschiebungsfunktion beschaffen. Die entsprechenden Gleichungen sind in MELAN-PARKUS, Ziff. VIII, 1, zusammengestellt. Es ist nur L^* statt L zu schreiben, da wir uns ja immer noch im Bildraum bewegen.

Als passende Verschiebungsfunktion setzen wir an:

$$L^* = \frac{1 - 2\mu}{2 G} \sum_{n=1}^{\infty} \left(\frac{D_n}{\gamma_n} I_0(\gamma_n r) + \frac{F_n}{\gamma_n} K_0(\gamma_n r) + E_n r I_1(\gamma_n r) + \right.$$
$$\left. + H_n r K_1(\gamma_n r) \right) Z'(\gamma_n z).$$
(II, 60)

Hierbei ist gemäß Gl. (II, 54)

$$Z'(\gamma_n z) = - C_1 \sin \gamma_n z + C_2 \cos \gamma_n z.$$
(II, 61)

Man überzeugt sich leicht an Hand der weiter unten angegebenen Ableitungen, daß diese Funktion bei beliebigen Konstanten $D_n, \ldots, H_n$ der Bipotentialgleichung $\Delta \Delta L^* = 0$ genügt.

Die Zusatzspannungen $\bar{\bar{\sigma}}_{ij}^*$ müssen die folgenden vier Randbedingungen erfüllen:

$$\bar{\bar{\sigma}}_{rr}^* = - \bar{\sigma}_{rr}^*, \quad \bar{\bar{\sigma}}_{rz}^* = - \bar{\sigma}_{rz}^* \quad \text{in } r = R_a \text{ und } r = R_i.$$
(II, 62)

Diese vier Bedingungen bestimmen die vier Konstantenfolgen $D_n, \ldots, H_n$.

Voll- und Hohlzylinder mit Kreisquerschnitt. Erster Lösungsanteil. 37

Wir stellen zunächst die zur Berechnung der Spannungen benötigten Ableitungen von L^* zusammen. Der Einfachheit halber lassen wir das Summenzeichen weg, betrachten also nur das n-te Glied L_n^*.

$$\frac{2G}{1-2\mu}\frac{\partial L_n^*}{\partial r} = [D_n I_1(\gamma_n r) - F_n K_1(\gamma_n r) + E_n \gamma_n r I_0(\gamma_n r) - \\ - H_n \gamma_n r K_0(\gamma_n r)] Z'(\gamma_n z),$$

$$\frac{2G}{1-2\mu}\cdot\frac{\partial L_n^*}{\partial z} = -[D_n I_0(\gamma_n r) + F_n K_0(\gamma_n r) + E_n \gamma_n r I_1(\gamma_n r) + \\ + H_n \gamma_n r K_1(\gamma_n r)] Z(\gamma_n z),$$

$$\frac{2G}{1-2\mu}\frac{\partial^2 L_n^*}{\partial r^2} = \gamma_n \left[D_n\left(I_0(\gamma_n r) - \frac{I_1(\gamma_n r)}{\gamma_n r}\right) + F_n\left(K_0(\gamma_n r) + \frac{K_1(\gamma_n r)}{\gamma_n r}\right) + \\ + E_n [I_0(\gamma_n r) + \gamma_n r I_1(\gamma_n r)] - \\ - H_n [K_0(\gamma_n r) - \gamma_n r K_1(\gamma_n r)]\right] Z'(\gamma_n z),$$

$$\frac{2G}{1-2\mu}\frac{\partial^2 L_n^*}{\partial z^2} = -\gamma_n [D_n I_0(\gamma_n r) + F_n K_0(\gamma_n r) + \\ + E_n \gamma_n r I_1(\gamma_n r) + H_n \gamma_n r K_1(\gamma_n r)] Z'(\gamma_n z),$$

$$\frac{2G}{1-2\mu} \Delta L_n^* = 2\gamma_n [E_n I_0(\gamma_n r) - H_n K_0(\gamma_n r)] Z'(\gamma_n z).$$

Man sieht, daß ΔL_n^* harmonisch ist, also in der Tat $\Delta\Delta L_n^* = 0$ gilt.

Durch Einsetzen der gewonnenen Ausdrücke in die Gln. (VIII, 10) in MELAN-PARKUS folgt für die Spannungskomponenten:

$$\bar{\bar{\sigma}}_{rr}^* = -\sum_{n=1}^{\infty} \gamma_n^2 \left[D_n\left(\frac{I_1(\gamma_n r)}{\gamma_n r} - I_0(\gamma_n r)\right) - F_n\left(\frac{K_1(\gamma_n r)}{\gamma_n r} + \right.\right.$$
$$\left.\left. + K_0(\gamma_n r)\right) - E_n [(1-2\mu) I_0(\gamma_n r) + \gamma_n r I_1(\gamma_n r)] + \right.$$
$$\left. + H_n [(1-2\mu) K_0(\gamma_n r) - \gamma_n r K_1(\gamma_n r)]\right] Z(\gamma_n z),$$

$$\bar{\bar{\sigma}}_{\varphi\varphi}^* = \sum_{n=1}^{\infty} \gamma_n^2 \left(D_n \frac{I_1(\gamma_n r)}{\gamma_n r} - F_n \frac{K_1(\gamma_n r)}{\gamma_n r} + \right.$$
$$\left. + (1-2\mu) E_n I_0(\gamma_n r) - (1-2\mu) H_n K_0(\gamma_n r) \right) Z(\gamma_n z), \qquad \text{(II, 63)}$$

$$\bar{\bar{\sigma}}_{zz}^* = -\sum_{n=1}^{\infty} \gamma_n^2 \{D_n I_0(\gamma_n r) + F_n K_0(\gamma_n r) + E_n [2(2 - \\ -\mu) I_0(\gamma_n r) + \gamma_n r I_1(\gamma_n r)] - H_n [2(2-\mu) K_0(\gamma_n r) - \\ - \gamma_n r K_1(\gamma_n r)]\} Z(\gamma_n z),$$

$$\bar{\sigma}_{rz}^* = \sum_{n=1}^{\infty} \gamma_n^2 \{D_n I_1(\gamma_n r) - F_n K_1(\gamma_n r) + E_n [\gamma_n r I_0(\gamma_n r) + \\ + 2(1-\mu) I_1(\gamma_n r)] - H_n [\gamma_n r K_0(\gamma_n r) - \\ - 2(1-\mu) K_1(\gamma_n r)]\} Z'(\gamma_n z).$$

Nunmehr kann in die Randbedingungen (II, 62) eingesetzt werden. Die explizite Bestimmung der Konstanten $D_n, \ldots, H_n$ ebenso wie die Rücktransformation der Gesamtspannungen $\sigma_{ij}^* = \bar{\sigma}_{ij}^* + \bar{\bar{\sigma}}_{ij}^*$ aus dem Bildraum in den Originalraum soll hier nicht weiter verfolgt werden. Sie wird zweckmäßig in jedem Einzelfall gesondert durchgeführt.

Die gewonnene Lösung ergibt zwar spannungsfreie Mantelflächen, hingegen werden an den Stirnflächen im allgemeinen Normalspannungen σ_{zz} und Schubspannungen σ_{zr} zurückbleiben. Nun bilden aber diese Spannungen ein Gleichgewichtssystem, d. h. es tritt weder eine resultierende Kraft noch ein resultierendes Kräftepaar auf. Für die Schubspannungen und für das Moment der Normalspannungen folgt dies ohne weiteres aus der Rotationssymmetrie des Problems. Da die beiden Mantelflächen spannungsfrei sind, folgt weiter, daß, falls eine resultierende Axialkraft auftritt, sie in jedem Querschnitt dieselbe sein muß. Es müßte also, da die Spannungsfreiheit der Mantelflächen für jedes n der Reihenentwicklungen zutrifft, mindestens eine der Funktionen $Z(\gamma_n z)$ konstant (ungleich Null) sein. Dies ist nicht der Fall.

Nach dem St. Venantschen Prinzip kann man also schließen, daß der Einfluß der Stirnflächenspannungen nur in der Umgebung dieser Flächen bemerkbar sein wird. Will man diese Flächen aber vollständig spannungsfrei machen, so muß man noch weitere Lovesche Funktionen überlagern. Einige formale Hinweise finden sich bei Trostel.

Schließlich sei noch hervorgehoben, daß die Gleichungen dieses Abschnittes ohne Schwierigkeiten dem Fall des sich von $z = 0$ bis $z = \infty$ erstreckenden Zylinders angepaßt werden können. Man hat nur die Fourier-Reihen durch Fourier-Integrale zu ersetzen, also z. B. an Stelle von Gl. (II, 55) zu schreiben

$$T^* = \int_0^\infty [A\, I_0(\lambda r) + B\, K_0(\lambda r)]\, Z(\gamma z)\, d\gamma. \qquad (II, 64)$$

Der Zusammenhang zwischen λ und γ ist weiterhin durch Gl. (II, 52) gegeben. Die Funktion $Z(\gamma z)$ hat jetzt nur mehr die Randbedingung (II, 50) in $z = 0$ zu erfüllen und lautet daher

$$Z(\gamma z) = b_{11} \sin \gamma z - b_{12}\, \gamma \cos \gamma z. \qquad (II, 65)$$

Die Koeffizienten $A(\lambda)$ und $B(\lambda)$ werden dadurch erhalten, daß man die vorgegebenen Randfunktionen $\varphi_a^*(z, s)$ und $\varphi_i^*(z, s)$ durch Integrale darstellt:

$$\varphi_a^*(z, s) = \int_0^\infty c_a(\gamma, s)\, Z(\gamma z)\, d\gamma, \qquad \varphi_i^*(z, s) = \int_0^\infty c_i(\gamma, s)\, Z(\gamma z)\, d\gamma. \qquad (II, 66)$$

Hierbei muß natürlich vorausgesetzt werden, daß diese Darstellung möglich ist, daß also insbesonders die Integrale $\int_0^\infty |\varphi_a^*|\, dz$ und $\int_0^\infty |\varphi_i^*|\, dz$ existieren. Für die „Spektralfunktionen" c_a und c_i gilt dann[1]

---

[1] Vgl. etwa P. M. Morse u. H. Feshbach: Methods of Mathematical Physics. New York, 1953. S. 764.

Voll- und Hohlzylinder mit Kreisquerschnitt. Erster Lösungsanteil.

$$c_a = \frac{1}{N} \int_0^\infty \varphi_a^*(z, s)\, Z(\gamma z)\, dz, \qquad c_i = \frac{1}{N} \int_0^\infty \varphi_i^*(z, s)\, Z(\gamma z)\, dz,$$

$$N(\lambda, s)\, \delta(\lambda - \gamma) = \int_0^\infty Z(\lambda z)\, Z(\gamma z)\, dz, \tag{II, 67}$$

$\delta(\lambda - \gamma)$ ist die DIRACsche Deltafunktion, definiert durch

$$\int_{-\infty}^{+\infty} F(\lambda)\, \delta(\lambda - \gamma)\, d\lambda = F(\gamma). \tag{II, 68}$$

Sie ist symmetrisch, $\delta(-x) = \delta(x)$.

Die Gln. (II, 66) und (II, 67) sind die Umformungen auf ein unendliches Intervall der im Intervall von der Länge l gültigen Gln. (II, 56) und (II, 58).

Um die Norm N zu berechnen, ist Z nach Gl. (II, 65) in die dritte Gl. (II, 67) einzusetzen. Da links die δ-Funktion steht, ist das Integral auf der rechten Seite divergent. Um der Gleichung einen Sinn zu verleihen[1], multiplizieren wir sie mit einer stetigen Funktion $\Phi(\lambda)$ und integrieren über λ von 0 bis ∞. Die Funktion $\Phi(\lambda)$ ist hierbei so zu wählen, daß das Doppelintegral auf der rechten Seite nach Vertauschung der Integrationsreihenfolge konvergiert. Wir wählen hier $\Phi(\lambda) = e^{-\lambda}$ und erhalten mit Benützung von Gl. (II, 68)

$$\int_0^\infty e^{-\lambda} N(\lambda, s)\, \delta(\lambda - \gamma)\, d\lambda = e^{-\gamma} N(\gamma, s) = \int_0^\infty Z(\gamma z)\, dz \int_0^\infty e^{-\lambda} Z(\lambda z)\, d\lambda.$$

Nach Einsetzen von Z folgt

$$N e^{-\gamma} = \int_0^\infty [b_{11} \sin \gamma z - b_{12}\, \gamma \cos \gamma z] \left[\frac{b_{11} z}{1 + z^2} + \frac{b_{12}}{1 + z^2} - \frac{2\, b_{12}}{(1 + z^2)^2}\right] dz.$$

Man entnimmt den Integraltafeln[2] die folgenden Integrale:

$$\int_0^\infty \frac{\cos \gamma z}{a^2 + z^2}\, dz = \frac{\pi}{2a}\, e^{-\gamma a},$$

$$\int_0^\infty \frac{\sin \gamma z}{a^2 + z^2}\, dz = \frac{1}{a}\left[e^{-\gamma a} \int_0^{\gamma a} \frac{\mathfrak{Sin}\, x}{x}\, dx - Ei(-\gamma a)\, \mathfrak{Sin}\, \gamma a\right].$$

Ei ist das Exponentialintegral

$$Ei(-z) = \int_\infty^z \frac{e^{-\lambda}}{\lambda}\, d\lambda.$$

---

[1] Vgl. z. B. B. FRIEDMAN: Principles and Techniques of Applied Mathematics; S. 136. New York: 1956.

[2] W. GRÖBNER u. N. HOFREITER: Integraltafel. Bd. II. Wien: 1950. S. 91, 127,

mit $\mathfrak{Sin}\, x = \sum_{\nu=0}^{\infty} \frac{x^{2\nu+1}}{(2\nu + 1)!}$.

Durch Differentiation nach γ bzw. a erhält man alle weiteren noch benötigten Integrale und damit schließlich

$$N = \frac{\pi}{2}(b_{11}^2 + \gamma^2 b_{12}^2). \tag{II, 69}$$

Die Gleichungen für die Koeffizienten A und B können jetzt angeschrieben werden. Sie sind identisch mit den Gln. (II, 57), wenn dort der Index n weggelassen wird.

Auch die weiteren Rechnungen, also vor allem die Ermittlung des thermoelastischen Potentials und der LOVEschen Funktion, gehen genau so vor sich wie beim Intervall endlicher Länge. Die dortigen Gleichungen bleiben unverändert, es sind nur überall die Summen über γ_n durch Integrale über γ zu ersetzen.

Die angegebenen Lösungen gelten mit $t \to \infty$ natürlich auch für die stationäre Temperaturverteilung. Eine Rücktransformation aus dem Bildraum ist hierbei nicht nötig, wie bereits im vorangehenden Abschnitt auseinandergesetzt wurde. Existiert nämlich $\lim_{t\to\infty} T$ und damit auch $\lim_{t\to\infty} \sigma_{ij}$, so gilt

$$\lim_{t\to\infty} T = \lim_{s\to 0} s\, T^* \quad \text{und} \quad \lim_{t\to\infty} \sigma_{ij} = \lim_{s\to 0} s\, \sigma_{ij}^*.$$

E. TREMMEL hat das verwandte Problem des Zylinders mit im Inneren befindlichen, exponentiell mit der Zeit abklingenden Wärmequellen behandelt[1]. Temperatur- und Spannungsfelder dieser Art treten beim Abbinden von Beton auf.

8. Voll- und Hohlzylinder mit Kreisquerschnitt. Zweiter Lösungsanteil. Im vorangehenden Abschnitt wurde vorausgesetzt, daß an den Stirnflächen des Zylinders Wärmeübergang in ein Medium von der Temperatur Null stattfindet. Wenn das Medium eine von Null verschiedene Temperatur (etwa die gleiche wie die der Umgebung der Mantelflächen) aufweist, muß noch ein weiterer Lösungsanteil überlagert werden, den wir jetzt herleiten wollen.

Um die Rechnungen zu vereinfachen, wollen wir voraussetzen, daß die Länge des Zylinders groß gegenüber seinem Durchmesser ist. Dann wird der Einfluß der Stirnflächentemperatur im allgemeinen mit wachsender Entfernung von der Stirnfläche rasch abnehmen und wir können der Rechnung näherungsweise einen von der jeweils zu untersuchenden Stirnfläche ins Unendliche sich erstreckenden „Halbzylinder" zugrunde legen.

Wir betrachten hier nur die Endfläche $z = 0$. Die Methode bleibt natürlich die gleiche für die zweite Endfläche $z = l$. An Stelle der Randbedingungen (II, 50) und (II, 51) schreiben wir jetzt vor

$$b_{21} T + b_{22} \frac{\partial T}{\partial z}\bigg|_{z=0} = \psi_0(r, t), \tag{II, 70}$$

$$c_{21} T + c_{22} \frac{\partial T}{\partial r}\bigg|_{r=R_a} = 0, \quad d_{21} T + d_{22} \frac{\partial T}{\partial r}\bigg|_{r=R_i} = 0. \tag{II, 71}$$

[1] TREMMEL (3).

Da Temperatur und Spannungen für $z \to \infty$ beschränkt bleiben müssen, haben wir in gleicher Weise wie in Ziff. 7 den folgenden Ansatz für die Temperatur T^*

$$T^*(r, z, s) = \sum_{n=1}^{\infty} A_n e^{-\gamma_n z} U(\lambda_n r), \qquad (II, 72)$$

$$\gamma_n = \sqrt{\lambda_n^2 + \frac{s}{a}}$$

mit
$$U(\lambda_n r) = A J_0(\lambda_n r) + B N_0(\lambda_n r). \qquad (II, 73)$$

J_0 und N_0 sind die BESSEL-Funktionen erster und zweiter Art von nullter Ordnung. Da N_0 für $r \to 0$ über alle Grenzen wächst, ist für den Vollzylinder $B = 0$ und $A = 1$ zu setzen.

Wir erfüllen zuerst die homogenen Randbedingungen (II, 71) und erhalten nach Einsetzen unmittelbar die beiden Gleichungen für A und B:

$$\left.\begin{array}{l} A\left[c_{21} J_0(\lambda R_a) - \lambda c_{22} J_1(\lambda R_a)\right] + B\left[c_{21} N_0(\lambda R_a) - \right. \\ \qquad \left. - \lambda c_{22} N_1(\lambda R_a)\right] = 0, \\ A\left[d_{21} J_0(\lambda R_i) - \lambda d_{22} J_1(\lambda R_i)\right] + B\left[d_{21} N_0(\lambda R_i) - \right. \\ \qquad \left. - \lambda d_{22} N_1(\lambda R_i)\right] = 0. \end{array}\right\} \qquad (II, 74)$$

Die Determinante dieses Gleichungssystems muß verschwinden. Die Wurzeln $\lambda = \lambda_n$ ($n = 1, 2, 3, \ldots$) dieser transzendenten Gleichung sind die Eigenwerte des vorliegenden Problems. Die zugehörigen Eigenfunktionen $U(\lambda_n r)$ sind durch Gl. (II, 73) gegeben, wobei B durch A aus einer der beiden Gln. (II, 74) auszudrücken ist.

Die Eigenfunktionen bilden im Intervall $[R_i, R_a]$ ein vollständiges Orthogonalsystem mit der Belegungsfunktion r:

$$\int_{R_i}^{R_a} r\, U(\lambda_n r)\, U(\lambda_m r)\, dr = 0 \quad (m \neq n).$$

Wir haben noch die Randbedingung (II, 70) zu befriedigen. Dazu entwickeln wir die Randfunktion $\psi_0(r, t)$ bzw. deren LAPLACE-Transformierte $\psi_0^*(r, s)$ in eine Reihe nach den Eigenfunktionen

$$\psi_0^*(r, s) = \sum_n h_n^0(s)\, U(\lambda_n r) \qquad (II, 75)$$

mit den Koeffizienten

$$\left.\begin{array}{l} h_n^0 = \dfrac{1}{N_n} \displaystyle\int_{R_i}^{R_a} r\, \psi_0^*(r, s)\, U(\lambda_n r)\, dr, \\[2mm] N_n = \displaystyle\int_{R_i}^{R_a} r\, U^2(\lambda_n r)\, dr. \end{array}\right\} \qquad (II, 76)$$

Die Norm N_n wird hier nicht explizit ausgerechnet, sie kann aber im Einzelfall mit Hilfe der nachstehenden unbestimmten Integrale ohne Schwierigkeiten ermittelt werden:

$$\int r\, J_0^2(\lambda r)\, dr = \frac{r^2}{2} [J_0^2(\lambda r) + J_1^2(\lambda r)],$$

$$\int r\, N_0^2(\lambda r)\, dr = \frac{r^2}{2} [N_0^2(\lambda r) + N_1^2(\lambda r)],$$

$$\int r\, J_0(\lambda r)\, N_0(\lambda r)\, dr = \frac{r^2}{2} [J_0(\lambda r)\, N_0(\lambda r) + J_1(\lambda r)\, N_1(\lambda r)].$$

Setzen wir in die Randbedingung (II, 70) ein, so folgt

$$A_n = \frac{h_n^0}{b_{21} - \gamma_n\, b_{22}}. \tag{II, 77}$$

Die weiteren Schritte sind jetzt klar. Das Verschiebungspotential Φ^* folgt wieder aus Gl. (II, 30); die LOVEsche Verschiebungsfunktion ist aber jetzt in der Form anzusetzen:

$$L^* = \sum_{n=1}^{\infty} [p_n'\, J_0(\gamma_n r) + q_n'\, r\, J_1(\gamma_n r) + s_n'\, N_0(\gamma_n r) + t_n'\, r\, N_1(\gamma_n r)]\, e^{-\gamma_n z} +$$
$$+ \sum_{n=1}^{\infty} [p_n''\, J_0(\lambda_n r) + q_n''\, r\, J_1(\lambda_n r) + s_n''\, N_0(\lambda_n r) + t_n''\, r\, N_1(\lambda_n r)]\, e^{-\lambda_n z}.$$

$$\tag{II, 78}$$

Dieser Ansatz ist identisch mit dem in MELAN-PARKUS, Gl. (VIII, 41) gegebenen. Damit können die zugehörigen Spannungen $\bar{\bar{\sigma}}_{ij}^*$ unmittelbar den Gln. (VIII, 42) in MELAN-PARKUS entnommen werden. Für den Vollzylinder ist natürlich $s_n' = s_n'' = 0$, $t_n' = t_n'' = 0$ zu setzen.

Die Koeffizienten in Gl. (II, 78) bestimmen sich wieder aus der Bedingung der Spannungsfreiheit der Mantelflächen, also aus

$$\bar{\sigma}_{rr}^* + \bar{\bar{\sigma}}_{rr}^* = 0, \quad \bar{\sigma}_{rz}^* + \bar{\bar{\sigma}}_{rz}^* = 0 \quad \text{in} \quad r = R_i \quad \text{und} \quad r = R_a.$$

Damit ist die Aufgabe im Bildraum formal gelöst. Ebenso wie beim ersten Lösungsanteil überlegt man sich auch hier, daß die an den Stirnflächen zurückbleibenden Spannungen Gleichgewichtssysteme bilden, der dadurch entstehende Fehler also auf die Umgebung der Stirnflächen beschränkt bleibt.

Die Rücktransformation bietet hier wesentlich größere Schwierigkeiten als beim ersten Lösungsanteil, so daß man eventuell auf numerische Methoden zurückgreifen wird. Hierfür gut geeignet ist ein von PAPOULIS angegebenes Verfahren[1].

9. Plötzliche Erwärmung eines Zylinders. Ein Vollzylinder mit Kreisquerschnitt vom Radius R und mit der Länge l besitzt anfänglich die Temperatur Null. Zur Zeit $t = 0$ wird seine Mantelfläche auf die Tem-

---

[1] A. PAPOULIS: A new method of inversion of the Laplace Transform. Quart. Appl. Math. **14**, 405 (1957).

peratur $T = T_0$ gebracht und auf dieser Temperatur gehalten, während die Stirnflächen weiterhin auf der Temperatur Null verbleiben.

Es liegt hier ein Sonderfall des in Ziff. II, 7 behandelten Problems vor, mit $a_{11} = b_{11} = c_{11} = 1$, $a_{12} = b_{12} = c_{12} = 0$ und $\varphi_a = T_0$ in den Randbedingungen (II, 50) und der ersten Randbedingung (II, 51). Die zweite Randbedingung (II, 51) ist durch die Bedingung zu ersetzen, daß Temperatur und Spannungen längs der Zylinderachse $r = 0$ beschränkt bleiben müssen. Damit wird sofort $B_n = 0$ in Gl. (II, 55), während Gl. (II, 53) übergeht in $\tan \gamma l = 0$ und somit die Eigenwerte $\gamma_n = n\pi/l$ mit $n = 1, 2, 3, \ldots$ liefert. Aus Gl. (II, 54) folgt dann für die Eigenfunktionen

$$Z(\gamma_n z) = -\cos \gamma_n l \sin \gamma_n z = (-1)^{n+1} \sin \gamma_n z.$$

Die Entwicklungskoeffizienten $c_n^{(a)} = c_n$ lauten mit $N_n = \dfrac{l}{2}$ unter Benützung der Gln. (II, 58) und mit $\varphi_a^* = T_0/s$

$$c_n(s) = (-1)^{n+1} \frac{2}{l} \frac{T_0}{\gamma_n s} (1 - \cos \gamma_n l) =$$

$$= \begin{cases} \dfrac{4 T_0}{l s \gamma_n} & \text{für} \quad n = 1, 3, 5, \ldots, \\ 0 & \text{für} \quad n = 2, 4, 6, \ldots \end{cases}$$

Weiters folgt aus der ersten Gl. (II, 57)

$$A_n = c_n(s)/I_0(\lambda_n R),$$

so daß man schließlich für die LAPLACE-Transformierte der Temperatur erhält

$$T^*(r, z, s) = \frac{4 T_0}{l s} \sum_{n = 1, 3, 5} \frac{I_0(\lambda_n r)}{\gamma_n I_0(\lambda_n R)} \sin \gamma_n z \qquad \text{(II, 79)}$$

mit $\lambda_n = \sqrt{\gamma_n^2 + \dfrac{s}{a}}$. Die Temperaturverteilung $T(r, z, t)$ selbst wird für die Spannungsberechnung nicht benötigt, die Rücktransformation in den Originalraum kann daher unterbleiben. Die nach hinreichend langer Zeit sich einstellende stationäre Endtemperatur T_∞ ist

$$T_\infty = \lim_{s \to 0} s T^* = \frac{4 T_0}{l} \sum_{n = 1, 3, 5} \frac{I_0(\gamma_n r)}{\gamma_n I_0(\gamma_n R)} \sin \gamma_n z.$$

Nunmehr kann Φ^* nach Gl. (II, 30) angeschrieben werden. Mit den Abkürzungen

$$C = \frac{8 (1 + \mu) G \alpha T_0}{1 - \mu}, \qquad j_n(r, s) = \frac{I_0(\lambda_n r)}{I_0(\lambda_n R)} - \frac{I_0(\gamma_n r)}{I_0(\gamma_n R)},$$

$$g_n(r, s) = \frac{\lambda_n}{\gamma_n} \frac{I_1(\lambda_n r)}{I_0(\lambda_n R)} - \frac{I_1(\gamma_n r)}{I_0(\gamma_n R)} \equiv \frac{1}{\gamma_n} \frac{\partial j_n}{\partial r},$$

$$h_n(r, s) = \left(\frac{\lambda_n}{\gamma_n}\right)^2 \frac{I_0(\lambda_n r)}{I_0(\lambda_n R)} - \frac{I_0(\gamma_n r)}{I_0(\gamma_n R)},$$

liefern dann die Gln. (I, 32) für die zugehörigen Spannungen

$$\overline{\sigma}_{rr}^* = C \frac{a}{s^2 l} \sum_n \left(\gamma_n f_n(r, s) - \frac{1}{r} g_n(r, s) \right) \sin \gamma_n z,$$

$$\overline{\sigma}_{\varphi\varphi}^* = C \frac{a}{s^2 l} \sum_n \left(\frac{1}{r} g_n(r, s) - \frac{s}{a} \frac{1}{\gamma_n} \frac{I_0(\lambda_n r)}{I_0(\lambda_n R)} \right) \sin \gamma_n z,$$

$$\overline{\sigma}_{rz}^* = C \frac{a}{s^2 l} \sum_n \gamma_n g_n(r, s) \cos \gamma_n z,$$

$$\overline{\sigma}_{zz}^* = - C \frac{a}{s^2 l} \sum_n \gamma_n h_n(r, s) \sin \gamma_n z.$$

Die Summen gehen hierbei über $n = 1, 3, 5 \ldots$ Sie sind, wie man mittels der für große positive x gültigen asymptotischen Entwicklung

$$I_\nu(x) \sim \frac{1}{\sqrt{2\pi x}} e^x$$

nachprüft, gleichmäßig konvergent in r für alle $0 \leq r \leq R$. Denn $\sum_n \frac{1}{\gamma_n} \sin \gamma_n z$ beispielsweise konvergiert und die Koeffizienten von $\frac{1}{\gamma_n} \sin \gamma_n z$ bilden für festes r beschränkte und monotone Folgen. Nach dem ABELschen Kriterium ergibt sich daraus sofort die gleichmäßige Konvergenz.

Die LOVEsche Verschiebungsfunktion Gl. (II, 60) lautet hier

$$L^* = \frac{1-2\mu}{2G} \sum_n \left(\frac{D_n}{\gamma_n} I_0(\gamma_n r) + E_n r I_1(\gamma_n r) \right) \cos \gamma_n z,$$

wobei wieder $n = 1, 3, 5 \ldots$ zu setzen ist. Mit Hilfe der Gln. (II, 63) folgen aus den Randbedingungen (II, 62) in $r = R$ für die Koeffizienten D_n und E_n die beiden Gleichungen:

$$D_n [I_1(\gamma_n R) - \gamma_n R I_0(\gamma_n R)] - \gamma_n R E_n [(1 - 2\mu) I_0(\gamma_n R) +$$
$$+ \gamma_n R I_1(\gamma_n R)] = - C \frac{a}{s^2} \frac{g_n(R, s)}{n \pi},$$

$$D_n I_1(\gamma_n R) + E_n [\gamma_n R I_0(\gamma_n r) + 2(1 - \mu) I_1(\gamma_n R)] = - C \frac{a}{s^2} \frac{g_n(R, s)}{n \pi}.$$

Ihre Lösung lautet

$$D_n = - C P_n \frac{a}{s^2} g_n(R, s), \qquad E_n = C Q_n \frac{a}{s^2} g_n(R, s),$$

wobei P_n und Q_n von s unabhängige Beiwerte sind:

$$\left. \begin{array}{l} P_n = \dfrac{1}{n\pi} \dfrac{2(1-\mu) \gamma_n R I_0(\gamma_n R) + [2(1-\mu) + (\gamma_n R)^2] I_1(\gamma_n R)}{2(1-\mu) I_1^2(\gamma_n R) + (\gamma_n R)^2 [I_1^2(\gamma_n R) - I_0^2(\gamma_n R)]}, \\[2ex] Q_n = \dfrac{R}{l} \dfrac{I_0(\gamma_n R)}{2(1-\mu) I_1^2(\gamma_n R) + (\gamma_n R)^2 [I_1^2(\gamma_n R) - I_0^2(\gamma_n R)]}. \end{array} \right\} \quad \text{(II, 80)}$$

Damit sind auch die Spannungen $\bar{\bar{\sigma}}_{ij}^*$ bestimmt:

$$\bar{\bar{\sigma}}_{rr}^* = C\frac{a}{s^2}\sum_n \gamma_n^2 S_n(r)\, g_n(R,s)\sin\gamma_n z,$$

$$\bar{\bar{\sigma}}_{\varphi\varphi}^* = C\frac{a}{s^2}\sum_n \gamma_n^2 U_n(r)\, g_n(R,s)\sin\gamma_n z,$$

$$\bar{\bar{\sigma}}_{rz}^* = C\frac{a}{s^2}\sum_n \gamma_n^2 V_n(r)\, g_n(R,s)\cos\gamma_n z,$$

$$\bar{\bar{\sigma}}_{zz}^* = C\frac{a}{s^2}\sum_n \gamma_n^2 W_n(r)\, g_n(R,s)\sin\gamma_n z.$$

Hierin bedeuten

$$\left.\begin{aligned}
S_n(r) &= P_n\left[\frac{I_1(\gamma_n r)}{\gamma_n r} - I_0(\gamma_n r)\right] + \\
&\quad + Q_n\left[(1-2\mu)\,I_0(\gamma_n r) + \gamma_n r\, I_1(\gamma_n r)\right], \\
U_n(r) &= -P_n\frac{I_1(\gamma_n r)}{\gamma_n r} + (1-2\mu)\,Q_n\, I_0(\gamma_n r), \\
V_n(r) &= -P_n I_1(\gamma_n r) + Q_n\left[\gamma_n r\, I_0(\gamma_n r) + 2(1-\mu)\,I_1(\gamma_n r)\right], \\
W_n(r) &= P_n I_0(\gamma_n r) - Q_n\left[2(2-\mu)\,I_0(\gamma_n r) + \gamma_n r\, I_1(\gamma_n r)\right].
\end{aligned}\right\} \quad \text{(II, 81)}$$

Der letzte Schritt zur Lösung besteht in der Rücktransformation der gewonnenen Ausdrücke in den Originalraum. Wir führen dies an der Spannungskomponente $\sigma_{rr}^* = \bar{\sigma}_{rr}^* + \bar{\bar{\sigma}}_{rr}^*$ vor.

Wie den bezüglichen Gleichungen zu entnehmen ist, handelt es sich um die Transformation der Ausdrücke $\frac{1}{s^2}f_n(r,s)$ und $\frac{1}{s^2}g_n(r,s)$. Wir verwenden die komplexe Umkehrformel[1]

$$\Phi(t) = \frac{1}{2\pi i}\int_{c-i\infty}^{c+i\infty}\Phi^*(s)\,e^{st}\,ds,$$

wobei c so zu wählen ist, daß $\Phi^*(s)$ in der ganzen komplexen s-Halbebene $\Re(s) > c$ analytisch ist. Im Falle $\Phi^* = \frac{1}{s^2}f_n(r,s)$ haben wir

$$L^{-1}\left\{\frac{1}{s^2}f_n(r,s)\right\} = \frac{1}{2\pi i}\int_{c-i\infty}^{c+i\infty}\frac{1}{s^2}\frac{I_0(\lambda_n r)}{I_0(\lambda_n R)}\,e^{st}\,ds - t\,\frac{I_0(\gamma_n r)}{I_0(\gamma_n R)}.$$

Die Pole des Integranden sind ein Pol zweiter Ordnung in $s = 0$ und einfache Pole an den Stellen, wo $\lambda_n R = \pm i\beta_m$, also in $s = -a\left(\frac{\beta_m^2}{R^2} + \gamma_n^2\right)$, wobei die β_m die Nullstellen der BESSEL-Funktionen J_0 sind[2], $J_0(\beta_m) = 0$. Wir können also $c = 0$ setzen. Das Integral werten wir mittels des

---
[1] Siehe etwa DOETSCH: Anleitung.
[2] Zahlenwerte geben JAHNKE-EMDE: Funktionentafeln.

Residuensatzes aus und ergänzen den entlang der imaginären Achse geführten Integrationspfad durch einen Halbkreis in der linken Halbebene zu einem geschlossenen Weg. Das Integral längs dieses Halbkreises verschwindet aber, wenn sein Radius ϱ gegen Unendlich geht, wegen

$$\frac{1}{s}\frac{I_0(\lambda_n r)}{I_0(\lambda_n R)}e^{st} \sim \frac{e^{st}}{s}\frac{e^{r\sqrt{\frac{s}{a}}} + i\,e^{-r\sqrt{\frac{s}{a}}}}{e^{R\sqrt{\frac{s}{a}}} + i\,e^{-R\sqrt{\frac{s}{a}}}} \to 0$$

für $\Re(s) \leq 0$. Damit folgt

$$\left.\begin{aligned}
\gamma_n \frac{a}{l}\,L^{-1}&\left\{\frac{1}{s^2}f_n(r,s)\right\} = \\
&= \gamma_n \frac{a}{l}\sum \operatorname{Res} \frac{1}{s^2}\frac{I_0(\lambda_n r)}{I_0(\lambda_n R)}\,e^{st} - \gamma_n \frac{a\,t}{l}\frac{I_0(\gamma_n r)}{I_0(\gamma_n R)} = F_n(r,t), \\
F_n(r,t) &= \frac{r\,I_1(\gamma_n r)\,I_0(\gamma_n R) - R\,I_0(\gamma_n r)\,I_1(\gamma_n R)}{2\,l\,I_0^2(\gamma_n R)} + \\
&\quad + 2\,n\,\pi\left(\frac{R}{l}\right)^2 \sum_{m=1}^{\infty}\frac{\beta_m}{(\beta_m^2 + R^2\gamma_n^2)^2}\frac{J_0(\beta_m r/R)}{J_1(\beta_m)}\,e^{-\left(\frac{\beta_m^2}{R^2}+\gamma_n^2\right)a\,t}.
\end{aligned}\right\} \quad (\text{II, 82})$$

Mit Benützung der Beziehung $g_n(r,s) = \dfrac{1}{\gamma_n}\dfrac{\partial f_n(r,s)}{\partial r}$ findet man weiters sofort

$$\left.\begin{aligned}
\gamma_n \frac{a}{l}\,L^{-1}&\left\{\frac{1}{s^2}g_n(r,s)\right\} = \frac{a}{l}\frac{\partial}{\partial r}L^{-1}\left\{\frac{1}{s^2}f_n(r,s)\right\} = G_n(r,t), \\
G_n(r,t) &= \frac{r\,I_0(\gamma_n r)\,I_0(\gamma_n R) - R\,I_1(\gamma_n r)\,I_1(\gamma_n R)}{2\,l\,I_0^2(\gamma_n R)} - \\
&\quad - 2\,\frac{R}{l}\sum_{m=1}^{\infty}\frac{\beta_m^2}{(\beta_m^2 + R^2\gamma_n^2)^2}\frac{J_1(\beta_m r/R)}{J_1(\beta_m)}\,e^{-\left(\frac{\beta_m^2}{R^2}+\gamma_n^2\right)a\,t}.
\end{aligned}\right\} \quad (\text{II, 83})$$

Man erhält also für die Radialspannung

$$\sigma_{rr} = C\sum_n\left(F_n(r,t) - \frac{1}{\gamma_n r}G_n(r,t) + n\,\pi\,S_n(r)\,G_n(R,t)\right)\sin\gamma_n z. \quad (\text{II, 84})$$

In gleicher Weise werden die übrigen Spannungskomponenten rücktransformiert. Es ergibt sich

$$\left.\begin{aligned}
\sigma_{\varphi\varphi} &= C\sum_n\left(\frac{1}{\gamma_n r}G_n(r,t) - K_n(r,t) + n\,\pi\,U_n(r)\,G_n(R,t)\right)\sin\gamma_n z, \\
\sigma_{rz} &= C\sum_n[G_n(r,t) + n\,\pi\,V_n(r)\,G_n(R,t)]\cos\gamma_n z, \\
\sigma_{zz} &= C\sum_n[-H_n(r,t) + n\,\pi\,W_n(r)\,G_n(R,t)]\sin\gamma_n z.
\end{aligned}\right\} \quad (\text{II, 85})$$

Die Funktionen $K_n(r, t)$ und $H_n(r, t)$ sind definiert durch

$$\left.\begin{aligned}K_n(r, t) &= \frac{2}{n\pi} \sum_{m=1}^{\infty} \frac{\beta_m}{\beta_m^2 + R^2 \gamma_n^2} \frac{J_0(\beta_m r/R)}{J_1(\beta_m)} e^{-\left(\frac{\beta_m^2}{R^2} + \gamma_n^2\right)at} + \\ &\qquad + \frac{1}{n\pi} \frac{I_0(\gamma_n r)}{I_0(\gamma_n R)}, \\ H_n(r, t) &= \gamma_n \frac{a}{l} L^{-1}\left\{\frac{1}{s^2} h_n(r, s)\right\} = \\ &= \frac{r\, I_1(\gamma_n r)\, I_0(\gamma_n R) - R\, I_0(\gamma_n r)\, I_1(\gamma_n R)}{2\, l\, I_0^2(\gamma_n R)} + \frac{1}{n\pi} \frac{I_0(\gamma_n r)}{I_0(\gamma_n R)} - \\ &\quad - \frac{2}{n\pi} \sum_{m=1}^{\infty} \frac{\beta_m^3}{\left(\beta_m^2 + R^2 \gamma_n^2\right)^2} \frac{J_0(\beta_m r/R)}{J_1(\beta_m)} e^{-\left(\frac{\beta_m^2}{R^2} + \gamma_n^2\right)at}.\end{aligned}\right\} \quad \text{(II, 86)}$$

Man prüft leicht nach, daß wegen $F_n(R, t) = 0$, $S_n(R) = 1/(n\pi\gamma_n R)$ und $V_n(R) = -1/(n\pi)$ die Randbedingungen in $r = R$ formal in der Tat erfüllt sind. Daß aber die Lösung nicht nur formal, sondern tatsächlich sowohl die Randbedingungen als auch die Differentialgleichungen erfüllt, zeigt eine Untersuchung der Reihen und ihrer Ableitungen im Hinblick auf gleichmäßige Konvergenz.

Für $t \to \infty$ erhält man den stationären Spannungszustand.

10. Auf einem Teil seiner Mantelfläche erwärmter langer Zylinder.

Ein sich von $z = -\infty$ bis $z = +\infty$ erstreckender Vollzylinder mit Kreisquerschnitt vom Radius R besitzt die Anfangstemperatur Null. Zur Zeit $t = 0$ wird das Mantelstück zwischen $z = -l$ und $z = +l$ auf die Temperatur T_0 gebracht und auf dieser Temperatur gehalten, während der restliche Mantel weiterhin auf der Temperatur Null verbleibt.

Aus Symmetriegründen ist das Problem identisch mit dem eines von $z = 0$ bis $z = \infty$ sich erstreckenden Zylinders, dessen Mantel zwischen $z = 0$ und $z = l$ auf der Temperatur T_0 gehalten wird und dessen Stirnfläche $z = 0$ vollkommen wärmeisoliert ist. Es gilt also Gl. (II, 64), wobei $B = 0$ zu setzen ist, da K_0 für $r \to 0$ nicht beschränkt bleibt:

$$T^*(r, z, s) = \int_0^{\infty} A\, I_0(\lambda r) \cos \gamma z\, d\gamma.$$

Hierbei wurde in dem Ausdruck für $Z(\gamma z)$, Gl. (II, 65), für die Koeffizienten $b_{11} = 0$, $-\gamma b_{12} = 1$ gesetzt, gemäß der Randbedingung $\partial T/\partial z = 0$ in $z = 0$.

Die längs des Mantels $r = R_a = R$ vorgegebene Randfunktion $\varphi_a(z, t)$ lautet hier, mit $c_{11} = 1$, $c_{12} = 0$, Gl. (II, 51),

$$\varphi_a(z, t) = \begin{cases} T_0 & \text{für } 0 < z < l, \\ 0 & \text{für } z > l. \end{cases}$$

Gl. (II, 67) liefert dann unter Beachtung von Gl. (II, 69)

$$c_a = \frac{2}{\pi} \int_0^l \frac{T_0}{s} \cos \gamma z \, dz = \frac{2 \, T_0}{\pi \, s} \frac{\sin \gamma l}{\gamma}.$$

Wird jetzt T^* in die erste Randbedingung (II, 51)

$$T^*(R, z, s) = \varphi_a^* = \int_0^\infty c_a \cos \gamma z \, d\gamma$$

eingesetzt, so folgt sofort $A = c_a/I_0(\lambda R)$ und somit schließlich

$$T^*(r, z, s) = \frac{2 \, T_0}{\pi \, s} \int_0^\infty \frac{I_0(\lambda r)}{I_0(\lambda R)} \frac{\sin \gamma l}{\gamma} \cos \gamma z \, d\gamma, \qquad (II, 87)$$

wobei $\lambda = \sqrt{\gamma^2 + \frac{s}{a}}$ zu setzen ist. Das Integral ist gleichmäßig konvergent in r und z für $r < R$.

Die weiteren Schritte sind völlig analog denen des vorangehenden Abschnittes. Zunächst folgt für das Verschiebungspotential nach Gl. (II, 30)

$$\Phi^* = \frac{2 \, T_0}{\pi} \frac{1+\mu}{1-\mu} \frac{a \, \alpha}{s^2} \int_0^\infty \left(\frac{I_0(\lambda r)}{I_0(\lambda R)} - \frac{I_0(\gamma r)}{I_0(\gamma R)} \right) \frac{\sin \gamma l}{\gamma} \cos \gamma z \, d\gamma.$$

Mit der Abkürzung

$$C = 4 G \frac{1+\mu}{1-\mu} \frac{\alpha \, T_0}{\pi}$$

sind dann die zugehörigen Spannungen nach den Gln. (I, 32)

$$\bar{\sigma}_{rr}^* = C \frac{a}{s^2} \int_0^\infty \left(\gamma f(r, s) - \frac{1}{r} g(r, s) \right) \sin \gamma l \cos \gamma z \, d\gamma,$$

$$\bar{\sigma}_{\varphi\varphi}^* = C \frac{a}{s^2} \int_0^\infty \left(\frac{1}{r} g(r, s) - \frac{s}{a} \frac{1}{\gamma} \frac{I_0(\lambda r)}{I_0(\lambda R)} \right) \sin \gamma l \cos \gamma z \, d\gamma,$$

$$\bar{\sigma}_{rz}^* = -C \frac{a}{s^2} \int_0^\infty \gamma \, g(r, s) \sin \gamma l \sin \gamma z \, d\gamma,$$

$$\bar{\sigma}_{zz}^* = -C \frac{a}{s^2} \int_0^\infty \gamma \, h(r, s) \sin \gamma l \cos \gamma z \, d\gamma.$$

Die Funktionen $f(r, s)$, $g(r, s)$ und $h(r, s)$ sind hierbei identisch mit den Funktionen $f_n(r, s)$, $g_n(r, s)$ und $h_n(r, s)$ des vorangehenden Abschnittes, wenn dort γ_n durch γ und λ_n durch λ ersetzt wird.

Die weiteren Formeln, vor allem also die LOVEsche Verschiebungsfunktion L^* und die zugehörigen Spannungen $\bar{\bar{\sigma}}_{ij}^*$ kann man gleichfalls fast ohne jede Rechnung direkt aus den entsprechenden Ausdrücken des vorangehenden Abschnittes hinschreiben. Wir setzen zunächst

$$L^* = \frac{1-2\mu}{2G} \int_0^\infty \left(\frac{D}{\gamma} I_0(\gamma\,r) + E\,r\,I_1(\gamma\,r) \right) \sin \gamma\,l \sin \gamma\,z\,d\gamma.$$

Für die Spannungen $\bar{\bar{\sigma}}_{ij}^*$ können ohne weiteres die Gln. (II, 63) verwendet werden. Man hat bloß den Zeiger n wegzulassen, die Summen durch Integrale zu ersetzen und für $Z(\gamma\,z) = -\sin \gamma\,l \cos \gamma\,z$ zu schreiben. Aus den Randbedingungen $\bar{\bar{\sigma}}_{rr}^* = -\bar{\sigma}_{rr}^*$ und $\bar{\bar{\sigma}}_{rz}^* = -\bar{\sigma}_{rz}^*$ in $r = R$ folgt dann sofort

$$D = C\,\frac{a}{s^2}\,\frac{P}{\gamma}\,g(R,s), \qquad E = -C\,\frac{a}{s^2}\,\frac{Q}{\gamma}\,g(R,s),$$

wobei

$$\left. \begin{aligned} P &= \frac{2\,(1-\mu)\,\gamma\,R\,I_0(\gamma\,R) + [2\,(1-\mu) + (\gamma\,R)^2]\,I_1(\gamma\,R)}{2\,(1-\mu)\,I_1^2(\gamma\,R) + (\gamma\,R)^2\,[I_1^2(\gamma\,R) - I_0^2(\gamma\,R)]}, \\ Q &= \frac{\gamma\,R\,I_0(\gamma\,R)}{2\,(1-\mu)\,I_1^2(\gamma\,R) + (\gamma\,R)^2\,[I_1^2(\gamma\,R) - I_0^2(\gamma\,R)]}. \end{aligned} \right\} \quad \text{(II, 88)}$$

Damit sind die Spannungen $\bar{\bar{\sigma}}_{ij}^*$ festgelegt:

$$\bar{\bar{\sigma}}_{rr}^* = C\,\frac{a}{s^2} \int_0^\infty \gamma\,S(r)\,g(R,s)\,\sin \gamma\,l \cos \gamma\,z\,d\gamma,$$

$$\bar{\bar{\sigma}}_{\varphi\varphi}^* = C\,\frac{a}{s^2} \int_0^\infty \gamma\,U(r)\,g(R,s)\,\sin \gamma\,l \cos \gamma\,z\,d\gamma,$$

$$\bar{\bar{\sigma}}_{rz}^* = C\,\frac{a}{s^2} \int_0^\infty \gamma\,V(r)\,g(R,s)\,\sin \gamma\,l \sin \gamma\,z\,d\gamma,$$

$$\bar{\bar{\sigma}}_{zz}^* = C\,\frac{a}{s^2} \int_0^\infty \gamma\,W(r)\,g(R,s)\,\sin \gamma\,l \cos \gamma\,z\,d\gamma.$$

Die Funktionen $S(r), \ldots, W(r)$ sind definiert durch

$$\left. \begin{aligned} S(r) &= P\left(\frac{I_1(\gamma\,r)}{\gamma\,r} - I_0(\gamma\,r)\right) + Q\,[(1-2\mu)\,I_0(\gamma\,r) + \gamma\,r\,I_1(\gamma\,r)], \\ U(r) &= -P\,\frac{I_1(\gamma\,r)}{\gamma\,r} + (1-2\mu)\,Q\,I_0(\gamma\,r), \\ V(r) &= P\,I_1(\gamma\,r) - Q\,[\gamma\,r\,I_0(\gamma\,r) + 2\,(1-\mu)\,I_1(\gamma\,r)], \\ W(r) &= P\,I_0(\gamma\,r) - Q\,[2\,(2-\mu)\,I_0(\gamma\,r) + \gamma\,r\,I_1(\gamma\,r)]. \end{aligned} \right\} \quad \text{(II, 89)}$$

Die Rücktransformation in den Originalraum geht in genau der gleichen Weise vor sich wie im vorangehenden Abschnitt. Man erhält

50 Anheiz- und Abkühlvorgänge.

$$\left.\begin{aligned}
\sigma_{rr} &= C \int_0^\infty \left(F(r,t) - \frac{1}{\gamma r} G(r,t) + \right. \\
&\qquad \left. + S(r) G(R,t) \right) \sin \gamma\, l \cos \gamma\, z \, d\gamma, \\
\sigma_{\varphi\varphi} &= C \int_0^\infty \left(\frac{1}{\gamma r} G(r,t) - K(r,t) + \right. \\
&\qquad \left. + U(r) G(R,t) \right) \sin \gamma\, l \cos \gamma\, z \, d\gamma, \\
\sigma_{rz} &= C \int_0^\infty \left[-G(r,t) + V(r) G(R,t) \right] \sin \gamma\, l \sin \gamma\, z \, d\gamma, \\
\sigma_{zz} &= C \int_0^\infty \left[-H(r,t) + W(r) G(R,t) \right] \sin \gamma\, l \cos \gamma\, z \, d\gamma.
\end{aligned}\right\} \quad \text{(II, 90)}$$

Hierin bedeuten:

$$\left.\begin{aligned}
F(r,t) &= \gamma\, a\, L^{-1}\!\left(\frac{1}{s^2} f(r,s)\right) = \frac{r I_1(\gamma r) I_0(\gamma R) - R I_0(\gamma r) I_1(\gamma R)}{2 I_0^2(\gamma R)} + \\
&\quad + 2\gamma R^2 \sum_{m=1}^{\infty} \frac{\beta_m}{(\beta_m^2 + R^2 \gamma^2)^2} \frac{J_0(\beta_m r/R)}{J_1(\beta_m)} e^{-\left(\frac{\beta_m^2}{R^2} + \gamma^2\right) a t}, \\
G(r,t) &= \gamma\, a\, L^{-1}\!\left(\frac{1}{s^2} g(r,s)\right) = \frac{r I_0(\gamma r) I_0(\gamma R) - R I_1(\gamma r) I_1(\gamma R)}{2 I_0^2(\gamma R)} - \\
&\quad - 2 R \sum_{m=1}^{\infty} \frac{\beta_m^2}{(\beta_m^2 + R^2 \gamma^2)^2} \frac{J_1(\beta_m r/R)}{J_1(\beta_m)} e^{-\left(\frac{\beta_m^2}{R^2} + \gamma^2\right) a t}, \\
K(r,t) &= \frac{1}{\gamma} \frac{I_0(\gamma r)}{I_0(\gamma R)} + \frac{2}{\gamma} \sum_{m=1}^{\infty} \frac{\beta_m}{\beta_m^2 + R^2 \gamma^2} \frac{J_0(\beta_m r/R)}{J_1(\beta_m)} e^{-\left(\frac{\beta_m^2}{R^2} + \gamma^2\right) a t}, \\
H(r,t) &= \gamma\, a\, L^{-1}\!\left\{\frac{1}{s^2} h(r,s)\right\} = \frac{r I_1(\gamma r) I_0(\gamma R) - R I_0(\gamma r) I_1(\gamma R)}{2 I_0^2(\gamma R)} + \\
&\quad + \frac{1}{\gamma} \frac{I_0(\gamma r)}{I_0(\gamma R)} - \frac{2}{\gamma} \sum_{m=1}^{\infty} \frac{\beta_m^3}{(\beta_m^2 + R^2 \gamma^2)^2} \frac{J_0(\beta_m r/R)}{J_1(\beta_m)} e^{-\left(\frac{\beta_m^2}{R^2} + \gamma^2\right) a t}.
\end{aligned}\right\} \quad \text{(II, 91)}$$

Ebenso wie im vorangehenden Beispiel kann auch hier die zunächst nur formale Lösung verifiziert werden.

Der stationäre Spannungszustand ergibt sich durch den Grenzübergang $t \to \infty$.

11. Auf der gesamten Mantelfläche erwärmter langer Hohlzylinder.

Ein Hohlzylinder mit dem Innenradius R_i und dem Außenradius R_a weise eine Temperatur $T(r, t)$ auf, die sowohl in Umfangsrichtung wie in Axialrichtung konstant ist, sonst aber beliebig vom Radius r und der Zeit t abhängt. Die Zylinderenden seien unverschieblich festgehalten[1].

Mit den getroffenen Annahmen gelten die Gleichungen des ebenen Verzerrungszustandes. Wir wollen zunächst allgemeine Ausdrücke für die Spannungen angeben[2]. Dazu überlegen wir, daß unser Problem Axialsymmetrie aufweist und deshalb, sowie wegen $\varepsilon_{zz} = 0$, alle Spannungen gemäß den Gln. (I, 4) durch die Radialverschiebung u ausgedrückt werden können:

$$\sigma_{rr} = \frac{2G}{1-2\mu}\left((1-\mu)\frac{\partial u}{\partial r} + \mu\frac{u}{r}\right) - \frac{E\lambda T}{1-2\mu},$$

$$\sigma_{\varphi\varphi} = \frac{2G}{1-2\mu}\left((1-\mu)\frac{u}{r} + \mu\frac{\partial u}{\partial r}\right) - \frac{E\lambda T}{1-2\mu},$$ (II, 92)

$$\sigma_{zz} = \frac{2G}{1-2\mu}\mu\left(\frac{\partial u}{\partial r} + \frac{u}{r}\right) - \frac{E\lambda T}{1-2\mu} \equiv \mu(\sigma_{rr} + \sigma_{\varphi\varphi}) - E\lambda T. \quad \text{(II, 93)}$$

Die Verschiebung u genügt der Gl. (I, 5), die sich hier zu

$$\frac{\partial^2 u}{\partial r^2} + \frac{1}{r}\frac{\partial u}{\partial r} - \frac{u}{r^2} = \frac{1+\mu}{1-\mu}\lambda\frac{\partial T}{\partial r} \quad \text{(II, 94)}$$

vereinfacht. Die allgemeine Lösung dieser Gleichung ist

$$u = C_1 r + \frac{C_2}{r} + \frac{1+\mu}{1-\mu}\frac{\lambda}{r}\int_{R_i}^{r} x\, T(x, t)\, dx, \quad \text{(II, 95)}$$

wo C_1 und C_2 beliebige Konstanten sind. Da an den Mantelflächen keine Lasten wirken, muß dort $\sigma_{rr} = 0$ oder

$$C_1 - (1-2\mu)\frac{C_2}{r^2} = \frac{1+\mu}{1-\mu}(1-2\mu)\frac{\alpha}{r^2}\int_{R_i}^{r} xT(x,t)\, dx$$

in $r = R_i$ und $r = R_a$ gelten. Hieraus folgt

$$C_1 = \frac{1+\mu}{1-\mu}(1-2\mu)\frac{\lambda}{2}\overline{T}(R_a, t), \qquad C_2 = \frac{R_i^2}{1-2\mu}C_1, \quad \text{(II, 96)}$$

wobei

$$\overline{T}(r, t) = \frac{2}{r^2 - R_i^2}\int_{R_i}^{r} x\, T(x, t)\, dx \quad \text{(II, 97)}$$

die mittlere Temperatur im Zylinder vom Außenradius r bedeutet.

---
[1] Siehe hierzu die Bemerkungen am Schluß dieses Abschnittes.
[2] TIMOSHENKO-GOODIER: Theory of Elasticity. S. 408. New York: 1951.

Die Gln. (II, 92) liefern damit

$$\sigma_{rr} = \frac{E\alpha}{2(1-\mu)}\left(1 - \frac{R_i^2}{r^2}\right)\left[\overline{T}(R_a, t) - \overline{T}(r, t)\right].$$

$$\sigma_{\varphi\varphi} = \frac{E\alpha}{2(1-\mu)}\left[\left(1 + \frac{R_i^2}{r^2}\right)\overline{T}(R_a, t) + \left(1 - \frac{R_i^2}{r^2}\right)\overline{T}(r, t) - 2\,T(r, t)\right].$$ (II, 98)

Wir wenden diese Formeln nun auf folgenden Spezialfall an[1]. Der Zylinder besitze anfänglich die Temperatur Null; zur Zeit $t = 0$ setzt an der inneren und äußeren Mantelfläche Wärmeübergang in Medien mit den konstanten Temperaturen θ_i bzw. θ_a ein. Es gelten somit die Randbedingungen (II, 51), die wir jetzt in der Form schreiben:

$$\frac{\partial T}{\partial r} - h_i(T - \theta_i) = 0 \quad \text{in } r = R_i,$$
$$\frac{\partial T}{\partial r} + h_a(T - \theta_a) = 0 \quad \text{in } r = R_a,$$ (II, 99)

mit h_i und h_a als relative Wärmeübergangszahlen.

Wir verweisen bezüglich der Lösung dieses Wärmeleitungsproblems auf die Literatur[2] und schreiben hier sogleich das Resultat an. Es ist

$$T(r, t) = \frac{R_i h_i \theta_i (1 + R_a h_a \log R_a/r) + R_a h_a \theta_a (1 + R_i h_i \log r/R_i)}{R_a h_a + R_i h_i + R_a R_i h_a h_i \log R_a/R_i} -$$
$$- \sum_{n=1}^{\infty} e^{-a\beta_n^2 t} A_n F_0(\beta_n r),$$ (II, 100)

wobei

$$A_n = \frac{\pi c_n (c_n h_i \theta_i + a_n h_a \theta_a)}{c_n^2(h_i^2 + \beta_n^2) - a_n^2(h_a^2 + \beta_n^2)},$$ (II, 101)

$$F_0(\beta_n r) = b_n J_0(\beta_n r) - a_n N_0(\beta_n r),$$ (II, 102)

$$a_n = \beta_n J_1(\beta_n R_i) + h_i J_0(\beta_n R_i), \quad b_n = \beta_n N_1(\beta_n R_i) + h_i N_0(\beta_n R_i),$$
$$c_n = \beta_n J_1(\beta_n R_a) - h_a J_0(\beta_n R_a), \quad d_n = \beta_n N_1(\beta_n R_a) - h_a N_0(\beta_n R_a),$$ (II, 103)

Die β_n, $n = 1, 2, \ldots$, sind die nach steigender Größe geordneten, nichtnegativen Wurzeln (sie sind sämtlich einfach) von

$$a_n d_n - b_n c_n = 0.$$ (II, 104)

Wird jetzt der Ausdruck (II, 100) in die Gln. (II, 98) eingesetzt, so ergibt sich nach einiger Rechnung

---
[1] JAEGER.
[2] CARSLAW-JAEGER, S. 278.

Auf der gesamten Mantelfläche erwärmter langer Hohlzylinder.

$$\frac{1-\mu}{E\,\alpha}\,\sigma_{rr} = \frac{R_a\,R_i\,h_a\,h_i(\theta_a - \theta_i)}{2\,(R_a h_a + R_i h_i + R_a R_i h_a h_i \log R_a/R_i)} \cdot$$

$$\cdot \left(\frac{R_a^2(r^2 - R_i^2)}{r^2(R_a^2 - R_i^2)} \log \frac{R_a}{R_i} - \log \frac{r}{R_i} \right) -$$

$$- \sum_{n=1}^{\infty} e^{-a\beta_n^2 t} A_n \left(\frac{R_a(r^2 - R_i^2)}{r^2(R_a^2 - R_i^2)\beta_n} F_1(\beta_n r) - \frac{F_1(\beta_n r)}{\beta_n r} + \right.$$

$$\left. + \frac{2\,h_i(R_a^2 - r^2)}{\pi \beta_n^2 r^2 (R_a^2 - R_i^2)} \right),$$

$$\frac{1-\mu}{E\,\alpha}\,\sigma_{\varphi\varphi} = \frac{R_a\,R_i\,h_a\,h_i(\theta_a - \theta_i)}{2\,(R_a h_a + R_i h_i + R_a R_i h_a h_i \log R_a/R_i)} \cdot$$

$$\cdot \left(\frac{R_a^2(r^2 + R_i^2)}{r^2(R_a^2 - R_i^2)} \log \frac{R_a}{R_i} - 1 - \log \frac{r}{R_i} \right) -$$

$$- \sum_{n=1}^{\infty} e^{-a\beta_n^2 t} A_n \left(\frac{R_a(r^2 + R_i^2)}{r^2(R_a^2 - R_i^2)\beta_n} F_1(\beta_n r) + \frac{F_1(\beta_n r)}{\beta_n r} - \right.$$

$$\left. - F_0(\beta_n r) - \frac{2\,h_i(R_a^2 - r^2)}{\pi \beta_n^2 r^2 (R_a^2 - R_i^2)} \right).$$

(II, 105)

Hierbei ist
$$F_1(\beta_n r) = b_n J_1(\beta_n r) - a_n N_1(\beta_n r). \quad \text{(II, 106)}$$

Für den *Vollzylinder* mit $R_a = R$, $h_a = h$, $\theta_a = \theta$ lauten die analogen Resultate

$$T(r, t) = \theta \left(1 - 2h^2 \sum_{n=1}^{\infty} e^{-a\beta_n^2 t} \frac{J_0(\beta_n r)}{(h^2 + \beta_n^2)\beta_n R J_1(\beta_n R)} \right), \quad \text{(II, 100a)}$$

$$\beta_n J_1(\beta_n R) - h J_0(\beta_n R) = 0, \quad \text{(II, 104a)}$$

$$\frac{1-\mu}{E\,\alpha}\,\sigma_{rr} = \frac{2h^2\theta}{R^2} \sum_{n=1}^{\infty} \frac{e^{-a\beta_n^2 t}}{(h^2 + \beta_n^2)\beta_n^2 J_1(\beta_n R)} \cdot$$

$$\cdot \left(\frac{R}{r} J_1(\beta_n r) - J_1(\beta_n R) \right),$$

$$\frac{1-\mu}{E\,\alpha}\,\sigma_{\varphi\varphi} = \frac{2\theta h^2}{R^2} \sum_{n=1}^{\infty} \frac{e^{-a\beta_n^2 t}}{(h^2 + \beta_n^2)\beta_n^2 J_1(\beta_n R)} \cdot$$

$$\cdot \left(\beta_n R J_0(\beta_n r) - J_1(\beta_n R) - \frac{R}{r} J_1(\beta_n r) \right).$$

(II, 105a)

Wir betrachten drei Beispiele. Weitere Beispiele gibt HEISLER.

a) Vollzylinder. Anfangstemperatur Null. Mantelfläche auf konstanter Temperatur θ. Mit $h \to \infty$ erhält man aus den obigen Gleichungen für die Spannungen

Anheiz- und Abkühlvorgänge.

Tabelle 1. Radialspannung $(1-\mu)\,\sigma_{rr}/E\,\alpha\,\theta$.

ϱ \ τ	0	0,1	0,2	0,3	0,4	0,5	0,6	0,7	0,75	0,8	0,85	0,9	0,95
0,005	—,0773	—,0773	—,0773	—,0773	—,0773	—,0773	—,0772	—,0771	—,0766	—,0749	—,0699	—,0582	—,0357
0,01	—,1077	—,1077	—,1077	—,1077	—,1077	—,1077	—,1073	—,1049	—,1012	—,0942	—,0820	—,0628	—,0355
0,015	—,1305	—,1305	—,1305	—,1305	—,1304	—,1300	—,1280	—,1209	—,1135	—,1021	—,0855	—,0630	—,0344
0,02	—,1493	—,1493	—,1493	—,1492	—,1487	—,1471	—,1424	—,1303	—,1198	—,1053	—,0861	—,0621	—,0332
0,03	—,1797	—,1796	—,1792	—,1782	—,1757	—,1701	—,1589	—,1385	—,1238	—,1057	—,0841	—,0591	—,0309
0,04	—,2029	—,2026	—,2012	—,1983	—,1926	—,1824	—,1654	—,1394	—,1225	—,1029	—,0806	—,0558	—,0288
0,05	—,2196	—,2188	—,2161	—,2108	—,2018	—,1875	—,1663	—,1370	—,1190	—,0988	—,0766	—,0526	—,0269
0,06	—,2300	—,2287	—,2246	—,2172	—,2053	—,1879	—,1640	—,1328	—,1145	—,0943	—,0726	—,0495	—,0252
0,07	—,2349	—,2332	—,2280	—,2187	—,2048	—,1853	—,1597	—,1277	—,1094	—,0897	—,0687	—,0466	—,0236
0,08	—,2353	—,2333	—,2273	—,2168	—,2014	—,1806	—,1542	—,1222	—,1043	—,0851	—,0650	—,0439	—,0222
0,09	—,2324	—,2302	—,2236	—,2123	—,1960	—,1747	—,1481	—,1166	—,0991	—,0807	—,0614	—,0414	—,0209
0,1	—,2271	—,2248	—,2178	—,2061	—,1895	—,1679	—,1416	—,1109	—,0940	—,0764	—,0580	—,0390	—,0196
0,15	—,1850	—,1828	—,1761	—,1652	—,1503	—,1316	—,1095	—,0846	—,0713	—,0576	—,0435	—,0291	—,0146
0,2	—,1418	—,1400	—,1348	—,1261	—,1144	—,0998	—,0827	—,0637	—,0536	—,0432	—,0326	—,0218	—,0109
0,3	—,0802	—,0792	—,0762	—,0713	—,0645	—,0562	—,0466	—,0358	—,0301	—,0243	—,0183	—,0122	—,0061
0,4	—,0450	—,0445	—,0428	—,0400	—,0362	—,0315	—,0261	—,0201	—,0169	—,0136	—,0103	—,0069	—,0034
0,5	—,0253	—,0249	—,0240	—,0224	—,0203	—,0177	—,0146	—,0113	—,0095	—,0076	—,0058	—,0038	—,0019
0,6	—,0142	—,0140	—,0134	—,0126	—,0114	—,0099	—,0082	—,0063	—,0053	—,0043	—,0032	—,0022	—,0011
0,7	—,0079	—,0078	—,0075	—,0071	—,0064	—,0056	—,0046	—,0035	—,0030	—,0024	—,0018	—,0012	—,0006
0,8	—,0045	—,0044	—,0042	—,0040	—,0036	—,0031	—,0026	—,0020	—,0017	—,0013	—,0010	—,0007	—,0003
0,9	—,0025	—,0025	—,0024	—,0022	—,0020	—,0018	—,0014	—,0011	—,0009	—,0008	—,0006	—,0004	—,0002
1,0	—,0014	—,0014	—,0013	—,0012	—,0011	—,0010	—,0008	—,0006	—,0005	—,0004	—,0003	—,0002	—,0001

Nullen vor dem Dezimalstrich wurden weggelassen. Beispielsweise ist —,0773 zu lesen als —0,0773.

Auf der gesamten Mantelfläche erwärmter langer Hohlzylinder. 55

Tabelle 2. *Tangentialspannung* $(1-\mu)\,\sigma_{\varphi\varphi}/E\,\alpha\,\theta$.

ϱ / z	0	0,1	0,2	0,3	0,4	0,5	0,6	0,7	0,75	0,8	0,85	0,9	0,95	1,0
0,005	−,0773	−,0773	−,0773	−,0773	−,0773	−,0773	−,0772	−,0742	−,0635	−,0286	+,0605	+,2384	+,5146	+,8455
0,01	−,1077	−,1077	−,1077	−,1077	−,1077	−,1072	−,1021	−,0700	−,0250	+,0549	+,1803	+,3534	+,5630	+,7845
0,015	−,1305	−,1305	−,1305	−,1304	−,1298	−,1255	−,1059	−,0402	+,0251	+,1194	+,2447	+,3972	+,5670	+,7390
0,02	−,1493	−,1493	−,1492	−,1486	−,1455	−,1337	−,0971	−,0077	+,0663	+,1628	+,2806	+,4153	+,5589	+,7014
0,03	−,1797	−,1794	−,1780	−,1736	−,1610	−,1306	−,0673	+,0444	+,1212	+,2114	+,3127	+,4213	+,5323	+,6402
0,04	−,2029	−,2018	−,1973	−,1861	−,1621	−,1163	−,0385	+,0783	+,1513	+,2328	+,3204	+,4115	+,5027	+,5904
0,05	−,2196	−,2171	−,2084	−,1900	−,1562	−,1002	−,0158	+,0992	+,1671	+,2404	+,3175	+,3960	+,4736	+,5479
0,06	−,2300	−,2261	−,2134	−,1887	−,1476	−,0855	+,0010	+,1114	+,1742	+,2406	+,3092	+,3783	+,4460	+,5106
0,07	−,2349	−,2298	−,2137	−,1843	−,1384	−,0730	+,0129	+,1179	+,1760	+,2365	+,2983	+,3599	+,4201	+,4772
0,08	−,2353	−,2293	−,2108	−,1782	−,1294	−,0629	+,0211	+,1204	+,1743	+,2298	+,2859	+,3416	+,3957	+,4471
0,09	−,2324	−,2258	−,2057	−,1711	−,1209	−,0547	+,0266	+,1203	+,1704	+,2216	+,2730	+,3238	+,3729	+,4195
0,1	−,2271	−,2202	−,1991	−,1636	−,1132	−,0481	+,0300	+,1184	+,1651	+,2125	+,2599	+,3065	+,3515	+,3942
0,15	−,1850	−,1783	−,1586	−,1263	−,0827	−,0292	+,0319	+,0978	+,1316	+,1654	+,1988	+,2313	+,2624	+,2919
0,2	−,1418	−,1365	−,1208	−,0954	−,0614	−,0203	+,0259	+,0752	+,1003	+,1252	+,1498	+,1735	+,1963	+,2179
0,3	−,0802	−,0772	−,0682	−,0537	−,0343	−,0111	+,0150	+,0426	+,0566	+,0705	+,0842	+,0974	+,1101	+,1220
0,4	−,0450	−,0433	−,0383	−,0301	−,0193	−,0062	+,0084	+,0239	+,0318	+,0396	+,0472	+,0546	+,0617	+,0684
0,5	−,0253	−,0243	−,0215	−,0169	−,0108	−,0035	+,0047	+,0134	+,0178	+,0222	+,0265	+,0306	+,0346	+,0384
0,6	−,0142	−,0136	−,0120	−,0095	−,0061	−,0020	+,0026	+,0075	+,0100	+,0124	+,0149	+,0172	+,0194	+,0215
0,7	−,0079	−,0076	−,0068	−,0053	−,0034	−,0011	+,0015	+,0042	+,0056	+,0070	+,0083	+,0096	+,0109	+,0121
0,8	−,0045	−,0043	−,0038	−,0030	−,0019	−,0006	+,0008	+,0024	+,0031	+,0039	+,0047	+,0054	+,0061	+,0068
0,9	−,0025	−,0024	−,0021	−,0017	−,0011	−,0003	+,0005	+,0013	+,0018	+,0022	+,0026	+,0030	+,0034	+,0038
1,0	−,0014	−,0013	−,0012	−,0009	−,0006	−,0002	+,0003	+,0007	+,0010	+,0012	+,0015	+,0017	+,0019	+,0021

Nullen vor dem Dezimalstrich wurden weggelassen. Beispielsweise ist −,0773 zu lesen als −0,0773.

$$\frac{1-\mu}{E\,\alpha}\,\sigma_{rr} = \frac{2\,\theta}{R^2} \sum_{n=1}^{\infty} \frac{e^{-a\beta_n^2 t}}{\beta_n^2 J_1(\beta_n R)} \left(\frac{R}{r} J_1(\beta_n r) - J_1(\beta_n R) \right),$$

$$\frac{1-\mu}{E\,\alpha}\,\sigma_{\varphi\varphi} = \frac{2\,\theta}{R^2} \sum_{n=1}^{\infty} \frac{e^{-a\beta_n^2 t}}{\beta_n^2 J_1(\beta_n R)} \cdot$$

$$\cdot \left(\beta_n R\, J_0(\beta_n r) - J_1(\beta_n R) - \frac{R}{r} J_1(\beta_n r) \right),$$

(II, 105 b)

wobei jetzt

$$J_0(\beta_n R) = 0. \qquad \text{(II, 104 b)}$$

In den Tabellen 1 und 2 sind Radial- und Umfangsspannung in Abhängigkeit vom dimensionslosen Radius $\varrho = \frac{r}{R}$ und der dimensionslosen Zeit $\tau = a\,t/R^2$ angegeben.

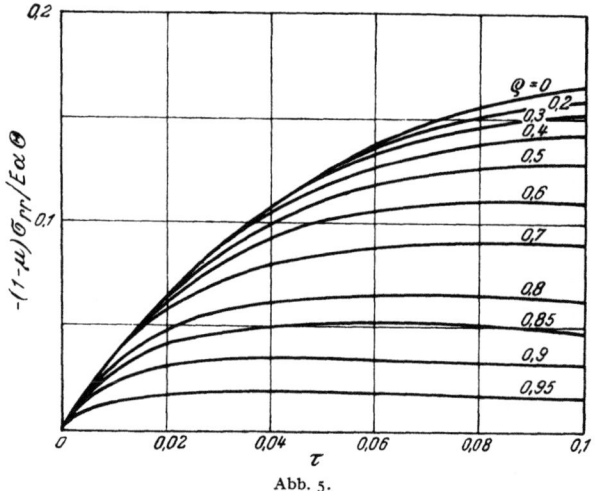

Abb. 5.

b) Vollzylinder. Anfangstemperatur Null. Wärmeübergang gemäß der zweiten Gl. (II, 99) in ein Medium der Temperatur θ.

Es gelten die Gln. (II, 100a) bis (II, 105a), die den dimensionslosen Parameter $h\,R$ enthalten. Die Abb. 5 und 6 zeigen Radial- und Umfangsspannung als Funktionen von ϱ und τ für den Fall $h\,R = 5$. Abb. 7 zeigt die Abhängigkeit der Umfangsspannung vom Parameter $h\,R$ an der Zylinderoberfläche $\varrho = 1$ zu verschiedenen Zeiten τ.

c) Hohlzylinder. Anfangstemperatur Null. Innere Mantelfläche $r = R_i$ wärmeisoliert, äußere Mantelfläche $r = R_a$ auf konstanter Temperatur θ.

Es gelten die Gln. (II, 100) bis (II, 106) mit $h_i = 0$, $h_a = \infty$, $\theta_a = \theta$. In Abb. 8 ist die Umfangsspannung am Außenmantel $r = R_a$

Auf der gesamten Mantelfläche erwärmter langer Hohlzylinder.

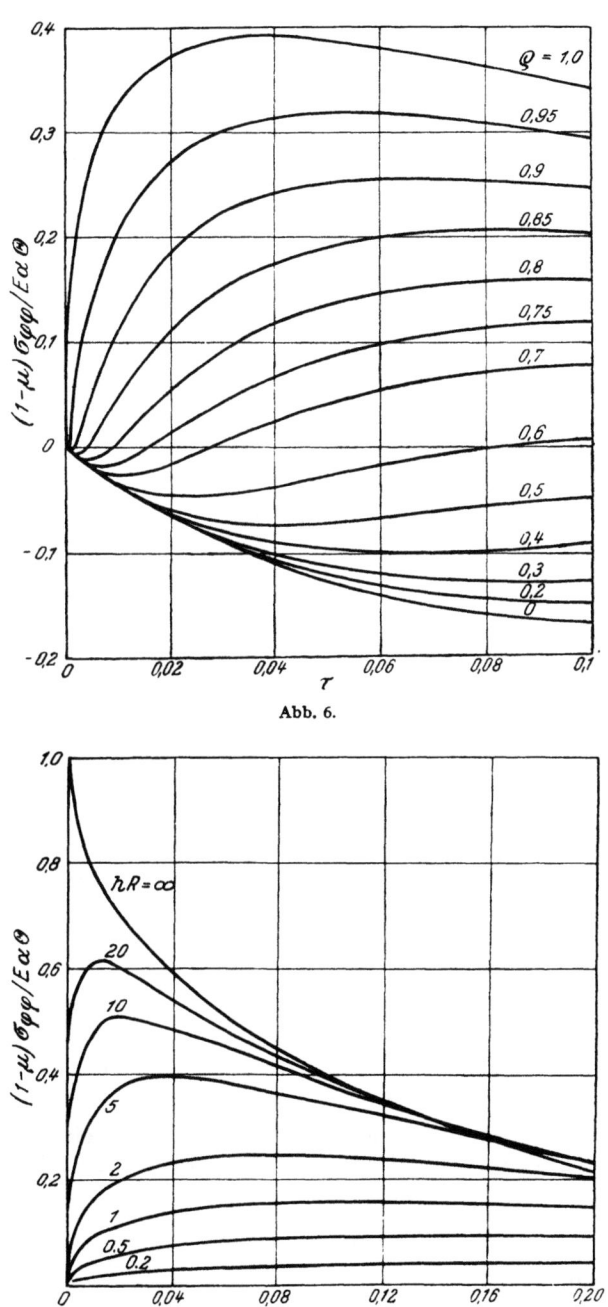

Abb. 6.

Abb. 7.

58 Anheiz- und Abkühlvorgänge.

in Abhängigkeit von der dimensionslosen Zeit τ für verschiedene Werte des Radienverhältnisses R_i/R_a dargestellt.

Die angegebenen Formeln gelten bei festgehaltenen Zylinderenden. Sind die Zylinderenden frei, so können wir eine über den Querschnitt konstante Axialspannung derart überlagern, daß die resultierende Axialkraft verschwindet. Radial- und Umfangsspannung werden dadurch nicht

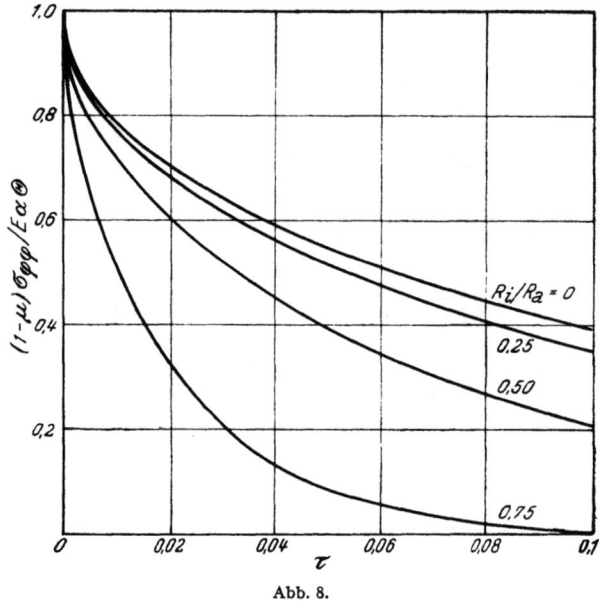

Abb. 8.

geändert, wohl aber die Axialspannung, für die jetzt $\sigma_{zz} = \sigma_{rr} + \sigma_{\varphi\varphi}$ an Stelle von Gl. (II, 93) zu schreiben ist. Nach dem St.-Venantschen Prinzip gilt die so erhaltene Lösung allerdings nur in hinreichender Entfernung (mindestens gleich R_a) von den Zylinderenden.

12. In Umfangsrichtung ungleichmäßig erwärmter langer Zylinder. Ein unendlich langer Kreiszylinder vom Radius R besitzt anfänglich die Temperatur Null. Zur Zeit $t = 0$ wird der Mantelfläche plötzlich die Temperatur $T = T_0 e^{in\varphi}$ aufgeprägt, wo φ den Polarwinkel bedeutet.

Wird auf die in Polarkoordinaten geschriebene Wärmeleitungsgleichung (I, 45) eine Laplace-Transformation ausgeübt, so entsteht

$$\frac{\partial^2 T^*}{\partial r^2} + \frac{1}{r}\frac{\partial T^*}{\partial r} + \frac{1}{r^2}\frac{\partial^2 T^*}{\partial \varphi^2} - \frac{s}{a} T^* = 0$$

mit der Randbedingung

$$T^*(R, \varphi) = \frac{T_0}{s} e^{in\varphi}.$$

In Umfangsrichtung ungleichmäßig erwärmter langer Zylinder. 59

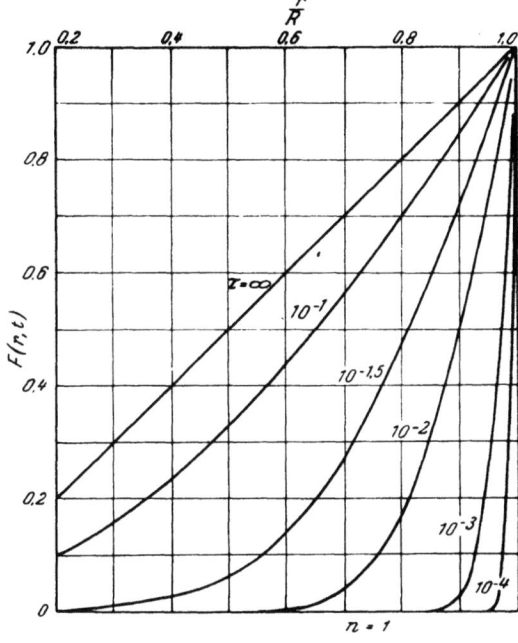

Abb. 9.

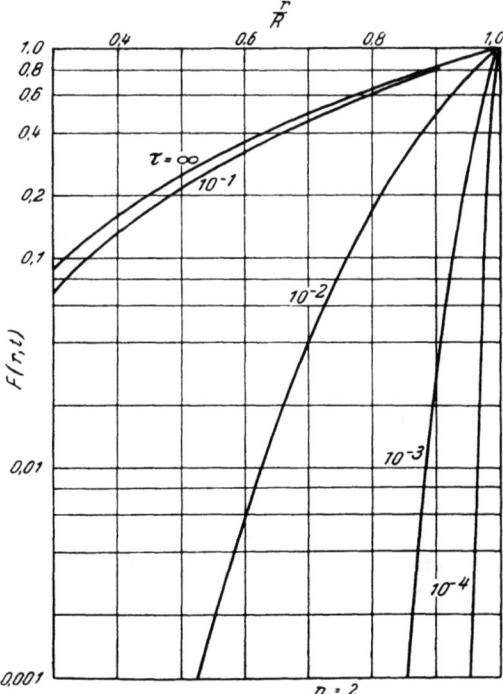

Abb. 10.

Die für $r \to 0$ beschränkt bleibende Lösung dieses Randwertproblems lautet:

$$T^*(r, \varphi, s) = T_0 \frac{I_n(r \sqrt{s/a})}{s\, I_n(R \sqrt{s/a})} e^{in\varphi}, \qquad (II, 107)$$

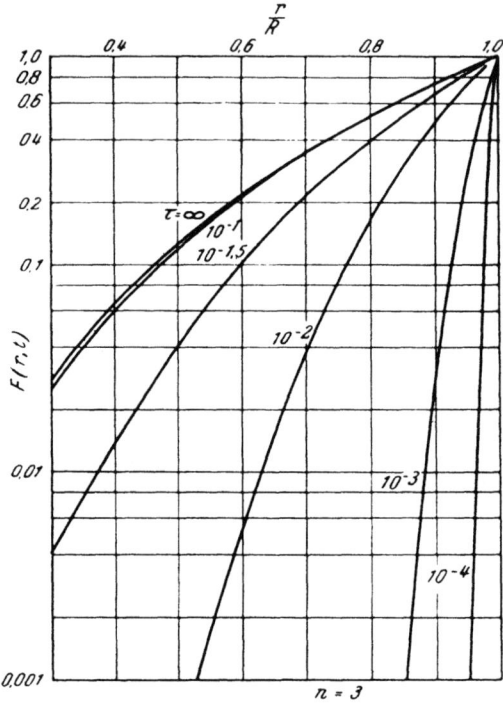

Abb. 11.

Die Rücktransformation des Ausdruckes (II, 107) erfolgt mit Hilfe des Residuensatzes in genau der gleichen Weise wie die entsprechenden Rechnungen in Ziff. II, 9. Man erhält

$$T(r, \varphi, t) = T_0 \left[\left(\frac{r}{R}\right)^n - 2 \sum_{m=1}^{\infty} \frac{J_n(\beta_m r/R)}{\beta_m J_{n+1}(\beta_m)} e^{-\beta_m^2 a t/R^2}\right] e^{in\varphi} \equiv T_0 F(r,t) e^{in\varphi}, \qquad (II, 108)$$

wo die β_m die positiven Wurzeln von

$$J_n(\beta_m) = 0 \qquad (II, 109)$$

sind. Abb. 9 bis 11 geben $F(r, t)$ für $n = 1, 2, 3$, mit $\tau = a\, t/R^2$.[1]

Da ein ebener Verzerrungszustand vorliegt, ist Gl. (I, 47) heranzuziehen und, der Anfangstemperatur Null entsprechend, $\Phi_0 = 0$ zu

---

[1] Horvay (2).

setzen. Da weiters $\lim\limits_{t\to\infty} T$ existiert, muß Φ einem zeitunabhängigen Grenzwert zustreben, also $\lim\limits_{t\to\infty} \dfrac{\partial \Phi}{\partial t} = 0$ gelten. Damit wird

$$\Phi_1 = -\frac{1+\mu}{1-\mu}\,\alpha\,a\,T_\infty = -\frac{1+\mu}{1-\mu}\,\alpha\,a\,T_0\left(\frac{r}{R}\right)^n e^{in\varphi}$$

und man erhält für Φ, wenn zur Abkürzung $\varrho = r/R$ gesetzt wird,

$$\Phi = -2\,\frac{1+\mu}{1-\mu}\,\alpha\,T_0\,R^2 \sum_{m=1}^{\infty} \frac{J_n(\beta_m\,\varrho)}{\beta_m^3\,J_{n+1}(\beta_m)}\left(1 - e^{-\beta_m^2\,at/R^2}\right) e^{in\varphi}.$$

Die zugehörigen Spannungen sind[1]:

$$\left.\begin{aligned}
\bar\sigma_{rr} &= -2G\left(\frac{1}{r}\frac{\partial\Phi}{\partial r} + \frac{1}{r^2}\frac{\partial^2\Phi}{\partial\varphi^2}\right) = \\
&= \frac{-2E\alpha T_0}{1-\mu}\,\frac{1}{\varrho^2}\sum_{m=1}^{\infty} \frac{n(n-1)\,J_n(\beta_m\varrho) + \beta_m\varrho\,J_{n+1}(\beta_m\varrho)}{\beta_m^3\,J_{n+1}(\beta_m)}\,\cdot \\
&\qquad\cdot\left(1 - e^{-\beta_m^2\,at/R^2}\right) e^{in\varphi}, \\
\bar\sigma_{\varphi\varphi} &= -2G\frac{\partial^2\Phi}{\partial r^2} = -\left(\frac{E\alpha T}{1-\mu} + \bar\sigma_{rr}\right), \\
\bar\sigma_{r\varphi} &= 2G\frac{\partial}{\partial r}\left(\frac{1}{r}\frac{\partial\Phi}{\partial\varphi}\right) = \\
&= \frac{-2E\alpha T_0}{1-\mu}\,\frac{n}{\varrho^2}\sum_{m=1}^{\infty} \frac{(n-1)\,J_n(\beta_m\varrho) - \beta_m\varrho\,J_{n+1}(\beta_m\varrho)}{\beta_m^3\,J_{n+1}(\beta_m)}\,\cdot \\
&\qquad\cdot\left(1 - e^{-\beta_m^2\,at/R^2}\right) i\,e^{in\varphi}, \\
\bar\sigma_{zz} &= -\frac{E\alpha T}{1-\mu} = \bar\sigma_{rr} + \bar\sigma_{\varphi\varphi}.
\end{aligned}\right\} \quad \text{(II, 110)}$$

Um den Mantel spannungsfrei zu machen, ist noch ein weiterer Spannungszustand zu überlagern, der, wie in MELAN-PARKUS, Ziff. V, 1, näher ausgeführt, aus einer AIRYschen Spannungsfunktion F gewonnen wird. Wir setzen also an[2]:

$$F(r,\varphi) = R^2\left(A_n\,\varrho^n + B_n\,\varrho^{n+2}\right) e^{in\varphi}.$$

Die zugehörigen Spannungen sind

$$\left.\begin{aligned}
\bar{\bar\sigma}_{rr} &= \frac{1}{r}\frac{\partial F}{\partial r} + \frac{1}{r^2}\frac{\partial^2 F}{\partial\varphi^2} = \\
&= -[n(n-1)A_n\,\varrho^{n-2} + (n+1)(n-2)B_n\,\varrho^n]\,e^{in\varphi}, \\
\bar{\bar\sigma}_{\varphi\varphi} &= \frac{\partial^2 F}{\partial r^2} = [n(n-1)A_n\,\varrho^{n-2} + (n+2)(n+1)B_n\,\varrho^n]\,e^{in\varphi}, \\
\bar{\bar\sigma}_{r\varphi} &= -\frac{\partial}{\partial r}\left(\frac{1}{r}\frac{\partial F}{\partial\varphi}\right) = \\
&= -n[(n-1)A_n\,\varrho^{n-2} + (n+1)B_n\,\varrho^n]\,i\,e^{in\varphi}, \\
\bar{\bar\sigma}_{zz} &= \mu\,\Delta F = \mu\,(\bar{\bar\sigma}_{rr} + \bar{\bar\sigma}_{\varphi\varphi}).
\end{aligned}\right\} \quad \text{(II, 111)}$$

---

[1] Vgl. GOODIER (2).
[2] GOODIER (2).

Aus den Randbedingungen
$$\bar{\sigma}_{rr} + \bar{\bar{\sigma}}_{rr} = 0, \quad \bar{\sigma}_{r\varphi} + \bar{\bar{\sigma}}_{r\varphi} = 0 \quad \text{in } \varrho = 1$$
folgt
$$A_n = -B_n = \frac{-E \alpha T_0}{1-\mu} \sum_{m=1}^{\infty} \frac{1}{\beta_m^2} \left(1 - e^{-\beta_m^2 at/R^2}\right), \quad \text{(II, 112)}$$

Die resultierenden Spannungen werden durch Überlagerung erhalten, $\sigma_{ij} = \bar{\sigma}_{ij} + \bar{\bar{\sigma}}_{ij}$. Für die hierbei auftretenden Reihen lassen sich, soweit sie von t unabhängig sind, geschlossene Ausdrücke angeben. Zunächst erhält man durch Entwicklung von ϱ^n in eine FOURIER-BESSEL-Reihe nach $J_n(\beta_m \varrho)$ unter Benützung von

$$\int_0^1 \varrho^{n+1} J_n(\beta_m \varrho)\, d\varrho = \frac{1}{\beta_m} J_{n+1}(\beta_m),$$

$$\int_0^1 \varrho\, J_n(\beta_m \varrho)\, J_n(\beta_k \varrho)\, d\varrho = \begin{cases} 0 & \text{für } k \neq m \\ \dfrac{1}{2} J_{n+1}^2(\beta_m) & \text{für } k = m \end{cases}$$

die Formel
$$\sum_{m=1}^{\infty} \frac{J_n(\beta_m \varrho)}{\beta_m J_{n+1}(\beta_m)} = \begin{cases} \dfrac{\varrho^n}{2} & (\varrho < 1), \\ 0 & (\varrho = 1). \end{cases} \quad \text{(II, 113)}$$

Multipliziert man beide Seiten dieser Gleichung mit ϱ^{n+1} und integriert gliedweise über ϱ zwischen 0 und ϱ, so folgt als zweite Formel

$$\sum_{m=1}^{\infty} \frac{J_{n+1}(\beta_m \varrho)}{\beta_m^2 J_{n+1}(\beta_m)} = \frac{\varrho^{n+1}}{4(n+1)} \quad (\varrho < 1). \quad \text{(II, 114)}$$

Multipliziert man schließlich beide Seiten dieser Gleichung mit ϱ^{-n} und integriert zwischen ϱ und 1, so ergibt sich als dritte Formel

$$\sum_{m=1}^{\infty} \frac{J_n(\beta_m \varrho)}{\beta_m^3 J_{n+1}(\beta_m)} = \frac{(1-\varrho^2)\varrho^n}{8(n+1)} \quad (\varrho \leqslant 1). \quad \text{(II, 115)}$$

Mit Benützung dieser Formeln erhält man

$$\left.\begin{aligned}
\sigma_{rr} &= \frac{E \alpha T_0}{1-\mu} \left(\frac{2}{\varrho} S_1 + \frac{2n(n-1)}{\varrho^2} S_2 + [(n+1)(n-2)\varrho^2 - \right. \\
&\qquad \left. - n(n-1)]\varrho^{n-2} S_3\right) e^{in\varphi}, \\
\sigma_{\varphi\varphi} &= \frac{E \alpha T_0}{1-\mu} \left[2 S_0 - 4(n+1)\varrho^n S_3\right] e^{in\varphi} - \sigma_{rr}, \\
\sigma_{r\varphi} &= \frac{E \alpha T_0}{1-\mu} \left(\frac{-2}{\varrho} S_1 + \frac{2(n-1)}{\varrho^2} S_2 + [(n+1)\varrho^2 - \right. \\
&\qquad \left. - (n-1)]\varrho^{n-2} S_3\right) i n\, e^{in\varphi}, \\
\sigma_{zz} &= \sigma_{rr} + \sigma_{\varphi\varphi} + E \alpha T_0 [4(n+1) S_3 - 1]\varrho^n e^{in\varphi} \equiv \\
&\equiv \mu(\sigma_{rr} + \sigma_{\varphi\varphi}) - E \alpha T.
\end{aligned}\right\} \quad \text{(II, 116)}$$

Hierin bedeuten

$$S_0 = \sum_{m=1}^{\infty} \frac{J_n(\beta_m \varrho)}{\beta_m J_{n+1}(\beta_m)} e^{-\beta_m^2 a t / R^2},$$

$$S_1 = \sum_{m=1}^{\infty} \frac{J_{n+1}(\beta_m \varrho)}{\beta_m^2 J_{n+1}(\beta_m)} e^{-\beta_m^2 a t / R^2},$$

$$S_2 = \sum_{m=1}^{\infty} \frac{J_n(\beta_m \varrho)}{\beta_m^3 J_{n+1}(\beta_m)} e^{-\beta_m^2 a t / R^2},$$

$$S_3 = S_1(\varrho = 1) = \sum_{m=1}^{\infty} \frac{1}{\beta_m^2} e^{-\beta_m^2 a t / R^2}.$$

(II, 117)

Man beachte, daß die stationären (von t unabhängigen) Glieder in den Spannungen σ_{rr}, $\sigma_{r\varphi}$ und $\sigma_{\varphi\varphi}$ herausfallen, diese Spannungen somit für $t \to \infty$ verschwinden. Es verbleibt lediglich eine Axialspannung $\sigma_{zz} = -E \alpha T$. Dies ist in Einklang mit den in MELAN-PARKUS, Ziff. III, 2, angegebenen Sätzen über spannungsfreie ebene Temperaturfelder.

Die Aufgabe ist damit im Prinzip gelöst. Es bleibt noch der Nachweis zu führen, daß nicht nur eine rein formale Lösung vorliegt. Dazu zeigt man zunächst, daß die auftretenden Reihen samt den entsprechenden Ableitungen gleichmäßig konvergent sind in r und t für alle $r < R$, somit stetige Funktionen darstellen. Damit sind die Differentialgleichungen im Inneren des Bereiches erfüllt. Die gleichmäßige Konvergenz bleibt aber auch noch bestehen für $r = R$, falls $t \geqslant \tau > 0$ ist. Somit sind auch die Randbedingungen befriedigt. Für $t = 0$ hingegen ist die Konvergenz nicht mehr gleichmäßig, entsprechend der vorgeschriebenen Unstetigkeit in der Temperatur, die in $r = R$ vom Wert Null auf den Wert $T_0 e^{in\varphi}$ springt. Gemäß der zweiten Gl. (II, 116) bewirkt dies aber auch eine Unstetigkeit in der Umfangsspannung $\sigma_{\varphi\varphi}$, da mit $\lim_{t \to 0} S_3 = 1/4 (n+1)$ und $\lim_{t \to 0} \sigma_{rr} = 0$ folgt

$$\lim_{t \to 0} \sigma_{\varphi\varphi} = \frac{E \alpha T_0}{1-\mu} \left(2 \lim_{t \to 0} S_0 - \varrho^n\right) e^{in\varphi} = \begin{cases} -\dfrac{E \alpha T}{1-\mu} & (\varrho = 1). \\ 0 & (\varrho < 1). \end{cases}$$

Die Umfangsspannung springt also an der Oberfläche $r = R$ vom Wert Null auf den Wert $-E \alpha T/(1-\mu)$. Das gleiche gilt gemäß der vierten Gl. (II, 116) für die Axialspannung σ_{zz}. Man vergleiche hierzu Ziff. II, 5 und II, 13 sowie V, 9.

Aus der gewonnenen Lösung lassen sich mittels FOURIER-Entwicklung nach φ Lösungen für beliebig über den Umfang veränderliche Oberflächentemperatur herstellen.

Wenn wir eine konstante Axialspannung überlagern, können wir diese so wählen, daß die resultierende Axialkraft verschwindet. Die Spannungen σ_{rr}, $\sigma_{r\varphi}$ und $\sigma_{\varphi\varphi}$ werden dadurch nicht geändert, wohl aber die Radialverschiebung u und die Axialverschiebung w. Man erhält dann $\sigma_{zz} = \sigma_{rr} + \sigma_{\varphi\varphi}$ an Stelle der letzten Gl. (II, 116).

13. Wärmespannungen in der Kugel. Eine Vollkugel vom Radius R sei einer in bezug auf den Mittelpunkt symmetrischen, aber sonst beliebigen Temperaturverteilung $T(r, t)$ unterworfen. Wir fragen nach den dadurch entstehenden Spannungen, wenn sich die Kugel frei verformen kann.

Das Problem, insbesondere der Fall der plötzlichen Abkühlung, ist in der Literatur wiederholt behandelt worden[1]. Das allgemeinere Problem mit nicht punkt-, sondern axialsymmetrischer Temperaturverteilung wurde gleichfalls in Angriff genommen[2].

Die Gl. (I, 46) für das Verschiebungspotential vereinfacht sich hier wegen der Punktsymmetrie zu

$$\frac{\partial}{\partial r}\left(r^2 \frac{\partial \Phi}{\partial r}\right) = \frac{1+\mu}{1-\mu} \alpha\, r^2\, T,$$

woraus nach zweimaliger Integration

$$\Phi = \frac{1+\mu}{1-\mu} \frac{\alpha}{3} \int_0^r x\, \overline{T}(x, t)\, dx$$

folgt. Hierin bedeutet

$$\overline{T}(r, t) = \frac{3}{r^3} \int_0^r x^2\, T(x, t)\, dx \qquad (II, 118)$$

die mittlere Temperatur in der Kugel vom Radius r.

Die Gln. (I, 33) liefern damit

$$\left.\begin{aligned}\sigma_{rr} &= \frac{2}{3} \frac{E\alpha}{1-\mu} [\overline{T}(R, t) - \overline{T}(r, t)], \\ \sigma_{\varphi\varphi} &= \frac{1}{3} \frac{E\alpha}{1-\mu} [2\,\overline{T}(R, t) + \overline{T}(r, t) - 3\, T(r, t)] = \sigma_{\vartheta\vartheta}.\end{aligned}\right\} \qquad (II, 119)$$

Hierbei wurde, um die Kugeloberfläche $r = R$ spannungsfrei zu bekommen, noch ein allseits gleicher Spannungszustand

$$\sigma_{rr} = \sigma_{\varphi\varphi} = \sigma_{\vartheta\vartheta} = \frac{2}{3} \frac{E\alpha}{1-\mu} \overline{T}(R, t)$$

überlagert.

Wir verwenden die Formeln zur Bestimmung des Spannungszustandes in einer Kugel, die bei der konstanten Anfangstemperatur T_0 spannungsfrei ist und deren Oberfläche plötzlich durch Eintauchen in eine Flüssigkeit auf die Temperatur Null gebracht und auf dieser Temperatur gehalten wird.

Zunächst ist der Temperaturverlauf zu berechnen. Gl. (I, 45) lautet hier

$$\frac{a}{r} \frac{\partial^2(r\, T)}{\partial r^2} = \frac{\partial T}{\partial t},$$

---

[1] HOPKINSON, GRÜNBERG, MELAN (7).
[2] TROSTEL (2).

woraus mittels Produktansatzes unter Berücksichtigung der Anfangs- und Randbedingungen sofort[1]

$$T(r, t) = \frac{2 R T_0}{\pi r} \sum_{n=1}^{\infty} \frac{(-1)^{n+1}}{n} \sin \frac{n \pi r}{R} e^{-a n^2 \pi^2 t/R^2} \qquad \text{(II, 120)}$$

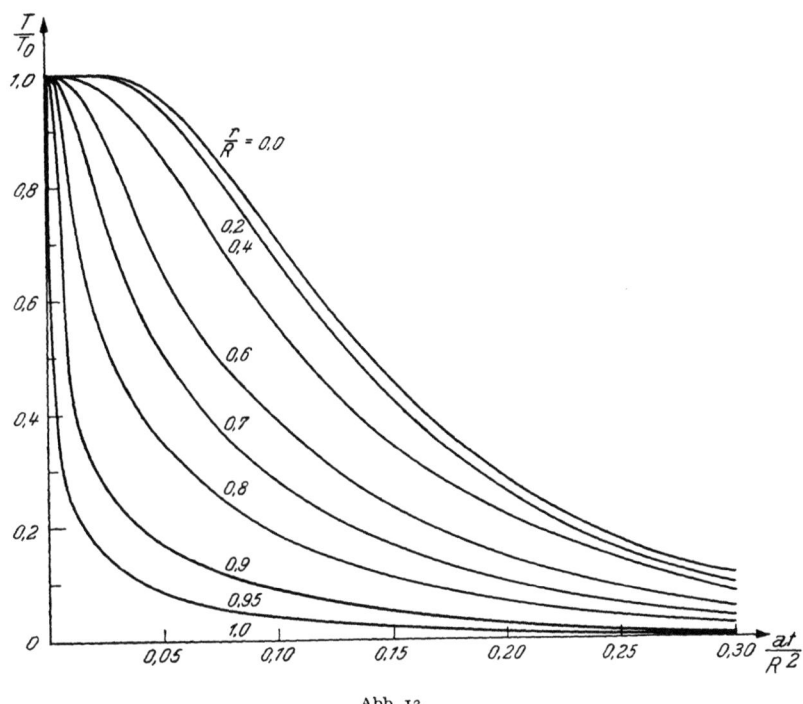

Abb. 12.

folgt. Die Reihe konvergiert für $t > 0$ gleichmäßig in r und t und stellt somit eine stetige Funktion dar, während sie für $t \to +0$ wegen

$$\frac{2}{\pi} \frac{R}{r} \sum_{n=1}^{\infty} \frac{(-1)^{n+1}}{n} \sin \frac{n \pi r}{R} = \begin{cases} 1 & \text{für } r < R \\ 0 & \text{für } r = R \end{cases}$$

in der Tat die Anfangsbedingung liefert. Integration gemäß Gl. (II, 118) gibt die mittlere Temperatur

$$\overline{T}(r, t) = 6 T_0 \left(\frac{R}{\pi r}\right)^2 \sum_{n=1}^{\infty} \frac{(-1)^n}{n^2} \left(\cos \frac{n \pi r}{R} - \frac{R}{n \pi r} \sin \frac{n \pi r}{R} \right) e^{-a n^2 \pi^2 t/R^2}.$$
$$\text{(II, 121)}$$

Die dimensionslosen Größen T/T_0 und $\overline{T}/T_0$ sind in Abb. 12 und 13 als Funktionen der dimensionslosen Zeit $a t/R^2$ mit r/R als Parameter dargestellt.

[1] Vgl. CARSLAW-JAEGER, S. 200.

66 Anheiz- und Abkühlvorgänge.

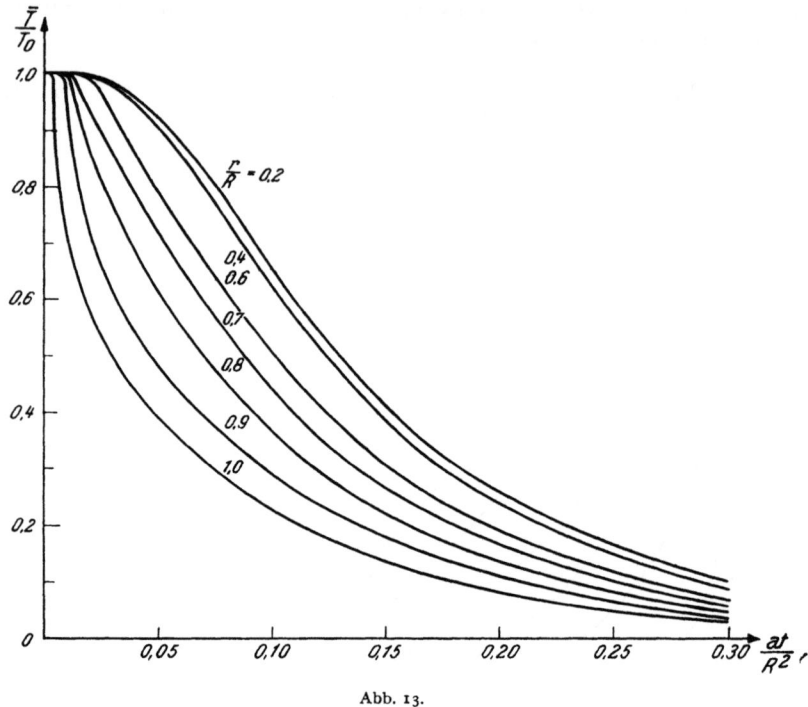

Abb. 13.

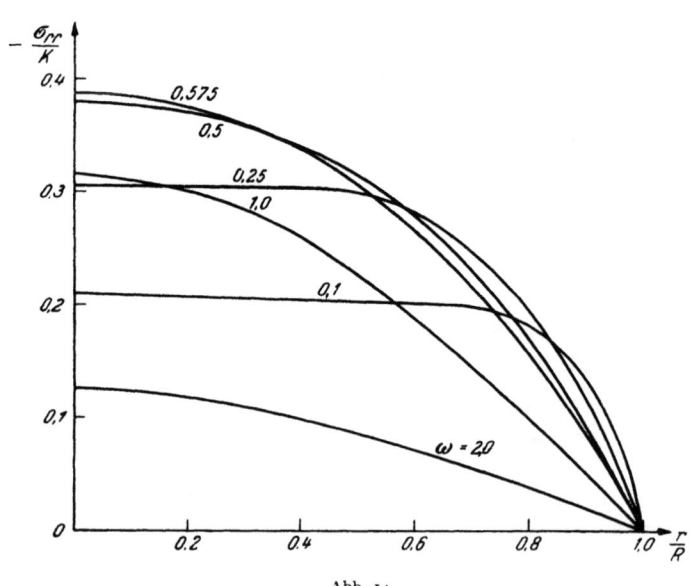

Abb. 14.

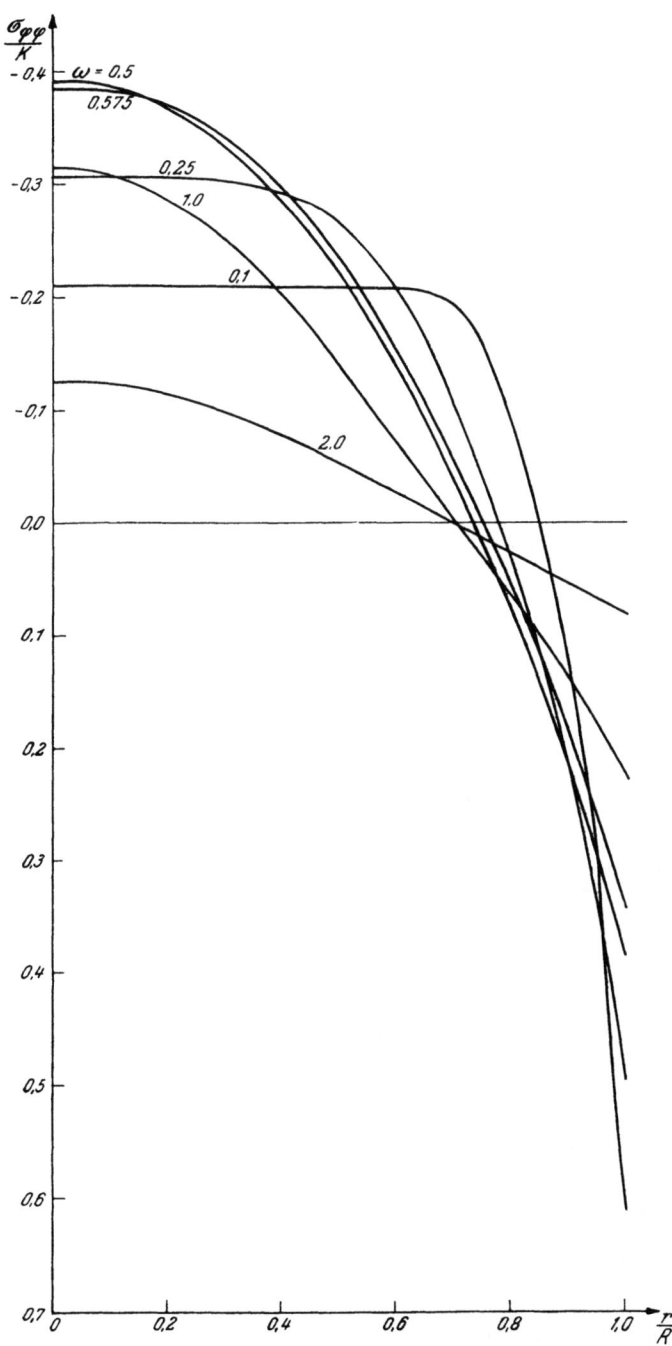

Abb. 15.

Mit bekanntem T und $\overline{T}$ sind auch die Spannungen bekannt, Gl. (II, 119). Sie sind in Abb. 14 und 15 als Funktionen von r/R für verschiedene Werte von $\omega = a\,t\,\pi^2/R^2$ eingetragen. Die Konstante K ist hierbei gegeben durch $K = E\,\alpha\,T_0/(1-\mu)$. Die absolut größte Spannung ist eine Umfangsspannung $\sigma_{\varphi\varphi} = K$ und tritt an der Kugeloberfläche zur Zeit $t = 0$ auf. Die Radialspannungen sind stets Druckspannungen, die ihr absolutes Maximum im Kugelmittelpunkt $r = 0$ zur Zeit $t = 0{,}575\ R^2/a\,\pi^2$ mit $\sigma_{rr} = -0{,}386\,K$ annehmen.

Wenn die Temperaturdifferenz T_0 zwischen Kugel und Flüssigkeit genügend groß ist, wird Fließen des Kugelwerkstoffes eintreten. Die Spannungen verschwinden dann nach dem vollständigen Abkühlen nicht mehr. Dieser Fall ist in Ziff. VII, 2 behandelt.

Einen Begriff von der Größe der Spannungen, wie sie schon bei verhältnismäßig geringen Abschrecktemperaturen auftreten, gibt das nachfolgende Zahlenbeispiel. Eine Stahlkugel mit einem Elastizitätsmodul $E = 2{,}1 \cdot 10^6$ kp/cm^2, einer Querdehnungszahl $\mu = 0{,}3$ und einem Wärmeausdehnungskoeffizienten $\alpha = 1{,}25 \cdot 10^{-5}$ erfahre beim Abschrecken eine Temperaturdifferenz von $T_0 = 200°$ C. Die größte auftretende Spannung ist die Tangentialspannung $\sigma_{\varphi\varphi}$ an der Oberfläche $r = R$ zur Zeit $t = 0$. Sie beträgt

$$\sigma_{\varphi\varphi} = \frac{E\,\alpha\,T_0}{1-\mu} = K = 7500 \text{ kp/cm}^2,$$

während sich für die absolut größte Radialspannung der Wert

$$\sigma_{rr} = -0{,}386\,K = -2895 \text{ kp/cm}^2$$

ergibt. Unter Voraussetzung einer Temperaturleitfähigkeit von $a = 460$ cm^2/h und eines Kugeldurchmessers von 20 cm tritt sie nach $t = 0{,}013$ h $= 45$ s auf.

14. Im Mittelpunkt erhitzte Scheibe. In einer Scheibe von der Dicke h, die sich allseitig ins Unendliche erstreckt, wird zur Zeit $t = 0$ im Koordinatenursprung eine Wärmequelle mit der konstanten Ergiebigkeit[1] S angebracht. Zur Zeit $t = \vartheta$ wird sie wieder entfernt[2]. Der Vorgang entspricht etwa dem beim Punktschweißen.

Die Scheibe sei hinreichend dünn, so daß ein ebener Spannungszustand angenommen werden darf. Wegen der Axialsymmetrie hängen dann alle Größen nur vom Abstand r von der Punktquelle und von der Zeit t ab. Thermische und elastische Eigenschaften des Werkstoffes seien temperaturunabhängig.

Um einfache Formeln zu erhalten, soll die Wärmeabgabe von der Scheibenoberfläche an die Umgebung vernachlässigt, bzw. die Oberfläche als wärmeisoliert angenommen werden[3].

---

[1] Das ist die pro Zeiteinheit produzierte Wärmemenge.
[2] PARKUS (3).
[3] Diese Annahme wird in Ziff. VII, 4 fallengelassen. Gleichzeitig wird dort auch Fließen des Werkstoffes berücksichtigt.

Der Temperaturverlauf während des Anheizvorganges $0 < t < \vartheta$ ist dann durch Gl. (VII, 51b) von Ziff. VII, 4 gegeben, wenn dort $\beta = 0$ gesetzt wird:
$$T = \frac{-\gamma}{2} Ei\left(\frac{-r^2}{4at}\right). \tag{II, 122}$$

Hierbei ist $\gamma = S/2\pi\lambda h$, mit λ als Wärmeleitfähigkeit. Weiters erhält man aus Gl. (VII, 57) und (VII, 58) für die Radialverschiebung

$$u(r,t) = (1+\mu)\,\varkappa\,a\,\gamma\,\frac{1}{r}\left(A(t) - \int_0^t \exp\left(\frac{-r^2}{4a\tau}\right)d\tau\right)$$

und nach Ausführung der Integration sowie unter Beachtung, daß $u = 0$ sein muß für $r = 0$, daß also $A(t) = t$ zu setzen ist

$$u(r,t) = (1+\mu)\,\varkappa\,a\,\gamma\,\frac{t}{r}\left[1 - e^{-\frac{r^2}{4at}} - \frac{r^2}{4at}Ei\left(\frac{-r^2}{4at}\right)\right]. \tag{II, 123}$$

Damit sind auch die Spannungen bestimmt. Es ist

$$\left.\begin{array}{l}\sigma_{rr} = \dfrac{2G}{1-\mu}\left(\dfrac{\partial u}{\partial r} + \mu\dfrac{u}{r} - (1+\mu)\,\varkappa\,T\right) = -2G\dfrac{u(r,t)}{r}, \\[1ex] \sigma_{\varphi\varphi} = \dfrac{2G}{1-\mu}\left(\dfrac{u}{r} + \mu\dfrac{\partial u}{\partial r} - (1+\mu)\,\varkappa\,T\right) = -\sigma_{rr} - E\,\varkappa\,T.\end{array}\right\} \tag{II, 124}$$

Gln. (II, 123) und (II, 124) gelten nur während der Anheizperiode $0 < t < \vartheta$. Zur Zeit $t = \vartheta$ wird die Wärmequelle entfernt. Man kann den dann sich ergebenden Temperatur- und Spannungszustand erhalten, indem man eine Wärmequelle der Ergiebigkeit $-S$ überlagert denkt, die im Zeitpunkt $t = \vartheta$ aufgebracht wird. Bezeichnet man die für $t > \vartheta$ auftretenden Temperaturen, Verschiebungen und Spannungen mit einem Strich, so gilt also

$$\left.\begin{array}{l}T'(r,t) = T(r,t) - T(r, t-\vartheta),\quad u'(r,t) = u(r,t) - u(r, t-\vartheta), \\ \sigma'(r,t) = \sigma(r,t) - \sigma(r, t-\vartheta) \quad (t > \vartheta).\end{array}\right\} \tag{II, 125}$$

E. MELAN[1] hat den Fall behandelt, daß an Stelle einer Wärmequelle endlicher Ergiebigkeit S kcal/s zur Zeit $t = 0$ plötzlich die Wärmemenge Q kcal aufgebracht wird (Momentanquelle). Die hierfür gültigen Formeln folgen sofort aus den oben angegebenen, indem man ϑ gegen Null gehen und gleichzeitig S über alle Grenzen wachsen läßt, derart, daß $\lim_{\vartheta \to 0} \vartheta S = Q$ wird. Aus Gl. (II, 125) folgt mittels TAYLOR-Entwicklung, mit $\varepsilon = Q/2\pi\lambda h$,

$$T'(r,t) = T(r,t) - T(r,t) + \frac{\vartheta S}{2\pi\lambda h\gamma}\frac{\partial T}{\partial t} + \cdots \bigg|_{\vartheta \to 0} = \frac{\varepsilon}{\gamma}\frac{\partial T}{\partial t}$$

oder, wenn man wieder T statt T' schreibt,

$$T(r,t) = \frac{-\varepsilon}{2}\frac{\partial}{\partial t}Ei\left(\frac{r^2}{4at}\right) = \frac{\varepsilon}{2t}e^{-\frac{r^2}{4at}}. \tag{II, 126}$$

---
[1] MELAN (6).

70 Anheiz- und Abkühlvorgänge. Im Mittelpunkt erhitzte Scheibe.

In gleicher Weise ergibt sich die Radialverschiebung u aus Gl. (II, 123) durch Differentiation nach t und Ersatz von γ durch ε:

$$u(r,t) = (1+\mu)\,\alpha\,\frac{a\,\varepsilon}{r}\left(1 - e^{-\frac{r^2}{4at}}\right). \tag{II, 127}$$

Die Gln. (II, 124) bleiben unverändert, nur ist natürlich u nach Gl. (II, 127) einzusetzen.

In den Abb. 16 bis 18 sind für den Fall der Momentanquelle Temperaturverlauf, Radialspannung und Umfangsspannung mit $a\,t$ als Parameter und $M = a\,\varepsilon$ über dem Radius r aufgetragen. Die Größen r^2, $1/a\,t$, M/T und $E\,\alpha\,M/\sigma$ haben sämtlich die Dimension eines Längenquadrates und sind daher in der gleichen (an sich beliebigen) Maßeinheit zu messen.

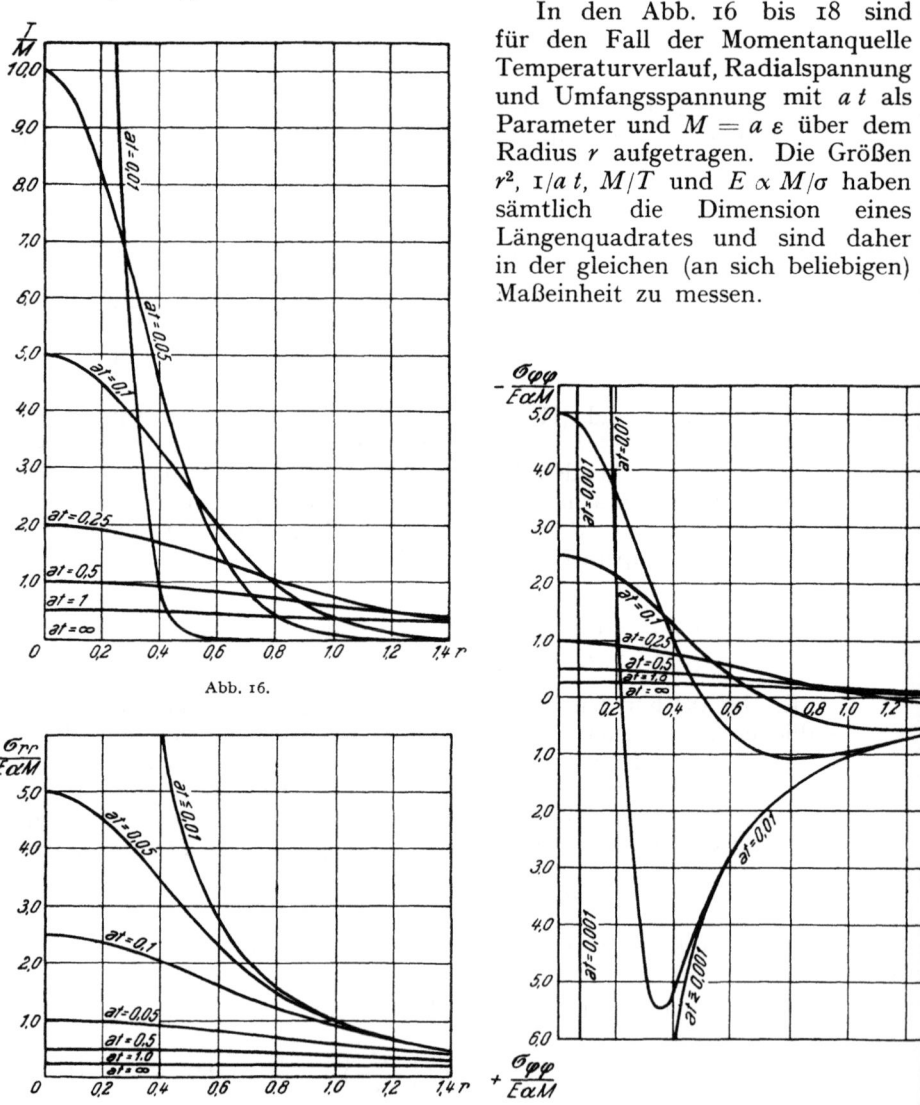

Abb. 16.

Abb. 17.

Abb. 18.

Man sieht, daß im ersten Augenblick die Spannungen die Werte
$$\sigma_{rr} = -\sigma_{\varphi\varphi} = -\frac{E\,\alpha\,a\,\varepsilon}{r^2}$$
besitzen. Ist $\lambda = 0$, liegt also ein idealer Wärmeisolator vor, dann bleibt dieser Spannungszustand wegen $a = 0$ dauernd bestehen, wobei $a\,\varepsilon = Q/2\,\pi\,c\,h$ wird. c bedeutet hier die Wärmemenge, die notwendig ist, um die Temperatur der Volumeinheit um 1° zu erhöhen.

Für $a > 0$ ist die Umfangsspannung $\sigma_{\varphi\varphi}$ im Bereich $r < R$ negativ, wobei $R = 2{,}242\,\sqrt{at}$. Die größte Ringzugspannung tritt in $r = 3{,}585\,\sqrt{at}$ auf und beträgt $\sigma_{\varphi\varphi} = 0{,}054\,E \times M/at$. Die Radialspannung σ_{rr} ist überall eine Druckspannung.

III. Periodische Temperaturänderungen.

1. Allgemeines.

In diesem Kapitel berechnen wir die Spannungen in elastischen Körpern, wenn diese Temperaturfeldern unterworfen sind, die sich periodisch mit der Zeit ändern. Die Periodendauer sei hinreichend groß, so daß eine quasistatische Behandlung gerechtfertigt erscheint.

Wir lassen „Einschwingvorgänge" außer acht und betrachten nur den voll ausgebildeten, rein periodischen Endzustand. Dann ist auch der Spannungszustand rein periodisch und wir haben in dem Ausdruck (I, 47) für das Verschiebungspotential den nichtperiodischen Anteil zu streichen, also $\Phi_1 = 0$ zu setzen.

Temperatur, Spannungen und Verschiebungen können in FOURIER-Reihen nach der Zeit t entwickelt werden. Wegen der Linearität der Gleichungen kann man dann ein beliebiges Glied dieser Entwicklung herausgreifen.

Setzt man also
$$\begin{aligned}T &= T_1 \cos \omega t + T_2 \sin \omega t, \\ \Phi &= \Phi_1 \cos \omega t + \Phi_2 \sin \omega t, \end{aligned} \quad \text{(III, 1)}$$
wo T_i und Φ_i reine Ortsfunktionen sind, so folgt durch Koeffizientenvergleich aus der nach t differenzierten Gl. (I, 47)
$$\Phi_1 = -\frac{1+\mu}{1-\mu}\frac{\alpha\,a}{\omega}T_2, \qquad \Phi_2 = +\frac{1+\mu}{1-\mu}\frac{\alpha\,a}{\omega}T_1. \quad \text{(III, 2)}$$

Zu Φ_1 und Φ_2 können natürlich noch beliebige Potentialfunktionen hinzugefügt werden, wie man sich durch Einsetzen in Gl. (I, 46) überzeugt.

2. Halbraum mit periodisch veränderlicher Oberflächentemperatur.

Der elastische Körper erfülle den Raum $z \geqslant 0$. Die vorgegebene Oberflächentemperatur sei
$$T = T_0 \cos \omega t, \quad \text{in } z = 0. \quad \text{(III, 3)}$$

Die Wärmeleitungsgleichung (I, 45) liefert dann als Temperaturverteilung im Halbraum nach Abklingen des Einschwingvorganges[1]

$$T = T_0 \exp\left(-z\sqrt{\frac{\omega}{2a}}\right) \cos\left(z\sqrt{\frac{\omega}{2a}} - \omega t\right). \qquad \text{(III, 4)}$$

Damit folgt aus Gl. (III, 2)

$$\Phi = \frac{1+\mu}{1-\mu} \frac{a\alpha}{\omega} T_0 \exp\left(-z\sqrt{\frac{\omega}{2a}}\right) \sin\left(\omega t - z\sqrt{\frac{\omega}{2a}}\right). \qquad \text{(III, 5)}$$

Die Oberfläche $z = 0$ sei unbelastet vorausgesetzt. Dann muß dort, wenn Zylinderkoordinaten benützt werden, $\sigma_{zz} = \sigma_{rz} = 0$ oder mit Gl. (I, 32)

$$\frac{\partial^2 \Phi}{\partial z^2} - \Delta\Phi \equiv -\left(\frac{\partial^2 \Phi}{\partial r^2} + \frac{1}{r}\frac{\partial \Phi}{\partial r}\right) = 0,$$

$$\frac{\partial^2 \Phi}{\partial r\, \partial z} = 0$$

gelten. Beide Bedingungen sind erfüllt. Es verschwinden dann σ_{zz} und σ_{rz} im ganzen Körper, während sich für die übrigen Spannungen nach den Gln. (I, 32) ergibt

$$\sigma_{rr} = \sigma_{\varphi\varphi} = -2G\Delta\Phi = \frac{-E\alpha T}{1-\mu}. \qquad \text{(III, 6)}$$

Ob dies die endgültige Lösung ist oder ob noch weitere (temperaturfreie) Spannungszustände zu überlagern sind, hängt von den Randbedingungen an den uneigentlichen Rändern $r = \infty$ und $z = \infty$ ab. Im allgemeinen wird man verlangen, daß alle Spannungen für $z \to \infty$ verschwinden. Dies trifft für die vorliegende Lösung bereits zu. Die Spannungen sind von r unabhängig, verschwinden also nicht für $r \to \infty$, wohl aber ist die Radialverschiebung $u = \dfrac{\partial \Phi}{\partial r}$ überall Null.

Die Lösung kann also auf einen sich von $z = 0$ bis $z = \infty$ erstreckenden Kreiszylinder von beliebigem Radius angewendet werden, wenn dieser Zylinder an seinem Umfang völlig gegen radiale Ausdehnung gesichert ist. Da außerdem die Spannungen exponentiell mit wachsendem z abklingen, gilt die Lösung angenähert auch für den endlich langen Zylinder der Länge l, falls $l\sqrt{\dfrac{\omega}{2a}}$ hinreichend groß ist (für praktische Zwecke etwa $\geqslant 5$).

3. Periodische Wärmequelle im unendlichen Körper[2]. Eine Punktquelle mit der periodisch veränderlichen Ergiebigkeit $S(t) = S_0 \cos \omega t$ wirkt in einem Punkt des unendlich ausgedehnten elastischen Raumes. Wir wählen Kugelkoordinaten R, φ, ϑ und legen den Ursprung in die Quelle.

---

[1] CARSLAW-JAEGER, S. 46.
[2] NOWACKI (5).

Aus Symmetriegründen müssen Temperatur und Spannungen von φ und ϑ unabhängig sein. In $R = 0$ muß eine Temperatursingularität von der Ordnung $1/R$ auftreten. Wir setzen also gemäß Gl. (III, 1) an:

$$T = \frac{1}{R}[f(R)\cos\omega t + g(R)\sin\omega t]$$

und erhalten nach Einsetzen in Gl. (I, 45) mit $\Delta = \frac{1}{R^2}\frac{\partial}{\partial R}\left(R^2\frac{\partial}{\partial R}\right)$, da T mit wachsendem R abklingen muß,

$$f(R) = e^{-\varkappa R}\begin{cases}\cos\varkappa R,\\ \sin\varkappa R,\end{cases} \qquad g(R) = e^{-\varkappa R}\begin{cases}\sin\varkappa R,\\ -\cos\varkappa R,\end{cases}$$

wobei

$$\varkappa = \sqrt{\frac{\omega}{2a}}. \qquad (III, 7)$$

Somit

$$T(R, t) = \frac{1}{R}e^{-\varkappa R}[A\cos(\omega t - \varkappa R) + B\sin(\omega t - \varkappa R)].$$

Zur Bestimmung der Konstanten A und B betrachten wir den Wärmefluß pro Zeiteinheit durch eine den Quellpunkt konzentrisch umgebende Kugelfläche vom Radius R. Für $R \to 0$ muß dieser Wärmefluß identisch sein mit der Ergiebigkeit S der Wärmequelle. Also

$$S_0\cos\omega t = \lim_{R\to 0}\left(-4R^2\pi\lambda\frac{\partial T}{\partial R}\right) = 4\pi\lambda(A\cos\omega t + B\sin\omega t),$$

woraus

$$A = \frac{S_0}{4\pi\lambda}, \qquad B = 0$$

folgt. Der Temperaturverlauf ist also gegeben durch

$$T(R, t) = \frac{S_0}{4\pi\lambda}\frac{1}{R}e^{-\varkappa R}\cos(\omega t - \varkappa R). \qquad (III, 8)$$

Das thermoelastische Potential kann nun mittels der Gln. (III, 1) und (III, 2) sofort angeschrieben werden. Man erhält

$$\Phi = \frac{K}{2G}\frac{1}{R}e^{-\varkappa R}\sin(\omega t - \varkappa R) + \Phi'_1\cos\omega t + \Phi'_2\sin\omega t,$$

wo Φ'_1 und Φ'_2 beliebige Potentialfunktionen sind und

$$K = \frac{1+\mu}{1-\mu}\frac{\varkappa a}{\omega}\frac{S_0 G}{2\pi\lambda} \qquad (III, 9)$$

gesetzt wurde. Mit Rücksicht auf die Kugelsymmetrie des Problems ist $\Phi'_1 = C_1/R$, $\Phi'_2 = C_2/R$. Die Radialverschiebung u wird dann

$$u = \frac{\partial\Phi}{\partial R} = \frac{K}{2G}\frac{1}{R}e^{-\varkappa R}\left\{\left[\left(\varkappa + \frac{1}{R}\right)\sin\varkappa R - \varkappa\cos\varkappa R\right]\cos\omega t - \right.$$
$$\left. - \left[\left(\varkappa + \frac{1}{R}\right)\cos\varkappa R + \varkappa\sin\varkappa R\right]\sin\omega t\right\} - \frac{C_1\cos\omega t + C_2\sin\omega t}{R^2}.$$

Nun müssen wir verlangen, daß die Verschiebungen für $R \to 0$ nur höchstens von der Ordnung $1/R$ unendlich werden, siehe Ziff. II, 1. Daraus folgt $C_1 = 0$, $C_2 = -\dfrac{K}{2G}$ und somit

$$\Phi = \frac{K}{2G} \frac{1}{R} [e^{-\varkappa R} \sin(\omega t - \varkappa R) - \sin \omega t]. \qquad (III, 10)$$

Die zugehörigen Spannungen sind gemäß Gl. (I, 33)

$$\left. \begin{aligned} \sigma_{rr} &= \frac{2K}{R^3} \{[(1 + \varkappa R) \sin(\omega t - \varkappa R) + \\ &\quad + \varkappa R \cos(\omega t - \varkappa R)] e^{-\varkappa R} - \sin \omega t\}, \\ \sigma_{\varphi\varphi} &= \sigma_{\vartheta\vartheta} = -\sigma_{rr} - \frac{E \alpha T}{1-\mu}. \end{aligned} \right\} \qquad (III, 11)$$

Die Spannungen verschwinden ebenso wie die Verschiebungen für $R \to \infty$.

4. Periodische Linien- und Flächenquellen[1]. Es bereitet keine Schwierigkeiten, aus den Ergebnissen des vorangehenden Abschnittes durch Integration Lösungen für Linien- bzw. Flächenquellen herzuleiten.

Es liege zunächst eine längs der ganzen z-Achse aufgefädelte *Linienquelle* mit der Ergiebigkeit $s(t) = s_0 \cos \omega t$ pro Längeneinheit vor. Benützt man Polarkoordinaten r, φ, z, so sind alle Größen von z und φ unabhängig, es handelt sich also um ein ebenes, drehsymmetrisches Problem. Setzt man $R^2 = r^2 + z^2$ und $s_0 = dS_0/dz$, so wird die der Linienquelle entsprechende Temperatur aus Gl. (III, 8) erhalten zu

$$T(r, t) = \frac{s_0}{2 \pi \lambda} \int_0^\infty \frac{1}{R} e^{-\varkappa R} \cos(\omega t - \varkappa R) \, dz$$

bzw. wegen $R \, dR = z \, dz$ und mit $\beta = \varkappa r$ und $\varrho = R/r$

$$T(r, t) = \frac{s_0}{2 \pi \lambda} \left(\cos \omega t \int_1^\infty \frac{1}{\sqrt{\varrho^2 - 1}} e^{-\beta \varrho} \cos \beta \varrho \, d\varrho + \right.$$

$$\left. + \sin \omega t \int_1^\infty \frac{1}{\sqrt{\varrho^2 - 1}} e^{-\beta \varrho} \sin \beta \varrho \, d\varrho \right).$$

Nun ist aber[2]

$$K_0(z) = \int_1^\infty \frac{1}{\sqrt{\varrho^2 - 1}} e^{-\varrho z} \, d\varrho$$

mit $K_0(z)$ als der modifizierten BESSEL-Funktion. Setzt man hierin $z = (1 - i)\beta = \sqrt{-2i}\,\beta$, so wird

---
[1] NOWACKI (5).
[2] ERDÉLYI et al.: Higher transcendental functions. Bd. II, S. 82, Formel (19). New York: 1953.

$$K_0(\beta \sqrt{-2i}) = \int_1^\infty \frac{1}{\sqrt{\varrho^2-1}} e^{-\beta\varrho} \cos\beta\varrho\, d\varrho + i \int_1^\infty \frac{1}{\sqrt{\varrho^2-1}} e^{-\beta\varrho} \sin\beta\varrho\, d\varrho$$
$$= U_0(\varkappa r) + i\, V_0(\varkappa r)$$

und wir erhalten

$$T(r,t) = \frac{s_0}{2\pi\lambda} [U_0(\varkappa r) \cos\omega t + V_0(\varkappa r) \sin\omega t]. \quad \text{(III, 12)}$$

Die Funktionen U_0 und V_0 sind tabuliert[1].

In gleicher Weise wie die Temperaturverteilung findet man auch das thermoelastische Verschiebungspotential. Setzt man

$$k = \frac{1+\mu}{1-\mu} \frac{\varkappa a}{\omega} \frac{s_0 G}{2\pi\lambda}, \quad \text{(III, 13)}$$

so folgt aus Gl. (III, 10) durch Integration[2]

$$\Phi = \frac{k}{G}\left[\sin\omega t \int_0^\infty \frac{1}{R} e^{-\varkappa R} \cos\varkappa R\, dz - \cos\omega t \int_0^\infty \frac{1}{R} e^{-\varkappa R} \sin\varkappa R\, dz - \sin\omega t \log\frac{1}{\varkappa r}\right].$$

Hierbei wurde nur über den von T direkt herrührenden Anteil in Φ integriert, während die räumliche Potentialfunktion $1/R$ durch die ebene Potentialfunktion $\log\varkappa r$ ersetzt wurde. Mit $\lim_{\beta\to 0} K_0(\beta\sqrt{-2i}) = -\log\beta + c + \ldots$ prüft man leicht nach, daß $\partial\Phi/\partial r$ für $r \to 0$ verschwindet. Somit gilt

$$\Phi = \frac{k}{G}\{[U_0(\varkappa r) + \log(\varkappa r)]\sin\omega t - V_0(\varkappa r)\cos\omega t\}. \quad \text{(III, 14)}$$

Mittels der Gl. (I, 32) lassen sich die zugehörigen Spannungen berechnen. Die Differentiationen führt man dabei zweckmäßig nicht an U_0 und V_0 getrennt, sondern direkt an K_0 durch.

Als zweites liege eine über die ganze Fläche $z = 0$ gleichmäßig verteilte *Flächenquelle* mit der Ergiebigkeit $s(t) = s_0 \cos\omega t$ pro Flächeneinheit vor. Dann erhalten wir Temperatur und Verschiebungspotential aus den Gleichungen des vorangehenden Abschnittes durch Integration über die Fläche, mit dem Flächenelement $dA = 2\pi r\, dr$. Also

$$T(z,t) = \frac{s_0}{2\lambda} \int_0^\infty \frac{r}{R} e^{-\varkappa R} \cos(\omega t - \varkappa R)\, dr.$$

Mit $r\, dr = R\, dR$ läßt sich die Integration leicht ausführen und liefert

$$T(z,t) = \frac{s_0}{4\lambda\varkappa} e^{-\varkappa z} [\cos(\omega t - \varkappa z) + \sin(\omega t - \varkappa z)]. \quad \text{(III, 15)}$$

---

[1] Siehe etwa JAHNKE-EMDE: Funktionentafeln. Dort ist allerdings nicht die Funktion K_0, sondern die Funktion $H_0^{(1)}$ vertafelt. Der Zusammenhang ist gegeben durch $K_0(x\sqrt{-i}) = \frac{i\pi}{2} H_0^{(1)}(x\sqrt{i})$.

[2] Man könnte natürlich auch die Gl. (III, 2) benützen.

Das gleiche gilt für das Verschiebungspotential. Da es sich aber hier um einen nur von z abhängigen Spannungszustand handelt, kann man die Spannungen mittels der Gl. (I, 31) direkt hinschreiben:

$$\sigma_{xx} = \sigma_{yy} = -2G\frac{\partial^2 \Phi}{\partial z^2} = -\frac{E \lambda T}{1-\mu}.$$

Alle anderen Spannungen verschwinden.

IV. Bewegte Wärmequellen.

1. Allgemeines. Die Temperaturverteilung in einem homogenen, isotropen Körper, bezogen auf ein mit ihm fest verbundenes Koordinatensystem[1] gehorcht der Differentialgleichung (I, 45):

$$a\,\Delta T = \frac{\partial T}{\partial t}. \qquad (IV, 1)$$

Wir fragen nun, wie sich diese Gleichung ändert, wenn an Stelle des körperfesten Koordinatensystems ein relativ zu ihm translatorisch bewegtes Bezugssystem eingeführt wird.

Die in einem Punkt dieses bewegten Systems im Zeitintervall dt beobachtete Temperaturänderung $\frac{\partial T}{\partial t}\,dt$ setzt sich aus zwei Anteilen zusammen, von denen der erste davon herrührt, daß sich die Temperatur schon bei festgehaltenem Ort als Funktion der Zeit ändert (im instationären Feld), während der zweite dadurch entsteht, daß der Beobachter hier in einem bewegten System sitzt und im Zeitintervall dt den Weg $d\mathfrak{s} = \mathfrak{v}\,dt$ zurückgelegt hat, somit an eine Stelle mit anderer Temperatur gelangt ist. Dieser zweite Anteil ist also gleich $d\mathfrak{s} \cdot \nabla T = \mathfrak{v} \cdot \nabla T\,dt$, wo $\mathfrak{v}$ den Geschwindigkeitsvektor des bewegten Koordinatensystems relativ zum Körper und ∇T den örtlichen Temperaturgradienten bedeuten.

Maßgebend für die Wärmebilanz des Körperelementes, wie sie bei der Herleitung der Wärmeleitungsgleichung aufgestellt werden muß, ist nur der erste Anteil. Der zweite muß daher vom beobachteten Wert abgezogen werden. In einem mit der Geschwindigkeit $\mathfrak{v}$ translatorisch bewegten Bezugssystem nimmt somit die Wärmeleitungsgleichung (IV, 1) die Form an

$$a\,\Delta T = \frac{\partial T}{\partial t} - \mathfrak{v} \cdot \nabla T. \qquad (IV, 2)$$

Die Gleichung bleibt auch noch richtig, wenn das Koordinatensystem nicht nur eine Translations-, sondern auch eine Drehbewegung mit dem Winkelgeschwindigkeitsvektor $\bar{\omega}$ ausführt. $\mathfrak{v}$ bedeutet dann die Geschwindigkeit des betrachteten Systempunktes, die nach einer bekannten Formel der Kinematik gleich ist

$$\mathfrak{v} = \mathfrak{v}_0 + \bar{\omega} \times \mathfrak{r} \qquad (IV, 3)$$

---

[1] Die Verformungen durch Temperatur und Spannungen bleiben im Sinne der linearisierten Elastizitätstheorie außer Betracht.

Hierin ist $\mathfrak{v}_0$ die Momentangeschwindigkeit des Koordinatenursprunges und $\mathfrak{r}$ der Ortsvektor des Punktes im bewegten System.

Eine Temperaturverteilung, für die im körperfesten System $\partial T/\partial t \equiv 0$ ist, die also von der Zeit nicht abhängt, wird *stationär* genannt. Sinngemäß nennt man eine Temperaturverteilung *quasistationär* in bezug auf ein bewegtes System, wenn sie, von diesem System aus beobachtet, zeitunabhängig erscheint[1]. Es verschwindet dann $\partial T/\partial t$ in Gl. (IV, 2) und die Geschwindigkeit hängt (gleichfalls vom bewegten System aus betrachtet) nicht von t ab.

Da bei der quasistatischen Behandlung des Wärmespannungsproblems dynamische Wirkungen außer acht bleiben, sind die bezüglichen elastizitätstheoretischen Gleichungen unabhängig vom Bewegungszustand des Bezugssystems und können somit unverändert auch in den hier benützten, relativ zum Körper bewegten Koordinatensystemen angewandt werden.

2. Bewegte Punktquelle an der Oberfläche des Halbraumes. Entlang der Oberfläche $z = 0$ des elastischen Halbraumes $z \geqslant 0$ bewege sich geradlinig und gleichförmig eine Punktquelle konstanter Ergiebigkeit S. Die Oberfläche sei vollkommen wärmeisoliert.

Der Vorgang kann als einfaches Modell für das Ziehen einer Schweißnaht dienen, wenn von Fließvorgängen abgesehen wird. Nach dem Abkühlen verbleibende Restspannungen lassen sich damit allerdings nicht ermitteln.

Wir lassen den Ursprung unseres bewegten Koordinatensystems mit der Punktquelle und die x-Achse mit deren Bahn zusammenfallen. Wenn wir annehmen, daß der Vorgang bereits sehr lange andauert, d. h. daß die Punktquelle aus $x = -\infty$ kommt, dann erscheinen Temperatur- und Spannungsfeld für einen mit der Punktquelle mitfahrenden Beobachter stationär, es liegt also ein quasistationärer Vorgang vor. Ist v die konstante Geschwindigkeit der Quelle, so lautet die Wärmeleitungsgleichung gemäß Gl. (IV, 2) mit $\omega = \dfrac{v}{2a}$

$$\Delta T + 2\omega \frac{\partial T}{\partial x} = 0. \qquad \text{(IV, 4)}$$

Eine Lösung dieser Gleichung ist gegeben durch[2]

$$T = \frac{S}{4\pi\lambda} \frac{1}{R} e^{-\omega(x+R)}, \qquad \text{(IV, 5)}$$

---

[1] D. ROSENTHAL: The theory of moving sources of heat and its application to metal treatments. Trans. A. S. M. E. **68**, 849 (1946). In dieser Arbeit findet sich eine spezielle Form der Gl. (IV, 2).

[2] CARSLAW-JAEGER, S. 224. Ein Lösungsansatz, der häufig zum Ziel führt, ist $T = e^{-\omega x} U(x, y, z)$. Nach Einsetzen ergibt sich dann für U die Differentialgleichung $\Delta U - \omega^2 U = 0$.

wobei $R = \sqrt{x^2 + y^2 + z^2}$. Sie entspricht der oben erwähnten Punktquelle und erfüllt auch die vorgeschriebene Randbedingung, wie aus

$$\frac{\partial T}{\partial z} = \frac{-S}{4\pi\lambda} \frac{z}{R^3} (1 + \omega R) e^{-\omega(x+R)} \qquad (IV, 6)$$

folgt, das in $z = 0$ überall mit Ausnahme des Ursprunges verschwindet.

Für das thermoelastische Verschiebungspotential gilt Gl. (I, 46):

$$\Delta \Phi = \frac{1+\mu}{1-\mu} \alpha T. \qquad (IV, 7)$$

Differenziert man nach x und setzt $\partial T/\partial x$ aus Gl. (IV, 4) ein, so folgt

$$\Delta \left(\frac{\partial \Phi}{\partial x} \right) = - \frac{1+\mu}{1-\mu} \frac{\alpha}{2\omega} \Delta T$$

und nach Integration

$$\Phi = - \frac{1+\mu}{1-\mu} \frac{\alpha}{2\omega} \int T \, dx + \Phi_0 \qquad (IV, 8)$$

mit Φ_0 als beliebiger Potentialfunktion. Man verifiziert dieses Resultat direkt durch Substitution in Gl. (IV, 7).

Setzt man T nach Gl. (IV, 5) ein, so ergibt sich mit passend gewähltem Φ_0

$$\Phi = -\frac{K}{2G} \int \frac{1}{R} e^{-\omega(x+R)} dx + \Phi_0 = \frac{-K}{2G} Ei[-\omega(x+R)], \qquad (IV, 9)$$

wo

$$K = \frac{1+\mu}{1-\mu} \frac{\alpha S G}{4\pi\lambda\omega}. \qquad (IV, 10)$$

Mittels der Gl. (I, 31) folgen dann die entsprechenden Spannungen zu

$$\left.\begin{aligned}
\bar{\sigma}_{xx} &= \frac{K}{R^2} \left(\frac{x}{R} + \omega(x-R) \right) e^{-\omega(x+R)}, \\
\bar{\sigma}_{yy} &= \frac{-K}{R^2} \left[\frac{R}{x+R} - y^2 \frac{x+2R}{R(x+R)^2} + \omega \left(2R - \frac{y^2}{x+R} \right) \right] e^{-\omega(x+R)}, \\
\bar{\sigma}_{zz} &= \frac{-K}{R^2} \left[\frac{R}{x+R} - z^2 \frac{x+2R}{R(x+R)^2} + \omega \left(2R - \frac{z^2}{x+R} \right) \right] e^{-\omega(x+R)}, \\
\bar{\sigma}_{xy} &= \frac{K}{R^3} y (1 + \omega R) e^{-\omega(x+R)}, \\
\bar{\sigma}_{yz} &= \frac{K}{R^3} \frac{zy}{R+x} \left(1 + \frac{R}{x+R} + \omega R \right) e^{-\omega(x+R)}, \\
\bar{\sigma}_{zx} &= \frac{K}{R^3} z (1 + \omega R) e^{-\omega(x+R)}.
\end{aligned}\right\} \qquad (IV, 11)$$

Die an der lastfreien Oberfläche vorgeschriebenen Randbedingungen lauten:

$$\sigma_{zz} = 0, \quad \sigma_{zx} = 0, \quad \sigma_{zy} = 0, \quad \text{in } z = 0.$$

Das Spannungssystem Gl. (IV, 11) erfüllt die zweite und dritte dieser Bedingungen, die erste jedoch nicht. Wir haben also noch einen weiteren Spannungszustand $\bar{\bar{\sigma}}_{ij}$ zu überlagern, der erhalten wird, wenn wir auf der Oberfläche des die Temperatur $T = 0$ aufweisenden Halbraumes eine Normalbelastung

$$p = -\bar{\sigma}_{zz}\big|_{z=0} = \frac{K}{r}\left(\frac{1}{x+r} + 2\omega\right) e^{-\omega(x+r)}, \quad r = \sqrt{x^2 + y^2} \quad \text{(IV, 12)}$$

aufbringen. Es ist dies eines der klassischen Probleme der Elastizitätstheorie, zu dessen Lösung verschiedene Wege beschritten wurden[1]. Am einfachsten geht man von der Lösung von BOUSSINESQ für eine Einzelkraft vom Betrage 1 aus, die an der Stelle $\xi, \eta, 0$ der Oberfläche des Halbraumes angreift. Diese Lösung multipliziert man mit $p\, d\xi\, d\eta$ und integriert über die Gesamtoberfläche O, also über ξ und η von $-\infty$ bis $+\infty$. Man erhält so

$$\left.\begin{aligned}
\bar{\bar{\sigma}}_{zz} &= \frac{3K}{2\pi} z^3 \iint_O \frac{q}{R^5}\, d\xi\, d\eta, \\
\bar{\bar{\sigma}}_{xx} &= \frac{3K}{2\pi} \iint_O \frac{q}{R^3}\left[\frac{z(x-\xi)^2}{R^2} - \frac{1-2\mu}{3}\left(\frac{R^2 + Rz - z^2}{R - z} - \frac{(x-\xi)^2(2R-z)}{(R-z)^2}\right)\right] d\xi\, d\eta, \\
\bar{\bar{\sigma}}_{yy} &= \frac{3K}{2\pi} \iint_O \frac{q}{R^3}\left[\frac{z(y-\eta)^2}{R^2} - \frac{1-2\mu}{3}\left(\frac{R^2 + Rz - z^2}{R - z} - \frac{(y-\eta)^2(2R-z)}{(R-z)^2}\right)\right] d\xi\, d\eta, \\
\bar{\bar{\sigma}}_{xy} &= \frac{3K}{2\pi} \iint_O \frac{(x-\xi)(y-\eta)q}{R^3}\left(\frac{z}{R^2} + \frac{1-2\mu}{3}\frac{2R-z}{(R-z)^2}\right) d\xi\, d\eta, \\
\bar{\bar{\sigma}}_{yz} &= \frac{3K}{2\pi} z^2 \iint_O \frac{(y-\eta)q}{R^5}\, d\xi\, d\eta, \quad \bar{\bar{\sigma}}_{zx} = \frac{3K}{2\pi} z^2 \iint_O \frac{(x-\xi)q}{R^5}\, d\xi\, d\eta.
\end{aligned}\right\} \quad \text{(IV, 13)}$$

Hierin ist

$$\left.\begin{aligned}
q &= \frac{1}{r}\left(\frac{1}{x-\xi+r} + 2\omega\right) e^{-\omega(x-\xi+r)}, \\
r &= \sqrt{(x-\xi)^2 + (y-\eta)^2}, \quad R = \sqrt{r^2 + z^2}.
\end{aligned}\right\} \quad \text{(IV, 14)}$$

An der Oberfläche $z = 0$ sind die Ausdrücke Gl. (IV, 13) als Grenzwerte für $z \to 0 +$ zu verstehen. Im übrigen ist die Auswertung der Integrale außerordentlich mühsam, da sie nicht in geschlossener Form darstellbar sind.

Der Fall, daß sich die Punktquelle an der Oberfläche eines elastischen Halbraumes bewegt, wobei diese Oberfläche auf der Temperatur $T = 0$ gehalten wird, wurde von NOWACKI[2] behandelt. Genau so wie in Ziff. II, 4 ersetzt man hierbei die Punktquelle durch einen Dipol, d. h. man hat

---

[1] Siehe z. B. E. TREFFTZ: Mathematische Elastizitätstheorie. Handb. d. Physik, Bd. VI. S. 97 ff. Berlin: 1928.

[2] NOWACKI (6).

an Stelle der Temperaturverteilung Gl. (IV, 5) die mit einem Minuszeichen versehene Verteilung nach Gl. (IV, 6), nämlich

$$T = \frac{S}{4\pi\lambda}\frac{z}{R^3}(1+\omega R)e^{-\omega(x+R)} \qquad (IV, 15)$$

zu verwenden. Das zugehörige Verschiebungspotential ergibt sich dann sofort aus Φ nach Gl. (IV, 9) durch Differentiation nach $-z$. An der Oberfläche $z = 0$ verbleiben Schubspannungen, die in ähnlicher Weise wie oben die Normalspannungen mittels der entsprechenden BOUSSINESQschen Lösungen weggeschafft werden können[1].

Durch Integration über y erhält man einen ebenen Verzerrungszustand mit einer wandernden Linienquelle.

3. Bewegte Punktquelle an der Oberfläche einer dünnen Scheibe[2].

Eine Punktquelle[3] konstanter Ergiebigkeit S bewegt sich gleichförmig geradlinig mit der Geschwindigkeit v in einer unendlich ausgedehnten Scheibe, parallel zur Scheibenoberfläche, ein Vorgang, wie er in erster Annäherung beim Ziehen einer Schweißnaht auftritt.

Wir legen die x, y-Achsen eines kartesischen Koordinatensystems in die Mittelebene der Scheibe und nehmen alle Größen als von z unabhängig sowie $\sigma_{zz} \equiv 0$ an[4], setzen also einen ebenen Spannungszustand voraus. Den Ursprung verbinden wir fest mit der Wärmequelle und die x-Achse lassen wir in die Bewegungsrichtung fallen. Wenn wir noch annehmen, daß der Vorgang schon hinreichend lange andauert, d. h. daß sich die bereits gezogene Schweißnaht bis $x = -\infty$ erstreckt, so haben wir einen quasistationären Vorgang vor uns und es gilt wieder die Wärmeleitungsgleichung (IV, 4) mit $\Delta = \partial^2/\partial x^2 + \partial^2/\partial y^2$. Hierbei ist der Wärmeverlust an den Scheibenoberflächen vernachlässigt. Wird er mit berücksichtigt, so ist Gl. (IV, 4) wegen Gl. (I, 49) zu ersetzen durch

$$\Delta T - m^2 T + 2\omega \frac{\partial T}{\partial x} = 0. \qquad (IV, 16)$$

Mit dem Ansatz $T = e^{-\omega x} U(r)$ findet man als Lösung dieser Gleichung[5]

$$T = \frac{S}{2\pi\lambda h} e^{-\omega x} K_0(\beta r) \qquad (IV, 17)$$

mit
$$\beta = \sqrt{\omega^2 + m^2}, \qquad r = \sqrt{x^2 + y^2}.$$

Beim ebenen Spannungszustand gilt für das thermoelastische Verschiebungspotential die Gl. (I, 35) mit $\varrho = 0$

$$\Delta \Psi = (1+\mu)\alpha T. \qquad (IV, 18)$$

---

[1] NOWACKI (6) benützt statt dessen eine Darstellung durch FOURIERsche Doppelintegrale.
[2] MELAN (1).
[3] Genauer ausgedrückt, handelt es sich um eine Linienquelle von der Länge h, wenn h die Scheibendicke bedeutet.
[4] Oder wir rechnen mit Mittelwerten über z.
[5] CARSLAW-JAEGER, S. 224.

Bewegte Punktquelle an der Oberfläche einer dünnen Scheibe.

Differenziert man nach x und setzt $\partial T/\partial x$ aus Gl. (IV, 16) ein, so folgt

$$\Delta \frac{\partial \Psi}{\partial x} = \frac{1+\mu}{2\omega} \alpha (m^2 T - \Delta T)$$

oder mit Gl. (IV, 18)

$$\Delta \left(\frac{\partial \Psi}{\partial x} - \frac{m^2}{2\omega} \Psi + \frac{1+\mu}{2\omega} \alpha T \right) = 0.$$

Integration liefert

$$\Psi = -(1+\mu) \frac{\alpha}{2\omega} \left(e^{\gamma x} \int_{\xi=x}^{\infty} e^{-\gamma \xi} T(\xi, y, z, t) \, d\xi + \Psi_0 \right), \quad \text{(IV, 19)}$$

wobei

$$\gamma = \frac{m^2}{2\omega} \quad \text{(IV, 20)}$$

und Ψ_0 eine beliebige Potentialfunktion ist. Die Richtigkeit der Lösung überprüft man durch direktes Einsetzen in Gl. (IV, 18) mittels partieller Integration und unter Beachtung von Gl. (IV, 16).

Mit Hilfe der Beziehungen (I, 36) erhält man für die Spannungen

$$\left. \begin{aligned} \sigma_{xx} &= -\frac{E \alpha}{2\omega} \left((2\omega+\gamma) T + \frac{\partial T}{\partial x} + \gamma^2 e^{\gamma x} \int_{\xi=x}^{\infty} e^{-\gamma \xi} T \, d\xi - \frac{\partial^2 \Psi_0}{\partial y^2} \right), \\ \sigma_{yy} &= +\frac{E \alpha}{2\omega} \left(\gamma T + \frac{\partial T}{\partial x} + \gamma^2 e^{\gamma x} \int_{\xi=x}^{\infty} e^{-\gamma \xi} T \, d\xi - \frac{\partial^2 \Psi_0}{\partial x^2} \right), \\ \sigma_{xy} &= -\frac{E \alpha}{2\omega} \left(\frac{\partial T}{\partial y} + \gamma e^{\gamma x} \int_{\xi=x}^{\infty} e^{-\gamma \xi} \frac{\partial T}{\partial y} \, d\xi + \frac{\partial^2 \Psi_0}{\partial x \partial y} \right). \end{aligned} \right\} \quad \text{(IV, 21)}$$

Eine wesentliche Vereinfachung dieser Ausdrücke tritt ein, wenn der Wärmeübergang an den Scheibenoberflächen vernachlässigt, also $m = 0$ und damit $\gamma = 0$ gesetzt wird. Man hat dann nach Einsetzen von T aus Gl. (IV, 17) mit $\beta = \omega$ und mit der Abkürzung

$$N = \frac{E \alpha S}{4 \pi \lambda h} \quad \text{(IV, 22)}$$

für die Spannungen

$$\left. \begin{aligned} \sigma_{xx} &= -N e^{-\omega x} \left(K_0(\omega r) - \frac{x}{r} K_1(\omega r) \right), \\ \sigma_{yy} &= -N e^{-\omega x} \left(K_0(\omega r) + \frac{x}{r} K_1(\omega r) \right), \\ \sigma_{xy} &= +N e^{-\omega x} \frac{y}{r} K_1(\omega r). \end{aligned} \right\} \quad \text{(IV, 23)}$$

Hierbei wurde $\Psi_0 \equiv 0$ gesetzt, da damit die Randbedingung, daß die Scheibe im Unendlichen spannungsfrei sein soll, erfüllt ist. Dies folgt aus den asymptotischen Beziehungen

$$K_0(z) \sim K_1(z) \sim \sqrt{\frac{\pi}{2z}} \, e^{-z}.$$

Für die Hauptspannungen σ_1 und σ_2 erhält man

$$\sigma_{1,2} = \frac{1}{2}\left(\sigma_{xx} + \sigma_{yy} \pm \sqrt{(\sigma_{xx} - \sigma_{yy})^2 + 4\sigma_{xy}^2}\right) =$$
$$= -N e^{-\omega x}[K_0(\omega r) \pm K_1(\omega r)].$$

Die Richtung der Hauptspannungen ist gegeben durch

$$\tan 2\nu = \frac{2\sigma_{xy}}{\sigma_{xx} - \sigma_{yy}} = \frac{y}{x}.$$

In der nachstehenden Tabelle 3 sind einige bezügliche Zahlenwerte für $N = 1$ angegeben.

Tabelle 3.

	y/x	ωr	0,1	0,5	1,0	1,5	2,0
	0,0000	$\sigma_1 =$	4,275	0,2826	0,0424	0,0090	0,0022
		$\sigma_2 =$	—7,071	—0,9965	—0,2396	—0,0698	—0,0219
	0,3287	$\sigma_1 =$	4,297	0,2898	0,0446	0,0112	0,0025
		$\sigma_2 =$	—7,107	—1,0220	—0,2518	—0,0862	—0,0242
	0,7500	$\sigma_1 =$	4,362	0,3124	0,0518	0,0122	0,0033
$x > 0$		$\sigma_2 =$	—7,214	—1,1010	—0,2926	—0,0942	—0,0326
	1,3333	$\sigma_1 =$	4,451	0,3452	0,0632	0,0165	0,0050
		$\sigma_2 =$	—7,363	—1,2171	—0,3574	—0,1271	—0,0487
	2,2913	$\sigma_1 =$	4,540	0,3815	0,0772	0,0222	0,0074
		$\sigma_2 =$	—7,509	—1,3451	—0,4365	—0,1716	—0,0726
	4,8990	$\sigma_1 =$	4,631	0,4216	0,0943	0,0300	0,0111
		$\sigma_2 =$	—7,660	—1,4866	—0,5331	—0,2316	—0,1083
$x = 0$		$\sigma_1 =$	4,725	0,4660	0,1152	0,0405	0,0165
		$\sigma_2 =$	—7,815	—1,6430	—0,6521	—0,3127	—0,1616
	—4,8990	$\sigma_1 =$	4,820	0,5150	0,1407	0,0547	0,0247
		$\sigma_2 =$	—7,973	—1,8158	—0,7954	—0,4221	—0,2410
	—2,2913	$\sigma_1 =$	4,918	0,5692	0,1719	0,0738	0,0368
		$\sigma_2 =$	—8,134	—2,0068	—0,9715	—0,5698	—0,3595
	—1,3333	$\sigma_1 =$	5,012	0,6291	0,2099	0,0996	0,0549
$x < 0$		$\sigma_2 =$	—8,298	—2,2179	—1,1866	—0,7691	—0,5363
	—0,7500	$\sigma_1 =$	5,119	0,6952	0,2564	0,1345	0,0819
		$\sigma_2 =$	—8,466	—2,4510	—1,4492	—1,0382	—0,8002
	—0,3287	$\sigma_1 =$	5,196	0,7493	0,2979	0,1483	0,1105
		$\sigma_2 =$	—8,594	—2,6419	—1,6838	—1,1452	—1,0801
	0,0000	$\sigma_1 =$	5,222	0,7698	0,3131	0,1815	0,1221
		$\sigma_2 =$	—8,637	—2,7088	—1,7702	—1,4016	—1,1937

4. Rotierendes Temperaturfeld[1]. Der Läufer einer Gasturbine ist der Einwirkung heißer Gase ausgesetzt. Die in ihm herrschende Temperatur

---
[1] MELAN (3).

wird dann im allgemeinen — wenn wir von der Veränderlichkeit über die Scheibendicke absehen — von der Radialkoordinate r, der Umfangskoordinate φ und der Zeit t abhängen. Wenn wir voraussetzen, daß die Turbine bereits hinreichend lange unter konstanten Betriebsbedingungen läuft, so wird sich ein Zustand eingestellt haben, bei dem die Temperatur in einem bestimmten Scheibenpunkt periodisch verläuft, nämlich nach jeder vollen Umdrehung denselben Wert annimmt. Beziehen wir uns nun auf ein im Raum stillstehendes, also gegenüber dem Läufer rotierendes Koordinatensystem, so haben wir von diesem aus gesehen einen quasistationären Temperaturzustand vorliegen.

Ist ω die konstante Winkelgeschwindigkeit des Läufers, so ist ωr die Geschwindigkeit eines beliebigen Punktes in Umfangsrichtung. Mit $\frac{1}{r}\frac{\partial T}{\partial \varphi}$ als dem Temperaturgradienten in dieser Richtung lautet dann die Wärmeleitungsgleichung (IV, 2) bei wärmeisolierten Scheibenoberflächen

$$\Delta T + \frac{\omega}{a}\frac{\partial T}{\partial \varphi} = 0. \qquad (IV, 24)$$

Wir versuchen, eine Lösung dieser Gleichung in Form eines Produktes

$$T(r, \varphi) = R(r)\,\Phi(\varphi)$$

anzusetzen, wobei $\Phi(\varphi)$ eine periodische Funktion sein muß. Wir denken sie in eine FOURIER-Reihe entwickelt und greifen das allgemeine Glied heraus:

$$T(r, \varphi) = R_1(r)\cos n\varphi + R_2(r)\sin n\varphi.$$

Nach Einsetzen in Gl. (IV, 24) und Trennung in die mit $\cos n\varphi$ bzw. $\sin n\varphi$ behafteten Anteile folgt[1]

$$R_1'' + \frac{1}{r} R_1' - \frac{n^2}{r^2} R_1 + \frac{n\omega}{a} R_2 = 0,$$

$$R_2'' + \frac{1}{r} R_2' - \frac{n^2}{r^2} R_2 - \frac{n\omega}{a} R_1 = 0.$$

R_1 und R_2 sind also Zylinderfunktionen mit komplexem Argument $r\sqrt{\frac{i n\omega}{a}}$. Da die Lösung für $r = 0$ beschränkt bleiben muß, kommen nur die Funktionen J_n oder I_n in Betracht. Wir wählen J_n und haben dann nach Zerlegung in Real- und Imaginärteil

$$\left.\begin{array}{l} R_1(r) = J_n(\lambda r) = P_n(\lambda r) + i\, Q_n(\lambda r), \\ R_2(r) = i\, J_n(\lambda r) = -Q_n(\lambda r) + i\, P_n(\lambda r) \end{array}\right\} \qquad (IV, 25)$$

mit der Abkürzung

$$\lambda = \sqrt{\frac{i n\omega}{a}}. \qquad (IV, 26)$$

---

[1] Striche bedeuten Ableitung nach r.

Da die Differentialgleichung reelle Koeffizienten besitzt, müssen sowohl Real- wie Imaginärteil für sich Lösungen sein. Nach Multiplikation mit zunächst noch beliebigen Konstanten erhalten wir also

$$T(r, \varphi) = C_1 \left[P_n(\lambda r) \cos n\varphi - Q_n(\lambda r) \sin n\varphi \right] +$$
$$+ C_2 \left[Q_n(\lambda r) \cos n\varphi + P_n(\lambda r) \sin n\varphi \right]. \quad \text{(IV, 27)}$$

In der Wärmeleitungsgleichung (IV, 24) ist der Wärmeübergang an den Scheibenoberflächen vernachlässigt. Die Scheibentemperatur ist dann ausschließlich durch die Randtemperatur am Schaufelkranz $r = b$ bestimmt, wo die Anblasung durch die Gase erfolgt. Es sei

$$T = T_0 \cos n\varphi \quad \text{in } r = b \quad \text{(IV, 28)}$$

vorgegeben. In Gl. (IV, 27) eingesetzt, liefert dies

$$C_1 = T_0 \frac{P_n(\lambda b)}{P_n^2(\lambda b) + Q_n^2(\lambda b)}, \quad C_2 = T_0 \frac{Q_n(\lambda b)}{P_n^2(\lambda b) + Q_n^2(\lambda b)}. \quad \text{(IV, 29)}$$

Damit wird schließlich die Lösung

$$T(r, \varphi) = A(n, \varphi) P_n(\lambda r) + B(n, \varphi) Q_n(\lambda r), \quad \text{(IV, 30)}$$

wobei

$$\left. \begin{array}{l} A(n, \varphi) = C_1 \cos n\varphi + C_2 \sin n\varphi, \\ B(n, \varphi) = -C_1 \sin n\varphi + C_2 \cos n\varphi. \end{array} \right\} \quad \text{(IV, 31)}$$

Wir notieren noch, daß

$$\frac{\partial A}{\partial \varphi} = n B, \quad \frac{\partial B}{\partial \varphi} = -n A.$$

Wir setzen voraus, daß der Spannungszustand in der Turbinenscheibe mit hinreichender Genauigkeit als eben angesehen werden kann. Für das thermoelastische Verschiebungspotential erhält man dann auf ähnliche Weise wie in der vorangehenden Ziffer

$$\Psi = -(1 + \mu) \frac{\varkappa a}{\omega} \int T \, d\varphi + \Psi_0$$

und nach Einsetzen von T nach Gl. (IV, 30) und Streichung von Ψ_0

$$\Psi = (1 + \mu) \frac{\varkappa a}{n \omega} \left[B(n, \varphi) P_n(\lambda r) - A(n, \varphi) Q_n(\lambda r) \right], \quad \text{(IV, 32)}$$

Die zugehörigen Spannungen sind nach den Gln. (I, 37)

$$\left. \begin{array}{l} \bar{\sigma}_{rr} = -\dfrac{N}{n} \left[B \left(\dfrac{P_n'}{r} - \dfrac{n^2}{r^2} P_n \right) - A \left(\dfrac{Q_n'}{r} - \dfrac{n^2}{r^2} Q_n \right) \right], \\[1em] \bar{\sigma}_{\varphi\varphi} = -\dfrac{N}{n} \left(B P_n'' - A Q_n'' \right), \\[1em] \bar{\sigma}_{r\varphi} = -N \left[A \left(\dfrac{P_n'}{r} - \dfrac{P_n}{r^2} \right) + B \left(\dfrac{Q_n'}{r} - \dfrac{Q_n}{r^2} \right) \right], \end{array} \right\} \quad \text{(IV, 33)}$$

wobei

$$N = 2(1 + \mu) G \frac{\varkappa a}{\omega}. \quad \text{(IV, 34)}$$

Da wir hier nur die durch die Temperatur hervorgerufenen Spannungen betrachten[1], haben wir als Randbedingungen

$$\sigma_{rr} = 0, \quad \sigma_{r\varphi} = 0, \quad \text{in } r = b \qquad (IV, 35)$$

vorzuschreiben. Der Spannungszustand (IV, 33) erfüllt diese Bedingungen nicht. Es ist also noch ein zweites Spannungssystem zu überlagern, das wir uns wie üblich mittels der AIRYschen Spannungsfunktion beschaffen. Wir setzen diese aus Bipotentialfunktionen der Form $r^n \cos n\varphi$, $r^{n+2} \cos n\varphi$ und $r^n \sin n\varphi$, $r^{n+2} \sin n\varphi$ zusammen:

$$F = \frac{N}{n}\left[\frac{A}{b^n}\left(c_1\frac{b^2 r^n}{n-1} + c_2\frac{r^{n+2}}{n+1}\right) + \frac{B}{b^n}\left(d_1\frac{b^2 r^n}{n-1} + d_2\frac{r^{n+2}}{n+1}\right)\right].$$

Die Konstanten $c_1, \ldots, d_2$ sind vorläufig noch frei wählbar. Für die entsprechenden Spannungen[2] erhalten wir

$$\begin{aligned}
\bar{\bar{\sigma}}_{rr} &= \Delta F - \frac{\partial^2 F}{\partial r^2} = \frac{-N}{n\,b^n}\{A[c_1 n b^2 + c_2(n-2)r^2] + \\
&\quad + B[d_1 n b^2 + d_2(n-2)r^2]\}r^{n-2}, \\
\bar{\bar{\sigma}}_{r\varphi} &= -\frac{\partial}{\partial r}\left(\frac{1}{r}\frac{\partial F}{\partial \varphi}\right) = \frac{N}{b^n}\{A[d_1 b^2 + d_2 r^2] - \\
&\quad - B[c_1 b^2 + c_2 r^2]\}r^{n-2}, \\
\bar{\bar{\sigma}}_{\varphi\varphi} &= \frac{\partial^2 F}{\partial r^2} = \frac{N}{n\,b^n}\{A[c_1 n b^2 + c_2(n+2)r^2] + \\
&\quad + B[d_1 n b^2 + d_2(n+2)r^2]\}r^{n-2}.
\end{aligned} \qquad (IV, 36)$$

Aus den Randbedingungen (IV, 35) folgen mit $\sigma_{ij} = \bar{\sigma}_{ij} + \bar{\bar{\sigma}}_{ij}$ nach Aufspaltung in die mit $A(n,\varphi)$ bzw. $B(n\varphi)$ behafteten Anteile die nachstehenden vier Gleichungen für die vier Konstanten $c_1, \ldots, d_2$:

$$n c_1 + (n-2) c_2 = -\frac{Q'_n(\lambda b)}{b} - \frac{n^2}{b^2} Q_n(\lambda b),$$

$$n d_1 + (n-2) d_2 = -\frac{P'_n(\lambda b)}{b} + \frac{n^2}{b^2} P_n(\lambda b),$$

$$c_1 + c_2 = -\frac{Q'_n(\lambda b)}{b} + \frac{Q_n(\lambda b)}{b^2},$$

$$d_1 - d_2 = \frac{P'_n(\lambda b)}{b} - \frac{P_n(\lambda b)}{b^2}.$$

---

[1] Es treten natürlich noch Spannungen durch die Läuferrotation, durch die Schaufelkräfte usw. auf, die den Wärmespannungen zu überlagern sind.
[2] Siehe MELAN-PARKUS, S. 30.

Bewegte Wärmequellen. Rotierendes Temperaturfeld.

Die Lösungen dieser Gleichungen sind

$$\left.\begin{aligned} c_1 &= \tfrac{n-1}{2b}\left(Q'_n(\lambda b) - \tfrac{n+2}{b} Q_n(\lambda b)\right), \\ c_2 &= -\tfrac{n+1}{2b}\left(Q'_n(\lambda b) - \tfrac{n}{b} Q_n(\lambda b)\right), \\ d_1 &= -\tfrac{n-1}{2b}\left(P'_n(\lambda b) - \tfrac{n+2}{b} P_n(\lambda b)\right), \\ d_2 &= \tfrac{n+1}{2b}\left(P'_n(\lambda b) - \tfrac{n}{b} P_n(\lambda b)\right). \end{aligned}\right\} \quad (IV, 37)$$

Damit ist die gestellte Aufgabe gelöst. Für die numerische Auswertung beachte man, daß das Argument $|\lambda r|$ in der Nähe des Randes $r = b$ für die praktisch vorkommenden Verhältnisse (sehr hohe Drehzahlen!) sehr groß wird. Die Potenzreihenentwicklung von $J_n(\lambda r)$ wird dann unbrauchbar und man wird die nachstehende asymptotische Entwicklung zur Berechnung heranziehen:

$$\begin{aligned} J_n(z) = \sqrt{\tfrac{2}{\pi z}} \Big\{ &\cos\left(z - \tfrac{n\pi}{2} - \tfrac{\pi}{4}\right)\left(1 - \tfrac{(4n^2-1)(4n^2-3^2)}{2!\,(8z)^2} + \right. \\ &\left. + \tfrac{(4n^2-1)(4n^2-3^2)(4n^2-5^2)(4n^2-7^2)}{4!\,(8z)^4} - \cdots\right) - \\ -\sin\left(z - \tfrac{n\pi}{2} - \tfrac{\pi}{4}\right)&\left(\tfrac{4n^2-1}{1!\,(8z)} - \tfrac{(4n^2-1)(4n^2-3^2)(4n^2-5^2)}{3!\,(8z)^3} + \cdots\right)\Big\}. \end{aligned}$$

Hierbei ist $z = \lambda r = r\sqrt{\tfrac{i n \omega}{a}} = r\sqrt{\tfrac{n\omega}{2a}}\,(1+i)$.

Die Ableitungen von $P_n(\lambda r)$ und $Q_n(\lambda r)$ gewinnt man durch Differentiation der Gln. (IV, 25), z. B.:

$$J'_n(\lambda r) = \tfrac{n}{r} J_n(\lambda r) - \lambda J_{n+1}(\lambda r) = P'_n(\lambda r) + i Q'_n(\lambda r),$$

woraus durch Vergleich der Real- und Imaginärteile

$$P'_n = \tfrac{n}{r} P_n - \sqrt{\tfrac{n\omega}{2a}}\,(P_{n+1} - Q_{n+1}),$$

$$Q'_n = \tfrac{n}{r} Q_n - \sqrt{\tfrac{n\omega}{2a}}\,(P_{n+1} + Q_{n+1})$$

folgt. In gleicher Weise findet man für die zweiten Ableitungen

$$P''_n = \tfrac{n(n-1)}{r^2} P_n + \tfrac{\omega n}{a} Q_n + \sqrt{\tfrac{n\omega}{2a}}\,\tfrac{1}{r}(P_{n+1} - Q_{n+1}),$$

$$Q''_n = \tfrac{n(n-1)}{r^2} Q_n - \tfrac{\omega n}{a} P_n + \sqrt{\tfrac{n\omega}{2a}}\,\tfrac{1}{r}(P_{n+1} + Q_{n+1}).$$

Es sei noch darauf hingewiesen, daß über die Berechnung der Wärmespannungen in Gasturbinenläufern eine umfangreiche Literatur vorliegt[1].

---

[1] Man vergleiche die Arbeiten von HOLMS and FALDETTA, HORVAY, KOSTIUK, LEOPOLD, MALININ, MANSON, MILLENSON and MANSON, NORBURY, SINGH, STRUB, SUHARA, THOMPSON, WAHL.

Die Erweiterungen gegenüber der hier gegebenen, mathematisch strengen, aber physikalisch sehr vereinfachten Behandlung betreffen veränderliche Scheibendicke, beliebige Temperaturverteilung, Berücksichtigung der Abhängigkeit der Werkstoffeigenschaften von der Temperatur, Plastizität, Kriechen usw. Leider ist man dabei fast immer genötigt, auf rein numerische Lösungsverfahren zurückzugreifen.

V. Dynamische Einflüsse.

1. Allgemeines. In Kapitel I wurde darauf hingewiesen, daß die Ermittlung der Wärmespannungen bei zeitlich veränderlichen Temperaturfeldern grundsätzlich nicht mehr ein statisches, sondern ein dynamisches Problem darstellt, daß man aber in vielen Fällen den Einfluß der Beschleunigungen vernachlässigen und „quasistatisch" rechnen darf. Das haben wir denn auch in allen vorangehenden Abschnitten getan, sogar in Fällen plötzlich aufgezwungener Temperaturänderungen, sogenannter „Wärmeschocks". Wir wollen uns nun über die damit gemachten Fehler Rechenschaft geben.

Wenn wir die Beschleunigungen nicht mehr vernachlässigen, treten an die Stelle der in den Kap. II bis IV verwendeten Gleichgewichtsbedingungen die Bewegungsgleichungen (I, 1). Die dadurch bedingten Änderungen in den übrigen Gleichungen der Wärmespannungslehre haben wir in Kap. I bereits zusammengestellt. Wir haben uns also hier mit der Frage nach der Auffindung von Lösungen dieser Gleichungen zu beschäftigen. Wie im statischen Fall werden wir dabei im allgemeinen vom thermo-elastischen Verschiebungspotential ausgehen, das jetzt der Gl. (I, 30) genügt:

$$\Delta \Phi - \frac{1}{c^2} \frac{\partial^2 \Phi}{\partial t^2} = \frac{1+\mu}{1-\mu} \alpha T, \qquad (V, 1)$$

wobei

$$c = \sqrt{\frac{2(1-\mu)}{1-2\mu} \frac{G}{\varrho}}. \qquad (V, 2)$$

Die Größe c ist, wie man sich durch Vergleich mit den Formeln der Elastokinetik überzeugt, nichts anderes als die Geschwindigkeit, mit der sich Dilatationswellen im elastischen Medium fortpflanzen[1].

Gl. (V, 1) tritt in der Mechanik und Physik häufig auf. Sie wird *Wellengleichung* genannt. Von den verschiedenen Möglichkeiten zu ihrer Lösung seien hier zwei kurz besprochen: die LAPLACE-Transformation und das retardierte Potential.

Üben wir auf Gl. (V, 1) eine LAPLACE-*Transformation* aus und setzen voraus, daß sich der Körper zur Zeit $t = 0$ im „natürlichen" Zustand befinde, also sowohl Verschiebungen wie Geschwindigkeiten[2]

---
[1] Siehe etwa PFEIFFER: Elastokinetik. Handb. d. Physik. Bd. VI, S. 312. Berlin: 1928.
[2] Bezogen auf ein Inertialsystem.

Null seien[1], dann geht diese Gleichung wegen der Anfangswerte $\Phi = 0$, $\partial \Phi/\partial t = 0$ über in

$$\Delta \Phi^* - \frac{s^2}{c^2} \Phi^* = \frac{1+\mu}{1-\mu} \varkappa\, T^*. \qquad (V, 3)$$

Ein häufig angewandtes Verfahren zur Lösung dieser Gleichung ist die Methode der Entwicklung nach Eigenfunktionen[2]. Dazu muß für Φ^* *eine* Randbedingung vorgeschrieben werden, z. B. das Verschwinden der Normal- *oder* Schubspannung an einer freien Oberfläche. Damit berechnet man die Eigenwerte λ_i und die Eigenfunktionen U_i als Lösungen der Gleichung

$$\Delta U = \lambda^2\, U, \qquad (V, 4)$$

wobei U die gleichen Randbedingungen wie Φ^* zu erfüllen hat. Dann denkt man sich sowohl die unbekannte Funktion Φ^* wie die gegebene Funktion T^* nach diesen Eigenfunktionen entwickelt,

$$\Phi^* = \sum_i a_i\, U_i, \qquad \frac{1+\mu}{1-\mu} \varkappa\, T^* = \sum_i c_i\, U_i.$$

Einsetzen in (V, 3) liefert unter Beachtung von (V, 4) für die Koeffizienten a_i

$$a_i = \frac{c_i}{\lambda_i^2 - \dfrac{s^2}{c^2}}.$$

Dieses etwas umständliche Verfahren kann man häufig vermeiden, wenn man darauf verzichtet, der Funktion Φ^* eine bestimmte Randbedingung vorzuschreiben. Man darf dies ohne weiteres tun, weil ja Φ^* ohnedies nur eine Partikulärlösung der Elastizitätsgleichungen liefert. Dann genügt es aber, sich irgend eine Lösung der Gl. (V, 3) zu beschaffen, was im allgemeinen einfacher ist, als eine mit bestimmten Randbedingungen zu finden. Setzt man z. B.

$$\Phi^* = A\, T^*$$

und beachtet, daß im Falle verschwindender Anfangstemperatur T^* der Gl. (II, 24) genügt, so folgt nach Einsetzen in Gl. (V, 3)

$$A = \frac{1+\mu}{1-\mu} \frac{\varkappa\, c^2}{s\left(\dfrac{c^2}{a} - s\right)}.$$

Man hat also sofort die Lösung

$$\Phi^* = \frac{1+\mu}{1-\mu} \frac{\varkappa\, c^2}{s\left(\dfrac{c^2}{a} - s\right)}\, T^* + \Phi_0^*, \qquad (V, 5)$$

wo Φ_0^* eine beliebige Lösung der homogenen Gl. (V, 3) ist.

[1] Sind Anfangsverschiebungen und Spannungen vorhanden, so wird die daraus resultierende Bewegung getrennt behandelt und überlagert.

[2] COURANT-HILBERT: Methoden der mathematischen Physik, Bd. I, S. 257. Berlin: 1931.

Anschließend muß noch in den Originalraum rücktransformiert werden.
Unter dem *retardierten (Volums-) Potential* $V(x, y, z, t)$ versteht man die Funktion

$$V(x, y, z, t) = \frac{1}{4\pi} \iiint\limits_{R \leq ct} \frac{g(\xi, \eta, \zeta, t - R/c)}{R} d\xi \, d\eta \, d\zeta$$

mit $R = \sqrt{(x-\xi)^2 + (y-\eta)^2 + (z-\zeta)^2}$. Das Integral ist über das Körpervolumen zu erstrecken, das innerhalb der Kugel vom Radius $R = ct$ mit dem Mittelpunkt in x, y, z liegt.

Es läßt sich zeigen[1], daß diese Funktion der Differentialgleichung

$$\Delta V - \frac{1}{c^2} \frac{\partial^2 V}{\partial t^2} = -g(x, y, z, t)$$

und den Anfangsbedingungen $V = 0$ und $\partial V/\partial t = 0$ für $t = 0$ genügt. Sie ist genau so gebildet wie das NEWTONsche Potential einer räumlichen Massenbelegung, jedoch ist die Dichte nicht im betrachteten, sondern in einem um R/c zurückliegenden Zeitpunkt zu nehmen.

Auf Gl. (V, 1) angewandt, bedeutet dies, daß in der Funktion

$$\Phi(x, y, z, t) = -\frac{1+\mu}{1-\mu} \frac{\varkappa}{4\pi} \iiint\limits_{R \leq ct} \frac{T(\xi, \eta, \zeta, t - R/c)}{R} d\xi \, d\eta \, d\zeta \qquad (V, 6)$$

ein thermoelastisches Verschiebungspotential vorliegt, das dem zur Zeit $t = 0$ — in Ruhe befindlichen, spannungsfreien[2] Körper entspricht. Bestimmte Randbedingungen können hierbei allerdings nicht vorgeschrieben werden, doch ist dies, wie oben erwähnt, unwesentlich.

Der zum Potential Φ gehörige Spannungs- und Verschiebungszustand wird, wie im statischen Fall, im allgemeinen nicht sämtliche Randbedingungen des Problems erfüllen. Es ist dann noch ein zweiter Spannungszustand zu überlagern, der den homogenen („temperaturfreien") Gln. (I, 2)

$$\Delta u_i + \frac{1}{1-2\mu} \frac{\partial e}{\partial i} - \frac{\varrho}{G} \frac{\partial^2 u_i}{\partial t^2} = 0 \qquad (V, 7)$$

entspricht und so zu bestimmen ist, daß beide Lösungen zusammen die vorgeschriebenen Oberflächenbedingungen erfüllen. Die Beschaffung dieser zweiten Lösung ist schon im statischen Fall schwierig genug. Im dynamischen Fall ist sie bis jetzt nur bei wenigen, besonders einfach liegenden Problemen gelungen, denen wir uns jetzt zuwenden.

2. Wärmeschock an der Oberfläche des Halbraumes[3].
Der elastische Halbraum $z \geq 0$ befindet sich anfänglich ebenso wie das den Raum

---

[1] COURANT-HILBERT: Methoden der mathematischen Physik, Bd. II, S. 164. Berlin: 1937.
[2] Wenn $\Phi \equiv 0$ für $t = 0$, verschwinden natürlich sämtliche räumliche Ableitungen beliebiger Ordnung. Außerdem ist $T \equiv 0$ für $t = 0 -$.
[3] Das Problem wurde zuerst von DANILOVSKAYA (1) und (2) gelöst. Später behandelte MURA (1) und (4) die Aufgabe noch einmal, offensichtlich ohne Kenntnis der russischen Arbeiten.

$z < 0$ erfüllende umgebende Medium auf der Temperatur $T = 0$. Zur Zeit $t = 0$ wird die Temperatur des umgebenden Mediums auf den Wert θ gebracht und weiterhin auf diesem Wert gehalten.

Man bezeichnet solche sprunghafte Temperaturänderungen der Körperoberfläche oder deren unmittelbarer Umgebung als „Wärmeschock" (thermal shock). Man wird vermuten, daß in diesen Fällen die quasistatische Behandlung nicht mehr ausreicht und die Beschleunigung wesentlichen Einfluß erlangt.

Wir ermitteln zuerst das Temperaturfeld. Dazu haben wir die Gl. (I, 45) mit der Randbedingung

$$\frac{\partial T}{\partial z} = h\,(T - \theta) \qquad \text{in } z = 0 \qquad (V, 8)$$

zu lösen, wo h die relative Wärmeübergangszahl bedeutet. $h = 0$ entspricht der vollkommen wärmeisolierten Oberfläche, während für $h \to \infty$ die Oberfläche sofort die Temperatur θ annimmt. Anwendung der LAPLACE-Transformation auf Gl. (I, 45) und Gl. (V, 8) liefert mit $\Delta = \partial^2/\partial z^2$

$$\frac{d^2 T^*}{dz^2} - \frac{s}{a}\,T^* = 0, \qquad \frac{dT^*}{dz} - h\,T^* = -\frac{h}{s}\,\theta \qquad \text{in } z = 0. \qquad (V, 9)$$

Beachtet man, daß T und somit auch T^* für $z \to \infty$ beschränkt bleiben müssen, so kann die Lösung des Randwertproblems (V, 9) sofort hingeschrieben werden:

$$T^* = \frac{h\,\theta}{s\,(h + \sqrt{s/a})}\,e^{-z\sqrt{s/a}}. \qquad (V, 10)$$

Die Rücktransformation in den Originalraum gibt[1]

$$T/\theta = \text{erfc}\left(\frac{z}{2\sqrt{a\,t}}\right) - e^{h z + h^2 a t}\,\text{erfc}\left(\frac{z}{2\sqrt{a\,t}} + h\sqrt{a\,t}\right). \qquad (V, 11)$$

Im Sonderfall $h \to \infty$ geht dies über in

$$T = \theta\,\text{erfc}\left(\frac{z}{2\sqrt{a\,t}}\right). \qquad (V, 12)$$

Wir wollen annehmen, daß ein einachsiger Bewegungszustand vorliegt, daß also für die Verschiebungen $u = v = 0$, $w = w(z, t)$ gilt. Dann wird

$$\varepsilon_{xx} = \varepsilon_{yy} = 0, \qquad \varepsilon_{zz} = \frac{\partial w}{\partial z} = \frac{1}{1-\mu}\left[\frac{1-2\mu}{2G}\,\sigma_{zz} + (1+\mu)\,\alpha\,T\right], \qquad (V, 13)$$

während die dritte Bewegungsgleichung (I, 1) lautet

$$\frac{\partial \sigma_{zz}}{\partial z} = \varrho\,\frac{\partial^2 w}{\partial t^2}. \qquad (V, 14)$$

Differenziert man diese Gleichung nach z und setzt für $\partial w/\partial z$ aus Gl. (V, 13) ein, so erhält man

$$\frac{\partial^2 \sigma_{zz}}{\partial z^2} - \frac{1}{c^2}\,\frac{\partial^2 \sigma_{zz}}{\partial t^2} = \frac{1+\mu}{1-\mu}\,\varrho\,\alpha\,\frac{\partial^2 T}{\partial t^2} \qquad (V, 15)$$

mit c gemäß Gl. (V, 2) als der Geschwindigkeit der Longitudinalwellen.

---
[1] ERDÉLYI et al.: Bd. I, S. 246.

Um Gl. (V, 15) mit der für eine spannungsfreie Oberfläche gültigen Randbedingung

$$\sigma_{zz} = 0 \quad \text{in} \quad z = 0, \qquad (V, 16)$$

zu lösen[1], wenden wir wiederum die LAPLACE-Transformation an und erhalten:

$$\left. \begin{array}{c} \dfrac{d^2 \sigma_{zz}^*}{dz^2} - \dfrac{s^2}{c^2} \sigma_{zz}^* = \dfrac{1+\mu}{1-\mu} \varrho \, \alpha \, s^2 \, T^*, \\ \sigma_{zz}^* = 0 \quad \text{in} \quad z = 0. \end{array} \right\} \qquad (V, 17)$$

Als Lösung setzen wir an

$$\sigma_{zz}^* = A \, e^{-z \, s/c} + B \, T^*$$

und erhalten nach Einsetzen in die Differentialgleichung (V, 17) unter Berücksichtigung von Gl. (V, 9)

$$B = \frac{1+\mu}{1-\mu} \alpha \, \varrho \, a \, \frac{s}{1 - a \, s/c^2}$$

sowie nach Einsetzen in die Randbedingung (V, 17)

$$A = - B \, T^* \Big|_{z=0} = - B \, \frac{h \, \theta}{s \, (h + \sqrt{s/a})}.$$

Im Bildraum lautet somit die Lösung

$$\left. \begin{array}{c} \sigma_{zz}^* = K \, \dfrac{h \sqrt{a}}{\left(s - \dfrac{c^2}{a}\right)(\sqrt{s} + h \sqrt{a})} \, (e^{-s z/c} - e^{-z \sqrt{s/a}}), \\ K = \dfrac{E \, \alpha \, \theta}{1 - 2\mu}. \end{array} \right\} \qquad (V, 18)$$

Zur Rücktransformation zerlegen wir in Partialbrüche:

$$\sigma_{zz}^* = K \, h \, (a)^{\frac{3}{2}} \left[\frac{1}{2 \, c \, (c + h \, a)} \frac{1}{\sqrt{s} - \dfrac{c}{\sqrt{a}}} + \frac{1}{2 \, c \, (c - h \, a)} \frac{1}{\sqrt{s} + \dfrac{c}{\sqrt{a}}} + \right.$$
$$\left. + \frac{1}{h^2 \, a^2 - c^2} \frac{1}{\sqrt{s} + h \sqrt{a}} \right] (e^{-s z/c} - e^{-z \sqrt{s/a}}).$$

Mit Hilfe des Verschiebungssatzes und entsprechender Korrespondenztafeln[2] läßt sich die Umkehrung jetzt leicht durchführen und liefert

$$\sigma_{zz}/K = F_1(z, t) + \begin{cases} 0 & \text{für} \quad t < z/c, \\ F_2(z, t) & \text{für} \quad t > z/c, \end{cases} \qquad (V, 19)$$

wobei die Funktionen F_1 und F_2 gegeben sind durch

---

[1] Es ist etwas einfacher, direkt mit Gl. (V, 15) anstatt mit dem thermoelastischen Verschiebungspotential zu arbeiten.
[2] ERDÉLYI et al., loc. cit.

$$F_1(z, t) = -h\,a\left[\frac{1}{2(h\,a+c)}\,e^{(ct-z)c/a}\,\mathrm{erfc}\left(\frac{z}{2\sqrt{a\,t}}-c\sqrt{\frac{t}{a}}\right)+\right.$$

$$+\frac{1}{2(h\,a-c)}\,e^{(ct+z)c/a}\,\mathrm{erfc}\left(\frac{z}{2\sqrt{a\,t}}+c\sqrt{\frac{t}{a}}\right)-$$

$$\left.-\frac{h\,a}{h^2\,a^2-c^2}\,e^{h(z+h\,a\,t)}\,\mathrm{erfc}\left(\frac{z}{2\sqrt{a\,t}}+h\sqrt{a\,t}\right)\right],$$

$$F_2(z, t) = \frac{h^2\,a^2}{h^2\,a^2-c^2}\left\{e^{(ct-z)c/a}\left[1-\frac{c}{h\,a}\,\mathrm{erf}\left(\sqrt{\frac{c}{a}(ct-z)}\right)\right]-\right.$$

$$\left.-e^{h^2\,a\,(ct-z)/c}\,\mathrm{erfc}\left(h\sqrt{\frac{a}{c}(ct-z)}\right)\right\}.$$

(V, 20)

Im Sonderfall $h \to \infty$ vereinfachen sich diese Ausdrücke zu

$$F_1(z, t) = -\frac{1}{2}\,e^{c^2 t/a}\left[e^{-cz/a}\,\mathrm{erfc}\left(\frac{z}{2\sqrt{a\,t}}-c\sqrt{\frac{t}{a}}\right)+\right.$$

$$\left.+e^{cz/a}\,\mathrm{erfc}\left(\frac{z}{2\sqrt{a\,t}}+c\sqrt{\frac{t}{a}}\right)\right],$$

$$F_2(z, t) = e^{(ct-z)c/a}.$$

(V, 21)

Von den weiteren Spannungskomponenten verschwinden sämtliche Schubspannungen, während für die Normalspannungen σ_{xx} und σ_{yy} aus dem HOOKEschen Gesetz unter Beachtung von Gl. (V, 13) folgt

$$\sigma_{xx} = \sigma_{yy} = \frac{\mu}{1-\mu}\sigma_{zz} - \frac{E\,\varkappa\,T}{1-\mu}.$$ (V, 22)

Die durch Streichung der Trägheitsglieder entstehende *quasistatische Lösung* folgt sofort aus Gl. (V, 14) mit $\varrho = 0$ und der Randbedingung $\sigma_{zz} = 0$ in $z = 0$ zu

$$\sigma_{zz} = 0, \qquad \sigma_{xx} = \sigma_{yy} = -\frac{E\,\varkappa\,T}{1-\mu}.$$ (V, 23)

Es ist nun sehr aufschlußreich, die beiden Lösungen miteinander zu vergleichen.

Man sieht zunächst, daß an der Oberfläche $z = 0$ beide Lösungen das gleiche Ergebnis liefern, nämlich eine nach allen Richtungen in dieser Ebene gleiche Druckspannung

$$\sigma = -\frac{E\,\varkappa\,T(0, t)}{1-\mu}.$$ (V, 24)

Wie ein analoger Vergleich der dynamischen mit den zugehörigen quasistatischen Lösungen für den lokal erwärmten Halbraum, den Zylinder, die Kugel und den unendlichen Körper mit Hohlraum zeigt, gilt Formel (V, 24) auch dort, allerdings nur für $t \to 0+$, also unmittelbar nach dem Auftreten des Wärmeschocks. Später kann die dynamische Oberflächenspannung auch größer werden als die quasistatische, vgl. etwa Abb. 22.

Anders liegen die Dinge im Körperinneren. Wie man Gl. (V, 19) entnimmt, stellt der durch die Funktion F_2 gegebene Spannungsanteil eine elastische Longitudinalwelle dar, deren Front mit der Geschwindigkeit c von der Oberfläche weg in den Körper hineinläuft. Betrachtet man einen beliebigen Punkt z im Inneren des Halbraumes, so wird dort zunächst der durch F_1 gegebene Spannungsanteil entstehen. Im Augenblick $t = z/c$ beginnt dann die durch F_2 charakterisierte Welle durchzulaufen, die Spannung springt unstetig, um dann rasch auf den quasistatischen Wert abzuklingen. Die beiden Abb. 19 und 20 zeigen die von T. MURA (4) für den Fall $h \to \infty$ berechnete Spannung σ_{zz}/K sowie die Temperatur T/θ als Funktion des Ortes $\zeta = cz/a$ zu zwei verschiedenen Zeitpunkten $\tau = c^2 t/a$. Die Wellenfront liegt jeweils im Punkt $\zeta = \tau$, der Spannungssprung hat den Wert K. Dies ist auch gleichzeitig der Maximalwert, den die Spannung σ_{zz} annimmt, und zwar, wie Abb. 20 zeigt, an der

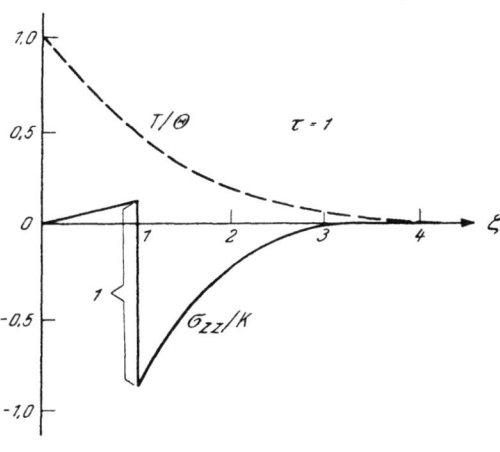

Abb. 19.

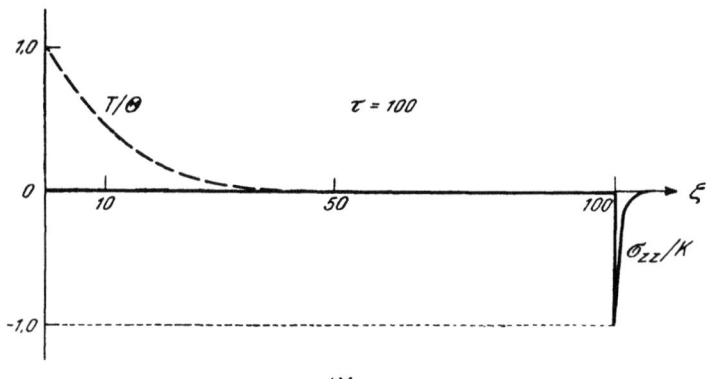

Abb. 20.

Wellenfront in hinreichender Entfernung von der Oberfläche. Wegen der hier vernachlässigten Dämpfung wird dieser Maximalwert in Wirklichkeit nie erreicht.

Abb. 20 zeigt im übrigen deutlich, daß schon kurze Zeit nach dem Durchlaufen der Wellenfront die Spannung praktisch den quasistatischen Wert $\sigma_{zz} = 0$ angenommen hat.

Ähnlich liegen die Verhältnisse für $h < \infty$, nur geht die Spannungsänderung beim Durchlaufen der Welle stetig vor sich.

BAILEY hat für den in Ziff. II, 5 quasistatisch behandelten Fall des nicht auf der ganzen Oberfläche, sondern nur örtlich plötzlich erwärmten Halbraumes die dynamische Lösung für kleine Werte von t angegeben. Sie zeigt im wesentlichen das gleiche Ergebnis wie oben und bestätigt die Gültigkeit der Formel (V, 24).

IGNACZAK (1) gibt eine (rein formale) Behandlung des Halbraumes, an dessen Oberfläche plötzlich eine Punktquelle aufgebracht wird, wenn auf der Oberfläche die Verschiebungen vorgeschrieben sind. Insbesondere untersucht er den Fall verschwindender Verschiebungen (starre Oberfläche).

3. Wärmeschock mit endlichem Temperaturgradienten[1].

Die der „Sprungfunktion" entsprechende plötzliche Änderung der Oberflächen- bzw. Umgebungstemperatur, welche dem in der vorangehenden Ziffer behandelten Problem zugrunde gelegt wurde, stellt eine mathematische Idealisierung dar, die sich physikalisch nicht verwirklichen läßt. Wir folgen deshalb STERNBERG und CHAKRAVORTY und untersuchen den Fall, daß die Oberflächentemperatur in einem sehr kleinen, jedoch von Null verschiedenen Zeitintervall t_0 vom Anfangswert Null linear auf den Endwert θ anwächst.

Die Lösung für diesen Fall kann aus der in Ziff. V, 2 angegebenen sofort durch Integration gewonnen werden. Bedeutet nämlich $f_\infty(z, t)$ irgend eine Größe (z. B. Temperatur, Spannung oder Verschiebung) bei der Randbedingung, die dem plötzlichen Temperatursprung an der Oberfläche entspricht und $f(z, t)$ die gleiche Größe bei beliebig zeitabhängiger Oberflächentemperatur $T(0, t)$, so bewirkt ein im Zeitpunkt $t = \lambda$ an der Oberfläche auftretender infinitesimaler Zuwachs dT eine Änderung df, die zur Zeit t gleich ist

$$df = f_\infty(z, t - \lambda)\, dT(0, \lambda),$$

woraus durch Integration folgt

$$f(z, t) = \int_0^t f_\infty(z, t - \lambda)\, \frac{dT(0, \lambda)}{d\lambda}\, d\lambda. \qquad (V, 25)$$

Führen wir nun als Randbedingung den linearen Verlauf

$$\left.\begin{aligned} T(0, t) &= 0 & &\text{für} \quad t \leqslant 0, \\ &= \theta \frac{t}{t_0} & &\text{für} \quad 0 \leqslant t \leqslant t_0, \\ &= \theta & &\text{für} \quad t_0 \leqslant t \end{aligned}\right\} \qquad (V, 26)$$

ein und setzen für f_∞ der Reihe nach die Temperatur aus Gl. (V, 12) und die Spannungen aus Gl. (V, 19) mit (V, 21) sowie (V, 22) ein, so erhalten wir nach Auswertung der Integrale

---

[1] STERNBERG and CHAKRAVORTY (1).

Wärmeschock mit endlichem Temperaturgradienten.

$$T/\theta = \varphi(\zeta,\tau) \equiv \frac{1}{\tau_0}\left[\left(\tau + \frac{\zeta^2}{2}\right)\operatorname{erfc}\left(\frac{\zeta}{2\sqrt{\tau}}\right) - \zeta\sqrt{\frac{\tau}{\pi}}\,e^{-\zeta^2/4\tau}\right] \quad \text{für } 0 \leqslant \tau \leqslant \tau_0,$$

$$T/\theta = \varphi(\zeta,\tau) - \varphi(\zeta,\tau - \tau_0) \quad \text{für } \tau \geqslant \tau_0.$$

(V, 27)

$$\sigma_{zz}/K = \psi(\zeta,\tau) \equiv \frac{1}{\tau_0}\left\{H(\tau-\zeta)(e^{\tau-\zeta}-1) + \operatorname{erfc}\left(\frac{\zeta}{2\sqrt{\tau}}\right) - \frac{1}{2}\left[e^{\tau-\zeta}\operatorname{erfc}\left(\frac{\zeta}{2\sqrt{\tau}} - \sqrt{\tau}\right) + e^{\tau+\zeta}\operatorname{erfc}\left(\frac{\zeta}{2\sqrt{\tau}} + \sqrt{\tau}\right)\right]\right\}$$

$$\text{für } 0 \leqslant \tau \leqslant \tau_0,$$

$$\sigma_{zz}/K = \psi(\zeta,\tau) - \psi(\zeta,\tau - \tau_0) \quad \text{für } \tau \geqslant \tau_0.$$

(V, 28)

$$\sigma_{xx} = \sigma_{yy} = \frac{\mu}{1-\mu}\sigma_{zz} - \frac{E\,\alpha\,T}{1-\mu}.$$

(V, 29)

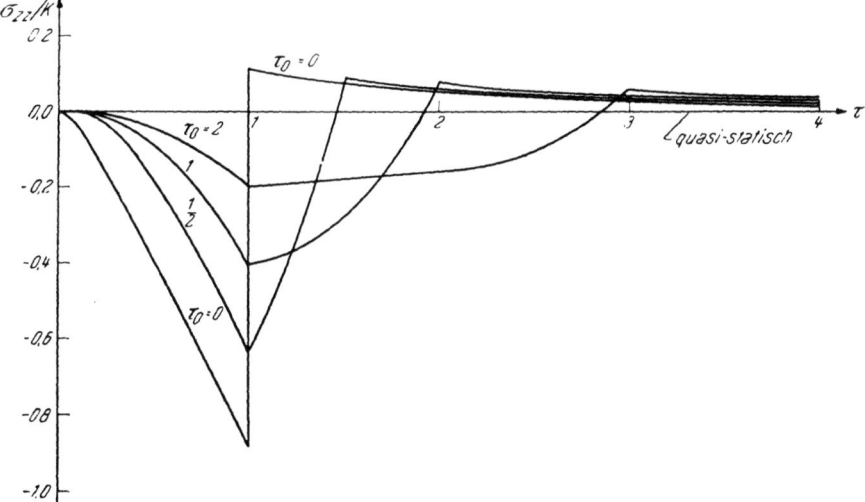

Abb. 21.

Die dimensionslosen Variablen ζ und τ haben ebenso wie die Konstante K die gleiche Bedeutung wie in Ziff. V, 2. Die HEAVISIDEsche Sprungfunktion $H(\tau)$ ist definiert durch

$$H(\tau) = \begin{cases} 0 & \text{für } \tau < 0, \\ 1 & \text{für } \tau > 0. \end{cases}$$

(V, 30)

Die Spannungen verlaufen jetzt stetig, während ihre zeitlichen und räumlichen Ableitungen Sprünge aufweisen, die sich mit der Geschwindigkeit c fortpflanzen.

Für die quasistatische Lösung gelten auch hier die Gln. (V, 23).

Abb. 21 zeigt den Verlauf der Spannung σ_{zz}/K als Funktion der dimensionslosen Zeit τ an der Stelle $\zeta = 1$ für verschiedene Werte von $\tau_0 = c^2 t_0/a$. Man sieht, daß die Spannungsspitze mit wachsendem τ_0 rasch abnimmt. Für $\tau_0 = 3$ beträgt sie nur mehr 14% derjenigen für $\tau_0 = 0$ (plötzlicher Temperatursprung). Nimmt man als Werkstoff Kohlenstoffstahl mit $\mu = 0.3$, $G = 8 \cdot 10^5$ kp/cm², $\varrho = 7.85$ g/cm³ und $a = 0.13$ cm²/s, so liefert Gl. (V, 2) für die Dilatationsgeschwindigkeit $c = 6 \cdot 10^5$ cm/s und der Zusammenhang zwischen der Zeit t und der Variablen τ ist gegeben durch $t = 3.7 \cdot 10^{-13}\, \tau$ s. $\tau_0 = 3$ entspricht also einer Aufheizzeit von $t_0 = 10^{-12}$ Sekunden. Selbst diese extrem kurze Zeit verringert die dynamische Spannungsspitze bereits um 86%! Man wird also schließen dürfen, daß für praktisch vorkommende Verhältnisse die Spannungserhöhung durch dynamische Wirkungen im allgemeinen bedeutungslos ist.

4. Momentanquelle im unendlichen Körper[1]. Wir greifen hier nochmals das in Ziff. II, 1 behandelte Problem einer zur Zeit $t = 0$ im unendlich ausgedehnten, elastischen Körper aufgebrachten Momentanquelle auf. Diesmal beschränken wir uns aber nicht mehr auf eine quasistatische Untersuchung, sondern behalten die Trägheitsglieder in den Grundgleichungen bei.

Die Temperaturverteilung ist auch hier wieder durch Gl. (II. 1) gegeben. Ihre LAPLACE-Transformierte lautet

$$T^* = \frac{M}{4\pi a R} e^{-R\sqrt{s/a}}. \qquad (V, 31)$$

Wir gehen damit in Gl. (V, 5) und erhalten

$$\Phi^* = \frac{K_1}{2G} \frac{c^2}{a s \left(\frac{c^2}{a} - s\right) R} e^{-R\sqrt{s/a}} + \Phi_0^*,$$

wobei K_1 wieder durch Gl. (II, 2) definiert ist. Die Funktion Φ_0^* genügt der Gleichung

$$\frac{d^2\Phi_0^*}{dR^2} + \frac{2}{R}\frac{d\Phi_0^*}{dR} - \frac{s^2}{c^2}\Phi_0^* = 0$$

und hat somit die Form

$$\Phi_0^* = \frac{A}{R} e^{-sR/c} + \frac{B}{R} e^{+sR/c}.$$

Wir müssen verlangen, daß Φ und damit auch Φ^* für $R \to \infty$ verschwinden, haben also $B = 0$ zu setzen. Weiters muß Φ für $t \to \infty$ nach Null gehen, also $\lim\limits_{s \to 0} s\,\Phi^* = 0$ gelten. Dies bestimmt A und wir bekommen

$$\Phi^* = \frac{K_1}{2G} \frac{c^2}{a s \left(\frac{c^2}{a} - s\right) R} \left(e^{-R\sqrt{s/a}} - e^{-sR/c}\right). \qquad (V, 32)$$

---
[1] NOWACKI (10).

Die Rücktransformation bereitet keine Schwierigkeiten[1] und liefert

$$\Phi(R, t) = \frac{K_1}{2GR}\left(F_1(R,t) + \begin{cases} 0 & \text{für } t \leqslant R/c \\ F_2(R,t) & \text{für } t \geqslant R/c \end{cases}\right), \quad (V, 33)$$

mit

$$\begin{aligned} F_1(R, t) &= \operatorname{erfc}\left(\frac{R}{2\sqrt{at}}\right) - \frac{1}{2}\, e^{c^2 t/a}\Bigg[e^{Rc/a}\operatorname{erfc}\left(\frac{R}{2\sqrt{at}} + \right. \\ &\left. + c\sqrt{\frac{t}{a}}\right) + e^{-Rc/a}\operatorname{erfc}\left(\frac{R}{2\sqrt{at}} - c\sqrt{\frac{t}{a}}\right)\Bigg], \\ F_2(R, t) &= e^{(ct-R)c/a} - 1. \end{aligned} \quad (V, 34)$$

Man sieht, daß hier im wesentlichen die gleiche Situation wie in Ziff. V, 2 vorliegt. Auch hier läuft wieder eine — durch F_2 bestimmte — Welle von der Momentanquelle weg mit der Geschwindigkeit c nach außen. Wegen $F_2(R, R/c) = 0$ bringt sie aber keinen Spannungssprung, sondern eine stetige Spannungsänderung mit sich. Nachdem die Kugelwelle einen bestimmten Punkt passiert hat, nähert sich die Spannung dort sehr rasch dem quasistatischen Wert. Denn es ist für $R \ll ct$:

$$F_1 \sim \operatorname{erfc}\left(\frac{R}{2\sqrt{at}}\right) - e^{c^2 t/a}, \quad F_2 \sim e^{c^2 t/a} - 1.$$

Damit nimmt Φ in der Tat den Wert Gl. (II, 3) an.

Die dem Potential (V, 33) entsprechenden Spannungen folgen aus den Gln. (I, 33), wenn dort r durch R ersetzt wird. Wir schreiben sie hier nicht explizit an.

Durch Integration über t erhält man Temperatur und Spannungen für eine *kontinuierlich wirkende Wärmequelle*, die im Augenblick $t = 0$ einsetzt, vgl. Ziff. II, 3. Im vorliegenden Fall nimmt man diese Integration zweckmäßig im Bildraum vor, wo sie sich einfach als Division durch s darstellt. Setzt man konstante Ergiebigkeit S voraus, so erhält man nach Rücktransformation für T den Ausdruck Gl. (II, 15)[2], während sich für Φ ergibt[3]:

$$\Phi = -\frac{1+\mu}{1-\mu}\frac{\alpha}{4\pi}\frac{S}{\varrho c_w}\frac{1}{R}\left(F_3(R, t) + \begin{cases} 0 & \text{für } t \leqslant R/c \\ F_4(R, t) & \text{für } t \geqslant R/c \end{cases}\right), \quad (V, 35)$$

wobei

---

[1] ERDÉLYI et al.: Bd. I, S. 246 und 229.

[2] Die Größe c, die dort die spezifische Wärme, bezogen auf die Masseneinheit bedeutet, darf natürlich nicht mit der Geschwindigkeit c verwechselt werden. Wir wollen für erstere daher hier c_w schreiben.

[3] NOWACKI (11).

$$F_3(R, t) = \frac{a}{c^2}\left(1 - \frac{c^2}{2a^2}(2at + R^2)\right)\operatorname{erfc}\left(\frac{R}{2\sqrt{at}}\right) -$$

$$- \frac{a}{2c^2}e^{c^2 t/a}\left[e^{Rc/a}\operatorname{erfc}\left(\frac{R}{2\sqrt{at}} + c\sqrt{\frac{t}{a}}\right) +\right.$$

$$\left. + e^{-Rc/a}\operatorname{erfc}\left(\frac{R}{2\sqrt{at}} - c\sqrt{\frac{t}{a}}\right)\right] + R\sqrt{\frac{t}{a\pi}}e^{-R^2/4at},$$

$$F_4(R, t) = t - \frac{R}{c} + \frac{a}{c}\left[e^{(ct-R)c/a} - 1\right].$$

(V, 36)

Man hat hier wiederum die nach außen laufende Kugelwelle mit der Wärmequelle als Mittelpunkt.

5. Unendlicher Körper mit kugeligem Hohlraum[1]. Wir untersuchen hier den Einfluß der Beschleunigungen in dem in Ziff. II, 6 bereits quasi-statisch behandelten Problem.

An der durch Gl. (II, 42) gegebenen Temperaturverteilung ändert sich nichts, dagegen ist als Differentialgleichung für die Radialverschiebung $u(r, t)$ jetzt die unverkürzte Gl. (I, 8) heranzuziehen,

$$\frac{\partial^2 u}{\partial r^2} + \frac{2}{r}\frac{\partial u}{\partial r} - \frac{2u}{r^2} - \frac{1}{c^2}\frac{\partial^2 u}{\partial t^2} = \frac{1+\mu}{1-\mu}\alpha\frac{\partial T}{\partial r}$$

mit c gemäß Gl. (V, 2). Sie geht durch Anwendung der LAPLACE-Transformation mit Berücksichtigung von Gl. (II, 41) und mit den Anfangsbedingungen

$$u(r, 0) = 0, \quad \frac{\partial u(r, 0)}{\partial r} = 0$$

über in

$$\frac{d^2 u^*}{dr^2} + \frac{2}{r}\frac{du^*}{dr} - \left(\frac{2}{r^2} + \frac{s^2}{c^2}\right)u^* =$$

$$= -\frac{1+\mu}{1-\mu}\frac{\alpha T_0 R}{s}\left(\frac{1}{r^2} + \frac{1}{r}\sqrt{\frac{s}{a}}\right)e^{-(r-R)\sqrt{s/a}}.$$

(V, 37)

Die für $r \to \infty$ beschränkt bleibende Lösung dieser Gleichung läßt sich ohne Schwierigkeiten angeben. Sie lautet

$$u^*(r, s) = \frac{1}{r}\left(\frac{s}{c} + \frac{1}{r}\right)C_1(s)e^{-rs/c} +$$

$$+ \frac{1+\mu}{1-\mu}\alpha T_0 c^2 \frac{aR}{s^2}\frac{1 + r\sqrt{s/a}}{r^2(as - c^2)}e^{-(r-R)\sqrt{s/a}}$$

mit C_1 als beliebige Funktion von s.

Die Randbedingungen sind die gleichen wie im quasistatischen Fall. Da weiters die Beziehungen (II, 43) auch hier gelten, folgt aus der Bedingung, daß die Oberfläche $r = R$ des Hohlraumes spannungsfrei sein soll, schließlich

---

[1] STERNBERG and CHAKRAVORTY (2).

$$u^*(r, s) = \frac{1+\mu}{1-\mu} \alpha\, T_0\, R \, \frac{a\, c^2}{s^2(a s - c^2)} \frac{1}{r^2} \Biggl[\left(1 + r\sqrt{\frac{s}{a}}\right) e^{-(r-R)\sqrt{s/a}} - $$

$$- \frac{2(1-2\mu)\left(1 + R\sqrt{\frac{s}{a}}\right) + (1-\mu) R^2 \frac{s^2}{c^2}}{2(1-2\mu)\left(1 + R\frac{s}{c}\right) + (1-\mu) R^2 \frac{s^2}{c^2}} \left(1 + r\frac{s}{c}\right) e^{-(r-R)s/c} \Biggr]. \quad \text{(V, 38)}$$

Die Rücktransformation liefert nach einiger Rechnung[1] mit Benützung der in Ziff. II, 6 definierten dimensionslosen Variablen ϱ, τ, ζ und mit der Konstanten $\gamma = \dfrac{a}{R\, c}$

$$\left.\begin{aligned}
u(\varrho, \tau) &= \frac{1+\mu}{1-\mu} \alpha\, T_0\, R\, [V(\varrho, \tau) + W(\varrho, \tau)], \\
V(\varrho, \tau) &= \frac{1}{2\varrho^2}\Bigl[(\varrho^2 - 2\tau - 1 - 2\gamma^2)\, \mathrm{erfc}(\zeta) - 2(\varrho + 1) \cdot \\
&\quad \cdot \sqrt{\frac{\tau}{\pi}}\, e^{-\zeta^2} + \gamma(\gamma - \varrho)\, \mathrm{erfc}\left(\zeta + \frac{\sqrt{\tau}}{\gamma}\right) \exp\left(\frac{\tau}{\gamma^2} + \frac{\varrho-1}{\gamma}\right) + \\
&\quad + \gamma(\gamma + \varrho)\, \mathrm{erfc}\left(\zeta - \frac{\sqrt{\tau}}{\gamma}\right) \exp\left(\frac{\tau}{\gamma^2} - \frac{\varrho-1}{\gamma}\right) \Bigr], \\
W(\varrho, \tau) &= \frac{-H(\omega)}{\varrho^2} \Bigl\langle \gamma(\gamma+\varrho)\, e^{\omega/\gamma^2} + \\
&\quad + A\, \mathrm{Re}\Bigl\{ F(\varrho)\Bigl[\gamma^3\, \mathrm{erfc}\left(\frac{\sqrt{\omega}}{\gamma}\right) e^{\omega/\gamma^2} - k^{-3/2}\, \mathrm{erfc}(\sqrt{k\omega})\, e^{k\omega} + \\
&\quad + B\, e^{k\omega} + C\left(\omega + 2\sqrt{\frac{\omega}{\pi}}\right) + D\Bigr]\Bigr\}\Bigr\rangle.
\end{aligned}\right\} \quad \text{(V, 39)}$$

Die Sprungfunktion H ist wieder durch Gl. (V, 30) gegeben, während die übrigen Abkürzungen wie folgt definiert sind:

$$A = \frac{2p}{\gamma q[1 + 2\gamma p(\gamma+1)]}, \qquad B = \frac{\gamma^2}{2p} + k^{-2} + k^{-3/2},$$
$$C = \gamma^2 - k^{-1}, \qquad\qquad D = \gamma^4 - k^{-2},$$
$$F(\varrho) = -q(\gamma+\varrho) + i[1 + p(\gamma - 2\gamma\varrho - \varrho)], \qquad p = \frac{1-2\mu}{1-\mu},$$
$$q = \frac{\sqrt{1-2\mu}}{1-\mu}, \qquad k = \frac{-p + iq}{\gamma}, \qquad \omega = \tau - \gamma(\varrho - 1).$$

Für $\sqrt{k}$ ist der Hauptwert zu nehmen. Das Zeichen Re bedeutet den Realteil der dahinterstehenden komplexen Funktion.

Mittels der Gln. (II, 43) lassen sich nunmehr auch die (ziemlich verwickelten) Ausdrücke für die Spannungen berechnen. Sie sind in der Originalarbeit zu finden und werden hier nicht explizit angegeben.

---

[1] Für Einzelheiten siehe STERNBERG and CHAKRAVORTY (2).

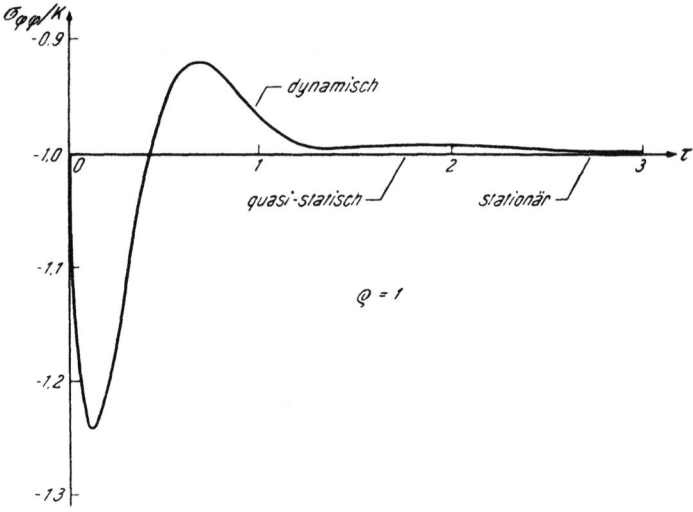

Abb. 22.

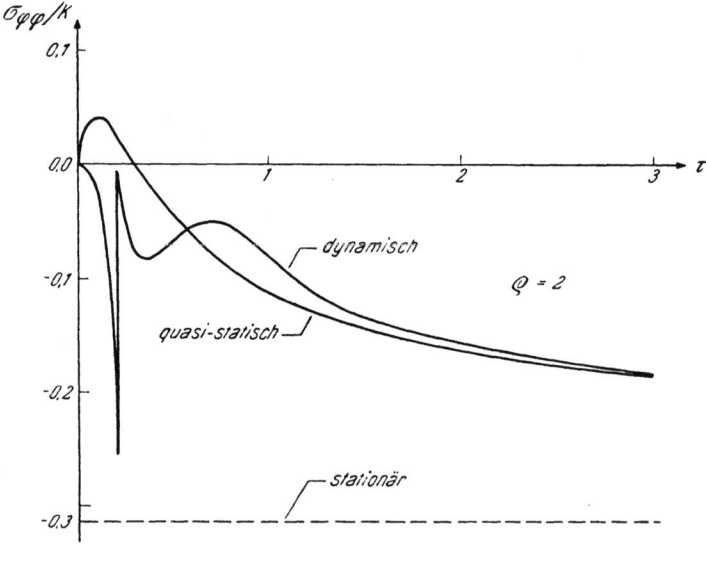

Abb. 23.

Die Sprungfunktion $H(\omega)$ tritt sowohl in der Verschiebung wie in den Spannungen auf. Wir haben somit eine Kugelwelle vorliegen, die von der Oberfläche $\varrho = 1$ des Hohlraumes mit der Geschwindigkeit c nach außen läuft, während die restlichen Glieder einem im gesamten Medium gleichzeitig auftretenden, diffusiven Effekt entsprechen. Die

Wellenfront ist durch $\omega = 0$ festgelegt. An ihr erfahren die Spannungen einen Sprung von der Größe

$$\Delta \sigma_{rr} = \frac{K}{\varrho}, \qquad \Delta \sigma_{\varphi\varphi} = \frac{\mu}{1-\mu} \frac{K}{\varrho}, \qquad K = \frac{E \alpha T_0}{1-2\mu}.$$

Der Spannungssprung nimmt also mit wachsender Entfernung ab, im Gegensatz zu dem in Ziff. V, 2 behandelten Problem. Nach hinreichend

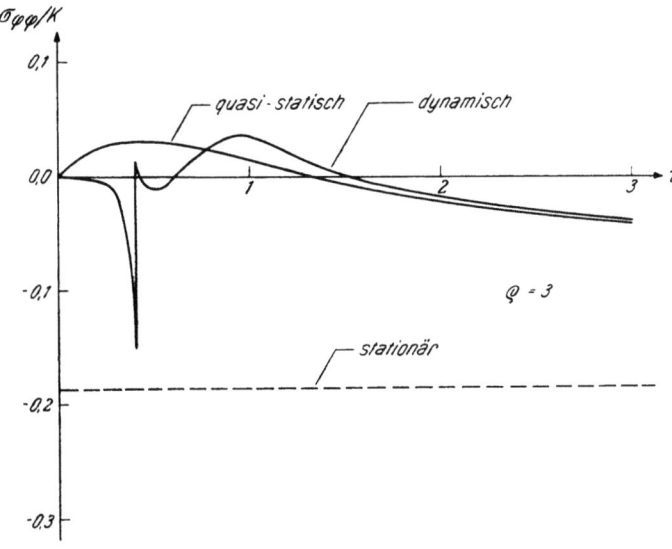

Abb. 24.

langer Zeit, $\tau \to \infty$, geht die dynamische Lösung für $\varrho < \infty$ über in die durch die Gln. (II, 49) gegebene stationäre Lösung.

In den Abb. 22 bis 24 ist der Verlauf der Umfangsspannung $\sigma_{\varphi\varphi}/K$ an drei verschiedenen Stellen $\varrho = 1, 2, 3$ in Abhängigkeit von der Zeit dargestellt. Den Rechnungen wurden dabei die Werte $\mu = 0{,}25$ und $\gamma = 0{,}20$ zugrunde gelegt. Der Wert von γ ist zwar unrealistisch hoch[1], er bringt aber gerade dadurch das Grundsätzliche der dynamischen Effekte besonders deutlich zum Vorschein.

Abb. 22 zeigt, daß die Umfangsspannung an der Hohlraumoberfläche eine kurze ausgeprägte Schwingung durchläuft, um sich dann rasch dem quasistatischen, konstanten Wert -1 zu nähern[2]. Die Schwingung bewirkt ein Ansteigen der dynamischen Oberflächenspannung über die

---

[1] Für Stahl würde sich γ bei einem Hohlraumdurchmesser von $2R = 5$ cm in der Größenordnung von 10^{-7} ergeben.

[2] Eine Zahlenrechnung für Stahl mit $\gamma = 7 \cdot 10^{-9}$ (entsprechend einem Hohlraumdurchmesser von etwa 60 cm) zeigt, daß diese Annäherung bis auf einen Unterschied von 5% innerhalb eines Zeitraumes von der Größenordnung 10^{-12} Sekunden vor sich geht.

quasistatische. In den Abb. 23 und 24 erkennt man den früher erwähnten Spannungssprung beim Durchlaufen der Wellenfront. Anschließend nähert sich die dynamische Lösung wieder rasch der quasistatischen.

6. Periodische Temperaturänderungen. Wir kommen hier auf den in Kap. III quasistatisch untersuchten Problemkreis zurück, behalten aber jetzt die Trägheitsglieder bei. Wenn wir ebenso wie in Kap. III annehmen, daß der Einschwingvorgang bereits abgeklungen ist, wir uns also nur um den rein periodischen Lösungsanteil zu kümmern brauchen, so haben wir auch hier für die Temperatur T und das thermoelastische Verschiebungspotential Φ den Ansatz (III, 1) zu machen. Diesen Ansatz müssen wir aber jetzt in die Gl. (V, 1) eintragen und erhalten

$$\Delta\Phi_i + \frac{\omega^2}{c^2}\Phi_i = \frac{1+\mu}{1-\mu}\alpha T_i \qquad (i = 1, 2). \qquad (V, 40)$$

Wir suchen zunächst eine Partikulärlösung und setzen

$$\Phi_i = A_{i1} T_1 + A_{i2} T_2. \qquad (V, 41)$$

Beachten wir noch, daß gemäß Gl. (I, 45) für T_1 und T_2 gilt

$$\Delta T_1 = \frac{\omega}{a} T_2, \qquad \Delta T_2 = -\frac{\omega}{a} T_1, \qquad (V, 42)$$

so ergibt sich nach Eintragen in Gl. (V, 40)

$$\left(\frac{\omega^2}{c^2} A_{i1} - \frac{\omega}{a} A_{i2}\right) T_1 + \left(\frac{\omega}{a} A_{i1} + \frac{\omega^2}{c^2} A_{i2}\right) T_2 = \frac{1+\mu}{1-\mu}\alpha T_i.$$

Setzen wir jetzt einmal $i = 1$ und dann $i = 2$ und vergleichen jedesmal die Koeffizienten von T_1 und T_2, so erhalten wir zweimal zwei Gleichungen für die vier Koeffizienten A_{ik}, aus denen nach Auflösen folgt:

$$\left.\begin{array}{l} A_{11} = A_{22} = A, \quad A_{12} = -A_{21} = -\dfrac{c^2}{a\omega} A, \\[4pt] A = \dfrac{1+\mu}{1-\mu}\alpha \dfrac{c^2 a^2}{c^4 + \omega^2 a^2}. \end{array}\right\} \qquad (V, 43)$$

Zur Partikulärlösung Φ_i nach Gl. (V, 41) wird im allgemeinen noch eine Lösung Φ_i' der homogenen Gl. (V, 40) hinzuzufügen sein.

7. Periodische Wärmequelle im unendlichen Körper[1]. Die in der vorangehenden Ziffer abgeleiteten Formeln wenden wir auf den bereits in Ziff. III, 3 behandelten Fall an. Gl. (III, 8) für die Temperaturverteilung bleibt ungeändert, es ist also

$$T_1 = \frac{S_0}{4\pi\lambda}\frac{1}{R} e^{-\varkappa R}\cos\varkappa R, \qquad T_2 = \frac{S_0}{4\pi\lambda}\frac{1}{R} e^{-\varkappa R}\sin\varkappa R.$$

Damit liefert Gl. (V, 41) unter Beachtung von Gl. (V, 43) mit der Abkürzung

$$B = \frac{1+\mu}{1-\mu}\alpha\frac{c^2 a^2}{c^4 + \omega^2 a^2}\frac{S_0 G}{2\pi\lambda} \qquad (V, 44)$$

---

[1] NOWACKI (11).

die folgenden Ausdrücke:

$$\Phi_1 = \frac{B}{2G} \frac{1}{R} e^{-\varkappa R} \left(\cos \varkappa R - \frac{c^2}{a\omega} \sin \varkappa R \right) + \Phi_1',$$
$$\Phi_2 = \frac{B}{2G} \frac{1}{R} e^{-\varkappa R} \left(\frac{c^2}{a\omega} \cos \varkappa R + \sin \varkappa R \right) + \Phi_2'.$$
(V, 45)

Hierbei wurden bereits die beiden Funktionen Φ_1' und Φ_2' hinzugefügt, die wegen der hier vorliegenden Kugelsymmetrie Lösungen der homogenen Gleichung

$$\frac{d^2\Phi_i'}{dR^2} + \frac{2}{R} \frac{d\Phi_i'}{dR} + \frac{\omega^2}{c^2} \Phi_i' = 0$$

sind. Sie haben somit die Form

$$\Phi_i' = \frac{C_i}{R} \cos \frac{\omega R}{c} + \frac{D_i}{R} \sin \frac{\omega R}{c}.$$

Für $R \to \infty$ verschwinden Verschiebungen und Spannungen. Wir verlangen weiter, daß Φ für $R \to 0$ beschränkt bleibt[1]. Dies liefert

$$C_1 = -\frac{B}{2G}, \quad C_2 = -\frac{B}{2G} \frac{c^2}{a\omega}.$$

Die Koeffizienten D_1 und D_2 bleiben aber noch unbestimmt. Der Grund hiefür liegt in den fundamental unterschiedlichen Eigenschaften der Lösungen der Potentialgleichung bzw. POISSONschen Gleichung (I, 46) einerseits, der Φ im quasistatischen Fall genügen muß, und der Wellengleichung (V, 1) anderseits, der Φ im dynamischen Fall gehorcht. Während nämlich die Lösung der Potentialgleichung im unendlichen Raum durch die beiden in Ziff. II, 1 formulierten Bedingungen eindeutig bestimmt ist, trifft dies für die Wellengleichung nicht zu. Hier muß noch eine weitere Bedingung, die sogenannte „Ausstrahlungsbedingung" hinzugenommen werden, um die Eindeutigkeit der Lösung sicherzustellen. Diese Bedingung kann folgendermaßen formuliert werden. Von den beiden mathematisch gleichwertigen Kugelwellen, nämlich der fortschreitenden *divergenten* Welle von der Form $\frac{1}{R} \cos \omega (t - R/c)$ und der fortschreitenden *konvergenten* Welle von der Form $\frac{1}{R} \cos \omega (t + R/c)$ ist nur die erste physikalisch möglich. Sie entspricht einer vom Quellpunkt nach außen laufenden, ins Unendliche ausstrahlenden Welle, während die zweite eine aus dem Unendlichen einstrahlende und nach innen zur „Senke" laufende Welle darstellt, die physikalisch nicht realisierbar ist[2].

Wir haben also die beiden Konstanten D_1 und D_2 so zu bestimmen, daß konvergente Wellen nicht auftreten, daß also Φ' die Form

$$\Phi' = \Phi_1' \cos \omega t + \Phi_2' \sin \omega t = \frac{C}{R} \cos \omega (t - R/c) + \frac{D}{R} \sin \omega (t - R/c)$$
(V, 46)

[1] Siehe Ziffer II, 1.
[2] Siehe z. B. FRANK-V. MISES: Differential- und Integralgleichungen. Bd. II, S. 803. Braunschweig: 1935, oder KUPRADSE: Randwertaufgaben der Schwingungstheorie und Integralgleichungen. Berlin: 1956.

aufweist. Damit sind jetzt nur mehr zwei Konstanten verfügbar, für die man sofort
$$C = C_1 = D_2, \quad D = C_2 = -D_1$$
erhält. Damit ist die endgültige Lösung gefunden:

$$\Phi = \frac{B}{2G} \frac{1}{R} \left[e^{-\varkappa R} \left(\cos(\omega t - \varkappa R) + \frac{c^2}{a\omega} \sin(\omega t - \varkappa R) \right) - \right.$$
$$\left. - \cos \omega (t - R/c) - \frac{c^2}{a\omega} \sin \omega (t - R/c) \right]. \quad (V, 47)$$

Die zugehörigen Spannungen folgen aus den Gln. (I, 33).

Mittels FOURIER-Entwicklung läßt sich aus den angegebenen Formeln die Lösung für eine beliebige periodische Quelle anschreiben.

8. Im Mittelpunkt erhitzte Scheibe[1]. In Ziff. II, 14 und VII, 4 ist das Problem der dünnen, unendlich ausgedehnten Scheibe, in der zur Zeit $t = 0$ eine Punktquelle konstanter Ergiebigkeit angebracht wird, in quasistatischer Form behandelt. Wir wollen hier, unter der Voraussetzung eines unbeschränkt elastischen Werkstoffes, die auftretenden dynamischen Effekte untersuchen.

Wir gehen von der ersten Bewegungsgleichung (I, 3) aus, in der wir wegen der hier vorliegenden Drehsymmetrie $\sigma_{rz} \equiv 0$ zu setzen haben. Drücken wir dann mittels der Gln. (VII, 53) und (VII, 54) die Spannungen durch die Radialverschiebung u aus, so erhalten wir für diese die nachstehende Differentialgleichung

$$\frac{\partial^2 u}{\partial r^2} + \frac{1}{r} \frac{\partial u}{\partial r} - \frac{u}{r^2} - \frac{1}{c_1^2} \frac{\partial^2 u}{\partial t^2} = (1+\mu) \alpha \frac{\partial T}{\partial r}, \quad (V, 48)$$

wobei

$$c_1 = \sqrt{\frac{2G}{(1-\mu)\varrho}}. \quad (V, 49)$$

Es liegt also wieder eine Wellengleichung vor. Wir wenden auf sie die LAPLACE-Transformation an und erhalten wegen $u = 0$, $\partial u/\partial t = 0$ für $t = 0$ die folgende Gleichung

$$\frac{d^2 u^*}{dr^2} + \frac{1}{r} \frac{du^*}{dr} - \left(\frac{1}{r^2} + \frac{s^2}{c_1^2} \right) u^* = (1+\mu) \alpha \frac{dT^*}{dr}.$$

Wenn die Wärmeabgabe von der Scheibenoberfläche an die Umgebung mit berücksichtigt wird, ist die LAPLACE-Transformierte der Temperatur durch Gl. (VII, 49) gegeben. Wird dies in die obige Gleichung eingetragen, so erhält man als allgemeine Lösung

$$u^* = (1+\mu)\alpha\gamma \left[A\, K_1\!\left(s\frac{r}{c_1}\right) + B\, I_1\!\left(s\frac{r}{c_1}\right) - \right.$$
$$\left. - \frac{\sqrt{a(s+\beta)}}{s(s+\beta-s^2 a/c_1^2)} K_1\!\left(r\sqrt{\frac{s+\beta}{a}}\right) \right].$$

---

[1] PARKUS (3).

Da die Spannungen und somit auch u^*/r für $r \to \infty$ beschränkt bleiben müssen, ist $B = 0$ zu setzen. Weiters muß $\lim\limits_{r \to 0} u^* = 0$ sein, woraus mit

$$K_1(z) = \frac{1}{z} + \left(\log \frac{z}{2} + C\right) I_1(z) - \frac{z}{4} + \cdots$$

für A folgt

$$A = \frac{a\,c_1}{c_1^2(s+\beta) - a\,s^2}.$$

Die LAPLACE-Transformierte der Radialverschiebung ist also gegeben durch

$$u^* = (1+\mu)\,\alpha\,\gamma\,\frac{a\,c_1}{c_1^2(s+\beta) - a\,s^2}\left[K_1\!\left(s\,\frac{r}{c_1}\right) - \right.$$
$$\left. - \frac{c_1}{s}\sqrt{\frac{s+\beta}{a}}\,K_1\!\left(r\sqrt{\frac{s+\beta}{a}}\right)\right]. \qquad (V, 50)$$

Wie die in den Ziff. 2 bis 5 dieses Kapitels behandelten Beispiele gezeigt haben, ist der Einfluß der dynamischen Terme nur bis kurz nach Durchlaufen der Spannungswelle von Bedeutung. Wenn wir uns daher auf einen nicht zu großen, die Punktquelle umgebenden Bereich beschränken, wird die mit der Geschwindigkeit c_1 laufende Welle[1] sehr rasch diesen Bereich durchmessen haben, und es genügt dann, die Lösung u für kleine Werte von t zu kennen. Wir ersetzen also u^* durch den für große Werte von s gültigen asymptotischen Ausdruck

$$u^* \sim -(1+\mu)\,\alpha\,\gamma\,c_1\left[\frac{1}{s^2}\,K_1\!\left(s\,\frac{r}{c_1}\right) - \frac{c_1}{\sqrt{a\,s^5}}\,K_1\!\left(r\sqrt{\frac{s}{a}}\right)\right]. \qquad (V, 51)$$

Jetzt läßt sich die Rücktransformation bequem durchführen[2] und liefert

$$u = (1+\mu)\,\alpha\,\gamma\left(U_1(r,t) + \begin{cases} 0 & \text{für } t \leqslant r/c_1 \\ U_2(r,t) & \text{für } t \geqslant r/c_1 \end{cases}\right), \qquad (V, 52)$$

wobei die Funktionen U_1 und U_2 gegeben sind durch

$$\left.\begin{aligned}
U_1(r,t) &= \frac{c_1^2\,r\,t}{8\,a}\left[\left(1 + \frac{4\,a\,t}{r^2}\right)\exp\!\left(\frac{-r^2}{4\,a\,t}\right) + \right.\\
&\quad \left. + \left(2 + \frac{r^2}{4\,a\,t}\right) Ei\!\left(\frac{-r^2}{4\,a\,t}\right)\right], \\
U_2(r,t) &= \frac{-1}{2}\left(\frac{c_1\,t}{r}\sqrt{c_1^2\,t^2 - r^2}\, + \right.\\
&\quad \left. + r\,[\log r - \log(c_1\,t + \sqrt{c_1^2\,t^2 - r^2})]\right).
\end{aligned}\right\} \qquad (V, 53)$$

Man beobachtet auch hier wieder die durch U_2 repräsentierte Verschiebungs- bzw. Spannungswelle. Es ist

---
[1] Für Stahl ist $c_1 = 800$ m/s.
[2] ERDÉLYI et al.: Bd. II, S. 277, 283.

$$\frac{\partial U_2}{\partial r} = \frac{U_2}{r} = \frac{-1}{2}\left(\frac{c_1 t}{r^2}\sqrt{c_1^2 t^2 - r^2} + \log r - \right.$$
$$\left. - \log(c_1 t + \sqrt{c_1^2 t^2 - r^2})\right). \tag{V, 54}$$

Damit hängt die Spannungsdifferenz

$$\sigma_{rr} - \sigma_{\varphi\varphi} = 2\,G\,(\varepsilon_{rr} - \varepsilon_{\varphi\varphi}) = 2\,(1 + \mu)\,\alpha\,G\,\gamma\left(\frac{\partial U_1}{\partial r} - \frac{U_1}{r}\right)$$

nur von U_1 ab, wird also von der durchlaufenden Spannungswelle nicht beeinflußt. Setzt man U_1 aus Gl. (V, 53) ein, so folgt

$$\sigma_{rr} - \sigma_{\varphi\varphi} = \frac{(1+\mu)\,\alpha\,G\,\gamma}{2\,a}\,c_1^2\,t\left[\left(1 - \frac{4\,a\,t}{r^2}\right)\exp\left(\frac{-r^2}{4\,a\,t}\right) + \right.$$
$$\left. + \frac{r^2}{4\,a\,t}\,Ei\left(\frac{-r^2}{4\,a\,t}\right)\right]. \tag{V, 55}$$

Es ist stets $\sigma_{\varphi\varphi} > \sigma_{rr}$, wie man sich unschwer überlegt. Denn $Ei(-x)$ ist negativ für alle positiven Werte von x. Falls positive Nullstellen der Funktion

$$f(x) = \frac{1}{x}\left(1 - \frac{1}{x}\right)e^{-x} + Ei(-x)$$

auftreten, müßten sie also rechts von $x = 1$ liegen. Da $f(x)$ stetig ist und für $x \to \infty$ nach Null geht, müßte nach dem ROLLEschen Satz

$$f'(x) = \frac{2}{x^3}\,e^{-x}$$

mindestens einmal im Intervall $1 < x < \infty$ verschwinden. Das ist nicht der Fall.

9. Wärmeschock an der Oberfläche des langen Vollzylinders[1]. In Ziff. II, 12 haben wir den unendlich langen Kreiszylinder quasistatisch behandelt, wenn der Zylinder sich anfänglich auf der Temperatur Null befindet und seine Mantelfläche zur Zeit $t = 0$ plötzlich auf eine beliebig über den Umfang verteilte Temperatur gebracht wird. Wir gehen nun zur Untersuchung des dynamischen Verhaltens dieses Zylinders über, nehmen aber der Einfachheit halber an, daß die Manteltemperatur konstant ist. In der durch Gl. (II, 108) gegebenen Temperaturverteilung haben wir dann $n = 0$ zu setzen und erhalten

$$T(r, t) = T_0\left(1 - 2\sum_{m=1}^{\infty} \frac{J_0(\beta_m r/R)}{\beta_m\,J_1(\beta_m)}\,e^{-\beta_m^2 a t/R^2}\right). \tag{V, 56}$$

Wir greifen auf die erste Gl. (I, 5) für die Radialverschiebung u zurück. Wegen $\partial w/\partial z = 0$ lautet sie hier[2]

$$\frac{\partial^2 u}{\partial r^2} + \frac{1}{r}\frac{\partial u}{\partial r} - \frac{u}{r^2} - \frac{1}{c^2}\frac{\partial^2 u}{\partial t^2} = \frac{1+\mu}{1-\mu}\,\alpha\,\frac{\partial T}{\partial r}, \tag{V, 57}$$

---

[1] MURA (1) und (4).
[2] Wir setzen unverschiebliche Enden voraus.

wobei c durch Gl. (V, 2) gegeben ist. Durch Anwendung der LAPLACE-Transformation geht Gl. (V, 57) über in

$$\frac{d^2 u^*}{dr^2} + \frac{1}{r}\frac{du^*}{dr} - \left(\frac{1}{r^2} + \frac{s^2}{c^2}\right) u^* = \frac{1+\mu}{1-\mu}\, \varkappa\, \frac{dT^*}{dr}, \qquad (V, 58)$$

wobei T^* gemäß Gl. (II, 107) zu schreiben ist

$$T^* = \frac{T_0}{s}\, \frac{I_0(r\sqrt{s/a})}{I_0(R\sqrt{s/a})}. \qquad (V, 59)$$

Zur Gewinnung einer Partikulärlösung von Gl. (V, 58) setzen wir an

$$u^* = A\, \frac{dT^*}{dr}.$$

Wegen

$$\Delta\frac{dT^*}{dr} = \frac{d}{dr}(\Delta T^*) + \frac{1}{r^2}\frac{dT^*}{dr} = \left(\frac{s}{a} + \frac{1}{r^2}\right)\frac{dT^*}{dr}$$

erhält man sofort

$$A = \frac{1+\mu}{1-\mu}\, \frac{\alpha\, c^2}{s\left(\frac{c^2}{a} - s\right)}. \qquad (V, 60)$$

Von den beiden Lösungen $I_1(s\,r/c)$ und $K_1(s\,r/c)$ der homogenen Gl. (V, 58) ist die zweite auszuschließen, da sie für $r \to 0$ nicht beschränkt bleibt. Wir haben also

$$u^* = B\, I_1(s\,r/c) + A\, \frac{T_0}{\sqrt{a\,s}}\, \frac{I_1(r\sqrt{s/a})}{I_0(R\sqrt{s/a})}. \qquad (V, 61)$$

Die Konstante B folgt aus der Randbedingung $\sigma_{rr} = 0$ in $r = R$, oder

$$(1-\mu)\frac{du^*}{dr} + \mu\, \frac{u^*}{r} = (1+\mu)\, \varkappa\, T^* \quad \text{in } r = R,$$

zu

$$\left((1-\mu)\frac{s\,R}{c} I_0(s\,R/c) - (1-2\mu)\, I_1(s\,R/c)\right) B =$$

$$= (1+\mu)\, \frac{\alpha\, T_0\, R}{s - \frac{c^2}{a}} + (1-2\mu)\, \frac{A\, T_0}{\sqrt{a\,s}}\, \frac{I_1(R\sqrt{s/a})}{I_0(R\sqrt{s/a})}. \qquad (V, 62)$$

Die Rücktransformation ist ziemlich mühsam und führt auf verwickelte und undurchsichtige Ausdrücke[1]. Da die an der Oberfläche erzeugte Welle hier im Gegensatz zu den in Ziff. 2 bis 5 behandelten Beispielen nicht ins Unendliche auslaufen kann, sondern reflektiert wird, bilden sich Schwingungen aus, die aber für praktische Verhältnisse bedeutungslos sind. Wir begnügen uns hier mit der Berechnung von u und $\sigma_{\varphi\varphi}$ an der Oberfläche $r = R$ für kleine Werte von t, also unmittelbar nach dem Auftreten des Wärmeschocks. Mit Hilfe der asymptotischen, für große z gültigen Beziehungen

$$I_0(z) \sim I_1(z) \sim \sqrt{\frac{1}{2\pi z}}\, e^z$$

---

[1] MURA (4).

erhalten wir aus den Gl. (V, 60) bis (V, 62) für große $|s|$ und $r = R$:

$$u^* = \frac{1+\mu}{1-\mu} c \alpha T_0 \left(\frac{1}{s^2} - \frac{c}{\sqrt{a}} \frac{1}{s^{5/2}} + \cdots \right)$$

somit für kleine t

$$u = \frac{1+\mu}{1-\mu} c \alpha T_0 \left(t - \frac{4}{3\sqrt{\pi}} \frac{c}{\sqrt{a}} t^{3/2} + \cdots \right), \quad \text{in } r = R. \quad (V, 63)$$

Die Umfangsspannung $\sigma_{\varphi\varphi}$ in $r = R$ ist mit

$$(1-\mu)\sigma_{\varphi\varphi} - \mu\sigma_{rr} = 2G[\varepsilon_{\varphi\varphi} - (1+\mu)\alpha T]$$

wegen $\sigma_{rr} = 0$ gleich

$$\sigma_{\varphi\varphi} = \frac{2G}{1-\mu} \left(\frac{u}{R} - (1+\mu)\alpha T_0 \right) \quad \text{in } r = R. \quad (V, 64)$$

Da für $t \to 0$ auch $u \to 0$ geht, ergibt sich auch hier wieder, daß die bei der quasistatischen Untersuchung in Ziff. II, 12 erhaltene Oberflächenspannung zumindest unmittelbar nach dem Auftreten des Wärmeschocks mit der dynamischen Spannung übereinstimmt und der Formel (V, 24) genügt.

10. Thermisch erregte Plattenschwingungen. Um das dynamische Verhalten einer dünnen Platte unter dem Einfluß rasch veränderlicher Temperaturen zu studieren, hat man in der in MELAN-PARKUS angegebenen und durch das Belastungsglied ergänzten Plattengleichung (VII, 9)

$$\Delta\Delta w = \frac{p}{N} - \alpha(1+\mu)\Delta\tau$$

zur äußeren Belastung p pro Einheit der Mittelfläche noch die D'ALEMBERTsche Trägheitskraft $-\varrho\delta\,\partial^2 w/\partial t^2$ hinzuzufügen (δ ist die Plattendicke):

$$N\Delta\Delta w + \varrho\delta\frac{\partial^2 w}{\partial t^2} = p - (1+\mu)N\alpha\Delta\tau. \quad (V, 65)$$

Die Größe τ ist hierbei gemäß Gl. (VII, 1) in MELAN-PARKUS der Koeffizient von z in der Linearapproximation der Temperatur $T(x, y, z, t)$, mit x, y als Koordinaten in der Plattenmittelfläche. Multipliziert man Gl. (VII, 1) mit z und integriert über die Plattendicke $\delta = 2h$, so erhält man

$$\tau(x, y, t) = \frac{12}{\delta^3} \int_{-h}^{+h} z\, T(x, y, z, t)\, dz. \quad (V, 66)$$

Zur Lösung von Gl. (V, 65) spalten wir die Durchbiegung w auf in einen *quasistatischen* Anteil w_s und einen *dynamischen* Anteil w_d,

$$w = w_s + w_d, \quad (V, 67)$$

w_s genügt der Gleichung

$$N\Delta\Delta w_s = p - (1+\mu)N\alpha\Delta\tau. \quad (V, 68)$$

Als Randbedingungen schreiben wir für w_s die gleichen wie für w selbst vor. Sie hängen natürlich von der jeweiligen Art der Plattenlagerung ab.

Nach Bestimmung von w_s erhalten wir nach Einsetzen von Gl. (V, 67) in Gl. (V, 65) unter Beachtung von Gl. (V, 68) als Differentialgleichung für w_d

$$\Delta\Delta w_d + \varkappa^2 \frac{\partial^2 w_d}{\partial t^2} = -\varkappa^2 \frac{\partial^2 w_s}{\partial t^2}. \qquad (V, 69)$$

Da w_s bereits die Randbedingungen für w erfüllt, haben wir für w_d die der jeweiligen Lagerung entsprechenden *homogenen* Randbedingungen vorzuschreiben. Die Größe $\varkappa$ ist definiert durch

$$\varkappa = \sqrt{\frac{\varrho\,\delta}{N}}. \qquad (V, 70)$$

Gl. (V, 69) ist die bekannte Differentialgleichung der schwingenden Platte, die durch die fiktive Belastung $p = -\varkappa^2 N\,\partial^2 w_s/\partial t^2$ zu Bewegungen gezwungen wird, wobei — im Gegensatz zu Gl. (V, 65) — an den Rändern keine Erregungen wirksam sind. Dieses Problem ist in der Literatur vielfach behandelt[1]. Die analytischen Schwierigkeiten sind unter Umständen beträchtlich, da man für die Eigenfunktionen häufig auf explizit nicht bekannte Funktionen geführt wird.

Es sei darauf hingewiesen, daß die Methode der Aufspaltung der Durchbiegung gemäß Gl. (V, 67) in gleicher Weise auch auf die thermisch erregten Biegeschwingungen eines Balkens anwendbar ist[2]. Als Ausgangsgleichung ist dabei — unter der Voraussetzung konstanten Querschnittes — an Stelle von Gl. (V, 65) die Gleichung

$$EJ\frac{\partial^4 w}{\partial x^4} + \varrho F \frac{\partial^2 w}{\partial t^2} = p - E\alpha\frac{\partial^2\theta}{\partial x^2} \qquad (V, 71)$$

zu verwenden. F und J sind Fläche und Trägheitsmoment des Querschnittes, während die Größe θ definiert ist durch

$$\theta(x, t) = \int_F z\,T(x, z, t)\,dF. \qquad (V, 72)$$

Alles weitere folgt dem für die Platte angegebenen Schema.

11. Wärmeschock an der Oberfläche einer Platte[3]. Wir betrachten eine allseits frei drehbar gelagerte Rechteckplatte $|x| \leq b$, $|y| \leq c$, der auf der Oberseite $z = +\delta/2 = +h$, im Zeitpunkt $t = 0$ beginnend, die konstante Wärmemenge q pro Zeiteinheit und pro Einheit der Oberfläche zugeführt wird. Die Plattenunterseite $z = -\delta/2 = -h$ und die Ränder $x = \pm b$ und $y = \pm c$ seien vollkommen wärmeisoliert. Die Temperaturverteilung hängt dann nur von der Koordinate z und der Zeit t ab, gehorcht also der Gleichung

$$a\frac{\partial^2 T}{\partial z^2} = \frac{\partial T}{\partial t} \qquad (V, 73)$$

---

[1] Man vergleiche die Lehrbücher der Schwingungslehre.
[2] BOLEY (2), BOLEY and BARBER.
[3] BOLEY and BARBER.

mit den Rand- und Anfangsbedingungen

$$\lambda \frac{\partial T}{\partial z} = q \quad \text{in } z = +h, \quad \frac{\partial T}{\partial z} = 0 \quad \text{in } z = -h,$$
$$T = 0 \quad \text{für } t = 0.$$
(V, 74)

Mit Hilfe der LAPLACE-Transformation läßt sich die Lösung des Problems leicht finden. Sie lautet[1]

$$T = \frac{2qh}{\lambda}\left[\frac{\beta t}{\pi^2} + \frac{3z^2 + 6hz - h^2}{24h^2} - \frac{2}{\pi^2}\sum_{n=1}^{\infty}\frac{(-1)^n}{n^2}e^{-n^2\beta t}\cos\frac{n\pi}{2}\left(\frac{z}{h}+1\right)\right],$$
$$\beta = \frac{a\pi^2}{4h^2}.$$
(V, 75)

Nun können wir die Größe τ gemäß Gl. (V, 66) berechnen und erhalten

$$\tau(t) = \frac{q}{2\lambda}\left(1 - \frac{96}{\pi^4}\sum_{n=1,3,5}\frac{1}{n^4}e^{-n^2\beta t}\right).$$
(V, 76)

Da τ nur von t abhängt, ist $\Delta\tau = 0$.

Wir haben jetzt Gl. (V, 65) zu lösen, die hier wegen des Fehlens einer äußeren Belastung p lautet

$$N\Delta\Delta w + 2h\varrho\frac{\partial^2 w}{\partial t^2} = 0.$$
(V, 77)

An den Plattenrändern müssen die Verschiebung und die Biegemomente verschwinden:

$$w = 0, \ m_{xx} = 0 \quad \text{in } x = \pm b,$$
$$w = 0, \ m_{yy} = 0 \quad \text{in } y = \pm c.$$

Diese Bedingungen lassen sich mittels der Gln. (VII, 6) in MELAN-PARKUS umformen[2] in

$$w = 0, \ \frac{\partial^2 w}{\partial x^2} = -(1+\mu)\alpha\tau \quad \text{in } x = \pm b,$$
$$w = 0, \ \frac{\partial^2 w}{\partial y^2} = -(1+\mu)\alpha\tau \quad \text{in } y = \pm c.$$
(V, 78)

Wir berechnen zuerst die *quasistatische Durchbiegung* w_s, die mit $\varrho = 0$ der Gleichung

$$\Delta\Delta w_s = 0$$
(V, 79)

gehorcht. Die Randbedingungen (V, 78) gelten auch für w_s. Wir setzen an

$$w_s = C(x^2 + y^2) + w_{s1} + w_{s2},$$
(V, 80)

wo w_{s1} und w_{s2} gleichfalls biharmonische Funktionen sind, und schreiben für sie die folgenden Randbedingungen vor:

---

[1] CARSLAW-JAEGER, S. 104.
[2] Diese Gleichungen sind aus dem HOOKEschen Gesetz hergeleitet und bleiben daher auch im dynamischen Fall gültig.

Wärmeschock an der Oberfläche einer Platte.

$$\left.\begin{array}{ll} w_{s1} = 0, & \dfrac{\partial^2 w_{s1}}{\partial x^2} = 0 \quad \text{in } x = \pm b, \\[6pt] w_{s1} = -C(c^2 + x^2), & \dfrac{\partial^2 w_{s1}}{\partial y^2} = 0 \quad \text{in } y = \pm c, \end{array}\right\} \quad (V, 81)$$

$$\left.\begin{array}{ll} w_{s2} = -C(b^2 + y^2), & \dfrac{\partial^2 w_{s2}}{\partial x^2} = 0 \quad \text{in } x = \pm b, \\[6pt] w_{s2} = 0, & \dfrac{\partial^2 w_{s2}}{\partial y^2} = 0 \quad \text{in } y = \pm c \end{array}\right\} \quad (V, 82)$$

mit

$$C = -\frac{1}{2}(1+\mu)\, \varkappa\, \tau. \quad (V, 83)$$

Wie man sich leicht überzeugt, sind damit die Randbedingungen (V, 78) erfüllt. Nun setzen wir weiters[1]

$$\left.\begin{array}{l} w_{s1} = \displaystyle\sum_{n=1,3,5} (A_n \operatorname{\mathfrak{Cof}} \alpha_n y + \alpha_n y\, B_n \operatorname{\mathfrak{Sin}} \alpha_n y) \cos \alpha_n x, \\[6pt] w_{s2} = \displaystyle\sum_{n=1,3,5} (C_n \operatorname{\mathfrak{Cof}} \beta_n x + \beta_n x\, D_n \operatorname{\mathfrak{Sin}} \beta_n x) \cos \beta_n y, \end{array}\right\} \quad (V, 84)$$

wobei

$$\alpha_n = \frac{n\pi}{2b}, \quad \beta_n = \frac{n\pi}{2c}. \quad (V, 85)$$

Die Funktion w_{s1} erfüllt bei beliebigen A_n und B_n die zwei ersten Randbedingungen (V, 81), und die Funktion w_{s2} erfüllt bei beliebigen C_n und D_n die dritte und vierte Randbedingung (V, 82). Um auch die restlichen Bedingungen zu erfüllen, entwickeln wir in FOURIER-Reihen wie folgt:

$$C(c^2 + x^2) = \sum_{n=1,3,5} a_n \cos \alpha_n x, \quad C(b^2 + y^2) = \sum_{n=1,3,5} b_n \cos \beta_n y$$

und erhalten

$$\left.\begin{array}{l} a_n = \dfrac{2}{b}\displaystyle\int_0^b C(c^2 + x^2) \cos \alpha_n x\, dx = \dfrac{2C}{\alpha_n b}\left(b^2 + c^2 - \dfrac{2}{\alpha_n^2}\right)\sin \dfrac{n\pi}{2}, \\[10pt] b_n = \dfrac{2}{c}\displaystyle\int_0^c C(b^2 + y^2) \cos \beta_n y\, dy = \dfrac{2C}{\beta_n c}\left(b^2 + c^2 - \dfrac{2}{\beta_n^2}\right)\sin \dfrac{n\pi}{2}. \end{array}\right\} \quad (V, 86)$$

Dann folgt aus (V, 81) und (V, 82)

$$A_n \operatorname{\mathfrak{Cof}} \alpha_n c + \alpha_n c\, B_n \operatorname{\mathfrak{Sin}} \alpha_n c = -a_n,$$
$$(A_n + 2B_n) \operatorname{\mathfrak{Cof}} \alpha_n c + \alpha_n c\, B_n \operatorname{\mathfrak{Sin}} \alpha_n c = 0$$

und zwei analoge Gleichungen für C_n und D_n. Ihre Lösungen sind

$$\left.\begin{array}{l} A_n = \dfrac{-a_n}{\operatorname{\mathfrak{Cof}}^2 \alpha_n c}\left(\operatorname{\mathfrak{Cof}} \alpha_n c + \dfrac{\alpha_n c}{2} \operatorname{\mathfrak{Sin}} \alpha_n c\right), \quad B_n = \dfrac{a_n}{2\operatorname{\mathfrak{Cof}} \alpha_n c}, \\[10pt] C_n = \dfrac{-b_n}{\operatorname{\mathfrak{Cof}}^2 \beta_n b}\left(\operatorname{\mathfrak{Cof}} \beta_n b + \dfrac{\beta_n b}{2} \operatorname{\mathfrak{Sin}} \beta_n b\right), \quad D_n = \dfrac{b_n}{2\operatorname{\mathfrak{Cof}} \beta_n b}. \end{array}\right\} \quad (V, 87)$$

---
[1] K. GIRKMANN: Flächentragwerke. 4. Aufl., S. 209. Wien: 1956.

Die quasistatische Durchbiegung ist damit gefunden. Die Reihen (V, 84) und ihre Ableitungen beliebiger Ordnung konvergieren gleichmäßig im Inneren des Plattenrechteckes.

Zur Bestimmung des dynamischen Anteiles w_d der Durchbiegung machen wir den üblichen Ansatz[1]

$$w_d = \sum_{n=1,3,5} \sum_{m=1,3,5} q_{nm}(t) \cos \alpha_n x \cos \beta_m y. \qquad (V, 88)$$

Dieser Ansatz erfüllt die für w_d vorzuschreibenden, homogenen Randbedingungen, nämlich

$$w_d = 0, \quad \Delta w_d = 0 \quad \text{längs} \quad x = \pm b, \quad y = \pm c.$$

Nach Eintragen in Gl. (V, 69) erhält man

$$\sum_n \sum_m [(\alpha_n^2 + \beta_m^2)^2 q_{nm} + \varkappa^2 \ddot{q}_{nm}] \cos \alpha_n x \cos \beta_m y = -\varkappa^2 \frac{\partial^2 w_s}{\partial t^2}. \qquad (V, 89)$$

Nun muß die rechte Seite dieser Gleichung gleichfalls in eine Doppelreihe entwickelt werden. Man gewinnt sie am einfachsten direkt durch Einsetzen von

$$w_s = \sum_{n=1,3,5} \sum_{m=1,3,5} K_{nm} \cos \alpha_n x \cos \beta_m y \qquad (V, 90)$$

in die Gl. (V, 68), die mit $p = 0$ nach Integration lautet

$$\Delta w_s = -(1 + \mu) \alpha \tau.$$

Entwickelt man

$$\tau = -\frac{16 \tau}{\pi^2} \sum_n \sum_m \frac{(-1)^{\frac{n+m}{2}}}{n\,m} \cos \alpha_n x \cos \beta_m y,$$

so folgt

$$K_{nm} = (1 + \mu) \frac{(-1)^{\frac{n+m}{2}}}{\pi^2 n\,m\,(\alpha_n^2 + \beta_m^2)} \frac{16 \alpha \tau}{} = k_{nm} \tau. \qquad (V, 91)$$

Damit gehen wir in Gl. (V, 89) und erhalten die folgende Differentialgleichung für q_{nm}:

$$\ddot{q}_{nm} + \omega_{nm}^2 q_{nm} = -k_{nm} \ddot{\tau}, \quad \omega_{nm} = (\alpha_n^2 + \beta_m^2)/\varkappa. \qquad (V, 92)$$

Eine LAPLACE-Transformation führt diese Gleichung wegen

$$\tau(0) = 0, \quad \dot{\tau}(0+) = \frac{q}{2\lambda} \frac{96 \beta}{\pi^4} \sum_{n=1,3,5} \frac{1}{n^2} = \frac{6 q \beta}{\pi^2 \lambda}$$

und wegen

$$q_{nm}(0) = 0, \quad \dot{q}_{nm}(0) = 0$$

über in

$$(s^2 + \omega_{nm}^2) q_{nm}^* = -k_{nm} [s^2 \tau^* - \dot{\tau}(0+)].$$

---

[1] S. TIMOSHENKO: Schwingungsprobleme der Technik. S. 336. Berlin: 1932. Der Koordinatenursprung liegt dort in einer Plattenecke.

Wir transformieren sofort zurück und erhalten

$$q_{nm}(t) = -k_{nm}\left(\tau(t) - \omega_{nm}\int_0^t \tau(t-t')\sin(\omega_{nm}t')\,dt' - \frac{\dot\tau(0+)}{\omega_{nm}}\sin\omega_{nm}t\right).$$

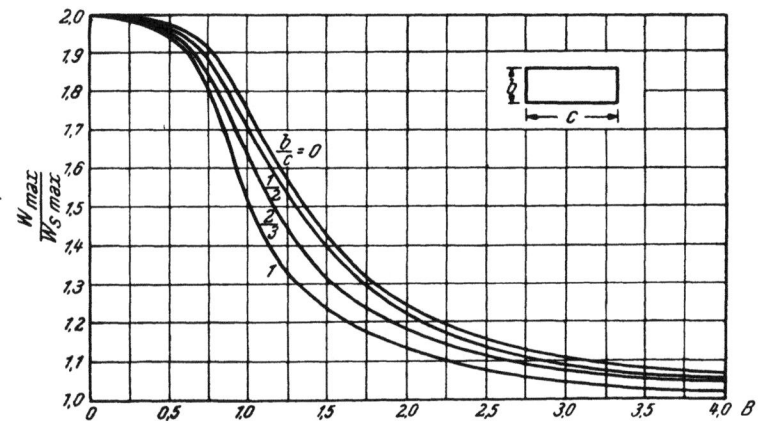

Abb. 25. (b und c sind zu ersetzen durch $2b$ und $2c$.)

Wird τ aus Gl. (V, 76) eingesetzt, so kommt

$$q_{nm}(t) = \frac{q}{2\lambda}k_{nm}\left[\frac{12\beta}{\pi^2\omega_{nm}}\sin\omega_{nm}t - \frac{96\beta^2}{\pi^4}\sum_{j=1,3,5}\frac{1}{j^4\beta^2+\omega_{nm}^2}\left(\cos\omega_{nm}t + \frac{\omega_{nm}}{\beta}\frac{1}{j^2}\sin\omega_{nm}t - e^{-j^2\beta t}\right)\right]. \qquad (V, 93)$$

Damit ist, zumindest formal, das gestellte Problem gelöst. Während aber die quasistatische Verschiebung w_s in Form einer einfachen Reihe erscheint und einer numerischen Auswertung keine besonderen Schwierigkeiten entgegensetzt, ist der dynamische Anteil w_d durch eine dreifache Reihe dargestellt, so daß seine zahlenmäßige Berechnung außerordentlich mühsam wird. BOLEY und BARBER haben das Verhältnis der größten Durchbiegung in Plattenmitte $w_{\max}$ zur größten quasistatischen Durchbiegung $w_{s\,\max}$ für verschiedene Werte des Parameters $B = \delta/(2b\sqrt{a\varkappa})$ berechnet, wobei $b < c$ vorausgesetzt wurde. Die Ergebnisse sind in Abb. 25 dargestellt. Man sieht, daß mit abnehmender Plattendicke der Einfluß der Trägheitsglieder immer größer wird. Ähnliche Überlegungen wie in Ziff. V, 3 sind allerdings auch hier anzustellen.

VI. Wärmespannungen bei viskoelastischem Verhalten des Werkstoffes.

1. Einleitung. Den Untersuchungen der vorangehenden Abschnitte wurde ein „linear-elastischer" Werkstoff zugrunde gelegt, das ist ein solcher, der dem HOOKEschen Gesetz unbeschränkt gehorcht. Neben Homogenität und Isotropie wurde dabei auch angenommen, daß Elastizitätsmodul, Querdehnzahl und Wärmedehnzahl temperaturunabhängige Konstanten sind. Diese Annahmen treffen zumindest für die meisten technisch wichtigen Metalle auch gut zu, solange die in Frage kommenden Temperaturintervalle nicht zu groß sind, die Temperatur gewisse, vom Werkstoff abhängige Höchstwerte nicht überschreitet und die Spannungen die Fließgrenze nicht erreichen.

Bei höheren Temperaturen liegt die Situation jedoch anders. Abgesehen davon, daß die Fließgrenze mit zunehmender Temperatur rasch abnimmt, so daß plastische Verformungen schon bei wesentlich geringeren Spannungen eintreten, zeigen fast alle Werkstoffe mehr oder minder ausgeprägte *Kriecherscheinungen*. Die Verformungen gehen dann auch bei festgehaltener Temperatur und konstanter Belastung weiter und kommen, falls überhaupt, erst zum Stillstand, wenn der Spannungszustand genügend weit abgebaut wurde. Schließlich aber bleiben die Werkstoffkenngrößen bei höherer Temperatur nicht mehr konstant, sondern ändern sich mit der Temperatur[1].

Eine Folge dieser Erscheinungen ist unter Umständen eine beträchtliche Umlagerung in der Spannungsverteilung, die bei Wärmespannungen, welche ja Eigenspannungssysteme bilden, wesentlich stärker ausgeprägt ist als bei Lastspannungen. Die Berücksichtigung rheologischer Effekte beim Entwurf von Bauteilen, welche hohen Temperaturen ausgesetzt sind, ist deshalb von größter Wichtigkeit.

Wir wollen uns im vorliegenden Kapitel nur mit den Kriechvorgängen befassen, während das nächste Kapitel den elastisch-plastischen Erscheinungen gewidmet ist. Wir nehmen deshalb an, daß die Spannungen noch unterhalb der zur herrschenden Temperatur gehörigen Fließgrenze liegen. Weiters setzen wir neben infinitesimalen Verformungen einen homogenen und isotropen Werkstoff voraus, dessen hier in Frage kommende physikalische Kenngrößen temperaturunabhängig sind. Nun ist allerdings gerade die für das Kriechen verantwortliche Werkstoffzähigkeit eine besonders temperaturempfindliche Größe, deren Temperaturabhängigkeit jedenfalls von weit größerem Einfluß ist als etwa die Veränderlichkeit des Elastizitätsmoduls oder der Wärmedehnzahl. Die Berücksichtigung dieser Abhängigkeit ist zwar grundsätzlich ohne weiteres möglich, hat aber zur Folge, daß die Lösung selbst des einfachsten Problems umfangreiche numerische Rechenarbeiten erfordert, häufig ohne daß damit ein allgemeingültiges Ergebnis gewonnen wäre. Sie kommt

---
[1] Siehe etwa FREUDENTHAL (1), HOFF (7).

daher nur in Einzelfällen in Frage, bei denen entsprechende Ansprüche an die Genauigkeit der Resultate gestellt werden. Die bisher durchgeführten Untersuchungen über den Einfluß der veränderlichen Zähigkeit lassen erwarten, daß die Annahme konstanter Viskosität zu günstige Spannungswerte ergibt[1].

2. Die Spannungs-Verzerrungs-Gleichungen. Bei der Formulierung der rheologischen Spannungs-Verzerrungs-Gesetze erweist es sich als zweckmäßig, neben den Spannungen σ_{ij} und den Verzerrungen ε_{ij} den *Spannungsdeviator* s_{ij} und den *Verzerrungsdeviator* e_{ij} einzuführen. Die beiden sind durch

$$s_{ij} = \sigma_{ij} - \sigma\,\delta_{ij}, \quad e_{ij} = \varepsilon_{ij} - \varepsilon\,\delta_{ij} \qquad (VI, 1)$$

definiert, wobei δ_{ij} das KRONECKERsche Symbol und σ und ε gemäß

$$\sigma = \frac{1}{3}\sum_i \sigma_{ii}, \quad \varepsilon = \frac{1}{3}\sum_i \varepsilon_{ii} \qquad (VI, 2)$$

die mittlere Normalspannung und die mittlere Dehnung bedeuten. Mit Benützung dieser Deviatoren lautet dann das HOOKEsche Gesetz

$$s_{ij} = 2\,G\,e_{ij} \qquad (VI, 3)$$

und

$$\varepsilon = \frac{1 - 2\mu}{E}\sigma + \nu\,T. \qquad (VI, 4)$$

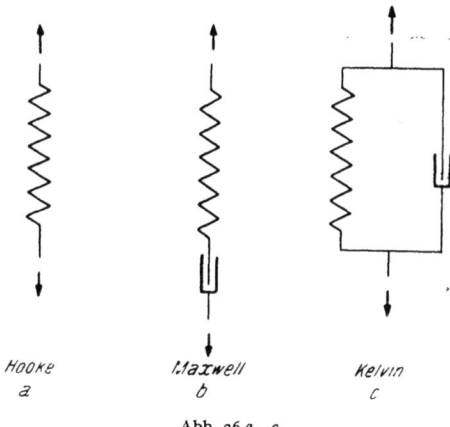

Abb. 26 a—c.

Die Gln. (VI, 3) und (VI, 4) beschreiben das Verhalten des HOOKEschen oder linear elastischen Körpers. Eine Feder, Abb. 26 a, kann als Modell für diesen Körper angesehen werden.

Das einfachst mögliche Spannungs-Verzerrungs-Gesetz des zähelastischen (viskoelastischen) Körpers entsteht aus dem HOOKEschen durch Hinzufügen eines das NEWTONsche *Viskositätsgesetz* repräsentierenden Termes, nach dem die Spannungen den Verzerrungs*geschwindigkeiten* proportional sind. Im Modell kann das durch den Einbau einer Ölbremse versinnbildlicht werden. Je nachdem, ob Feder und Ölbremse hintereinander oder parallel geschaltet werden, erhält man dann den MAXWELLschen Körper, Abb. 26 b, bzw. den KELVINschen (oder VOIGTschen) Körper, Abb. 26 c. Die entsprechenden Spannungs-Verzerrungs-Gleichungen lauten für den MAXWELLschen Körper

$$\frac{\partial s_{ij}}{\partial t} + \frac{s_{ij}}{\vartheta} = 2\,G\,\frac{\partial e_{ij}}{\partial t} \qquad (VI, 5)$$

---

[1] FREUDENTHAL (1), (2), HILTON (3), HILTON-HASSAN-RUSSELL.

116 Wärmespannungen bei viskoelastischem Verhalten des Werkstoffes.

und für den KELVINschen Körper

$$s_{ij} = 2G\left(e_{ij} + \vartheta\,\frac{\partial e_{ij}}{\partial t}\right), \qquad (VI, 6)$$

während Gl. (VI, 4) ungeändert bleibt. Letzteres bedeutet, daß sich der Körper unter hydrostatischem Druck oder Zug rein elastisch verhält. Die Größe ϑ wird im Falle des MAXWELLschen Körpers als „Relaxationszeit" bezeichnet, während sie beim KELVINschen Körper „Retardationszeit" genannt wird. Sie hängt mit der Viskosität η des Stoffes gemäß $\vartheta = \eta/G$ zusammen.

Das unterschiedliche Verhalten der beiden Körper wird deutlich, wenn man beispielsweise einen anfänglich spannungsfreien Stab mit

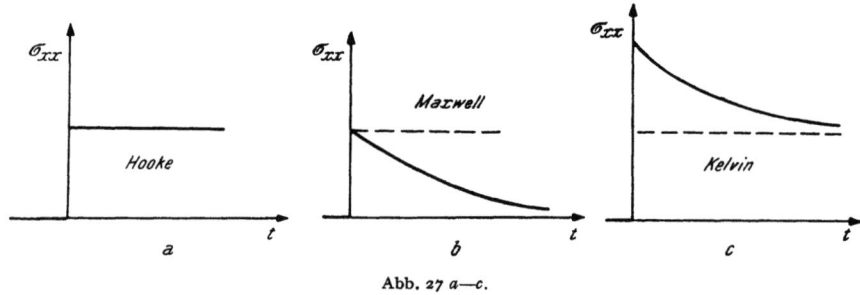

Abb. 27 a—c.

festgehaltenen Enden betrachtet, der zur Zeit $t = 0$ plötzlich um $-T_0$ Grade abgekühlt und dann auf konstanter Temperatur gehalten wird. Mit

$$\sigma = \frac{\sigma_{xx}}{3}, \quad s_{xx} = \frac{2}{3}\sigma_{xx}, \quad \varepsilon_{xx} = 0, \quad \varepsilon = \frac{1-2\mu}{E}\,\frac{\sigma_{xx}}{3} - \alpha\,T_0$$

geht Gl. (VI, 5) über in

$$\frac{d\sigma_{xx}}{dt} + \frac{2}{3}\,\frac{1+\mu}{\vartheta}\,\sigma_{xx} = 0 \qquad (VI, 7)$$

und Gl. (VI, 6) liefert

$$\frac{d\sigma_{xx}}{dt} + \frac{3}{(1-2\mu)\,\vartheta}\,\sigma_{xx} = \frac{3}{(1-2\mu)\,\vartheta}\,E\,\alpha\,T_0, \qquad (VI, 8)$$

während bei Gültigkeit des HOOKEschen Gesetzes

$$\sigma_{xx} = E\,\alpha\,T_0 \qquad (VI, 9)$$

ist. Da die für den MAXWELLschen Körper erhaltene Lösung für $\vartheta \to \infty$ in die HOOKEsche übergehen muß, folgt aus Gl. (VI, 7)

$$\sigma_{xx} = E\,\alpha\,T_0\,\exp\left(-\frac{2}{3}(1+\mu)\,\frac{t}{\vartheta}\right), \qquad (VI, 10)$$

während die für den KELVINschen Körper gültige Gl. (VI, 8) mit der Unstetigkeitsbedingung $\sigma_{xx} \neq 0$ für $t \to +0$ die allgemeine Lösung

$$\sigma_{xx} = E\,\alpha\,T_0\left[1 + C\,\exp\left(\frac{-3}{1-2\mu}\,\frac{t}{\vartheta}\right)\right] \qquad (VI, 11)$$

liefert. Sie geht für $\vartheta \to 0$ in die HOOKEsche über. In Abb. 27 sind die drei Spannungsverläufe dargestellt. Beim HOOKEschen und beim MAXWELLschen Körper springt die Spannung beim plötzlichen Abkühlen unstetig auf den Wert $E \propto T_0$. Während sie aber beim vollkommen elastischen Werkstoff dauernd auf diesem Wert bleibt, setzt beim MAXWELLschen Körper der Kriechvorgang ein, wodurch die Spannung ständig abnimmt und sich schließlich asymptotisch dem Wert Null nähert. Beim KELVINschen Körper hingegen springt unmittelbar nach dem plötzlichen Abkühlen die Spannung auf das Mehrfache des elastischen Wertes, um sich diesem dann asymptotisch zu nähern. Im ersten Fall reagiert der Körper also unter einer schnellen Belastung wie ein elastischer, entspannt sich aber, wenn man ihm Zeit gibt, während im zweiten Fall eine durch die innere Dämpfung bewirkte Verzögerung gegenüber dem elastischen Verhalten vorhanden ist.

Die praktisch verwendeten Werkstoffe benehmen sich allerdings weit komplizierter als die eben beschriebenen Modelle. Zur Erzielung einer größeren Genauigkeit müssen daher mehr oder minder verwickelte Kombinationen der drei Grundfälle (z. B. ein HOOKEscher und ein MAXWELLscher Körper in Parallelschaltung) verwendet werden. Darüber hinaus wären auch noch eventuelle Nichtlinearitäten im Werkstoffverhalten zu berücksichtigen. Will man aber mit einem möglichst einfachen Modell auskommen, so wird man, zumindest für Metalle bei höheren Temperaturen, das MAXWELLsche verwenden. Das KELVINsche Modell eignet sich, wie Abb. 26c direkt erkennen läßt, in erster Linie zur Untersuchung gedämpfter Schwingungen in Werkstoffen mit innerer Reibung.

Das allgemeinste *lineare*[1] viskoelastische Spannungs-Verzerrungs-Gesetz für einen mechanisch und thermisch isotropen Körper kann in der Form geschrieben werden

$$\left. \begin{array}{l} P(D)\, s_{ij} = Q(D)\, e_{ij}, \\ F(D)\, \sigma\ \ = H(D)\, (\varepsilon - \alpha\, T). \end{array} \right\} \qquad (VI, 12)$$

Hierbei sind $P(D), \ldots, H(D)$ Polynome im Opertor $D \equiv \partial/\partial t$ gemäß

$$\left. \begin{array}{l} P(D) = \displaystyle\sum_{n=0}^{p} p_n \frac{\partial^n}{\partial t^n}, \quad Q(D) = \displaystyle\sum_{n=0}^{q} q_n \frac{\partial^n}{\partial t^n}, \\ F(D) = \displaystyle\sum_{n=0}^{f} f_n \frac{\partial^n}{\partial t^n}, \quad H(D) = \displaystyle\sum_{n=0}^{h} h_n \frac{\partial^n}{\partial t^n}. \end{array} \right\} \qquad (VI, 13)$$

Die Koeffizienten $p_n, \ldots, h_n$ enthalten die Werkstoffeigenschaften. Sie werden im allgemeinsten Fall zeit- und ortsabhängige Funktionen sein. Im besonderen ist

---

[1] Auf nichtlineare wird in diesem Buch nicht eingegangen.

118   Wärmespannungen bei viskoelastischem Verhalten des Werkstoffes.

$$P(D) = 1, \quad Q(D) = 2G, \qquad \text{HOOKE,}$$

$$P(D) = \frac{1}{\vartheta} + \frac{\partial}{\partial t}, \quad Q(D) = 2G\frac{\partial}{\partial t}, \qquad \text{MAXWELL,}$$

$$P(D) = 1, \quad Q(D) = 2G\left(1 + \vartheta\frac{\partial}{\partial t}\right), \qquad \text{KELVIN,} \qquad \text{(VI, 14)}$$

$$P(D) = 1 + \vartheta_1\frac{\partial}{\partial t}, \quad Q(D) = 2G\left(1 + \vartheta_2\frac{\partial}{\partial t}\right), \quad \text{„Normalkörper“,}$$

$$F(D) = \frac{1-2\mu}{2G(1+\mu)}, \quad H(D) = 1.$$

Der hier „Normalkörper" genannte Fall entspricht der oben erwähnten Parallelschaltung eines HOOKEschen und eines MAXWELLschen Körpers. Er enthält die drei anderen als Spezialfälle. Für den inkompressiblen Körper ist $F(D) = 0$.

Da die Spannungs-Verzerrungs-Gleichungen des viskoelastischen Werkstoffes zeitabhängig sind, liegt auch bei konstanter Temperatur und konstanter Belastung ein instationäres und damit dynamisches Problem vor. Man wird aber auch hier, von ganz wenigen Ausnahmefällen abgesehen, quasistatisch rechnen können, wie wir dies im weiteren gleichfalls tun wollen.

3. Elastisch-viskoelastische Analogie. Auf die Möglichkeit, ein viskoelastisches Problem dadurch zu lösen, daß man ein „zugeordnetes" elastisches Problem behandelt, hat zuerst ALFREY[1] hingewiesen. Die von ihm aufgestellte Analogie setzt allerdings einen inkompressiblen Werkstoff voraus. LEE[2] gab dann mit Hilfe der LAPLACE-Transformation eine auch für kompressible Werkstoffe gültige Verallgemeinerung. Die Ergänzung der ALFREYschen Analogie auf Wärmespannungen wurde — unter gewissen Einschränkungen — von HILTON[3], die der LEEschen Analogie von STERNBERG[4] durchgeführt.

Das vollständige System von Gleichungen des linear-viskoelastischen quasistatischen Problems besteht aus den Gleichgewichtsbedingungen, den geometrischen Beziehungen (S. 1) und den Spannungs-Verzerrungs-Gleichungen (VI, 12). Zu diesen kommen die Oberflächenbedingungen und die Anfangsbedingungen. An den Teilen der Oberfläche, wo die Spannungen vorgeschrieben sind, lauten die ersten

$$\sum_j \sigma_{ij} n_j = p_i, \qquad \text{(VI, 15)}$$

wobei n_j die Komponenten des nach außen gerichteten Normalenvektors bedeuten. Als Anfangsbedingungen setzen wir Spannungsfreiheit und

---
[1] T. ALFREY: Non-homogeneous stresses in visco-elastic media. Quart. Appl. Math. **2**, 113 (1944).
[2] E. H. LEE: Stress analysis in visco-elastic bodies. Quart. Appl. Math. **13**, 183 (1955).
[3] HILTON (2).
[4] STERNBERG (2).

verschwindende Temperatur voraus. Ebenso sollen sämtliche zeitliche Ableitungen hinreichend hoher Ordnung anfänglich verschwinden. Schließlich seien alle Koeffizienten in den Polynomen (VI, 13) Konstanten.

Wird jetzt auf das Gleichungssystem eine LAPLACE-Transformation ausgeübt, so entsteht wegen der eben erwähnten Anfangsbedingungen im Bildraum das folgende System:

Gleichgewichtsbedingungen: $\sum_i \dfrac{\partial \sigma_{ij}^*}{\partial i} = 0.$

Geometrische Bedingungen: $\varepsilon_{ij}^* = \dfrac{1}{2}\left(\dfrac{\partial u_i^*}{\partial j} + \dfrac{\partial u_j^*}{\partial i}\right).$

Spannungs-Verzerrungs-Gleichungen: $s_{ij}^* = \dfrac{Q(s)}{P(s)} e_{ij}^*,$

$$\sigma^* = \dfrac{H(s)}{F(s)}(\varepsilon^* - \alpha\, T^*).$$ (VI, 16)

Die Randbedingungen gehen über in

$$u_i^* = U_i^* \quad \text{bzw.} \quad \sum_j \sigma_{ij}^* n_j = p_i^*, \qquad (VI, 17)$$

wobei die erste auf dem Teil der Oberfläche gilt, wo die Verschiebungen U_i vorgegeben, die zweite auf dem Teil, wo die Spannungen p_i vorgeschrieben sind.

Die Gln. (VI, 16) und (VI, 17) sind aber identisch mit denen eines HOOKEschen Körpers gleicher Gestalt, dessen Schubmodul und Querdehnungszahl gegeben sind durch

$$G(s) = \dfrac{1}{2}\dfrac{Q(s)}{P(s)}, \quad \mu(s) = \dfrac{K - 2G}{2(K + G)}, \quad K(s) = \dfrac{H(s)}{F(s)}. \qquad (VI, 18)$$

Das ursprüngliche viskoelastische Wärmespannungsproblem ist damit zurückgeführt auf ein zugeordnetes, rein elastisches Problem. Wird dieses im Bildraum gelöst und anschließend in den Originalraum rücktransformiert, so ist damit — zumindest formal — auch die Lösung des ursprünglichen Problems gefunden.

Wenn der viskoelastische Körper inkompressibel ist, $F(s) \equiv 0$, so ist dies auch der zugeordnete HOOKEsche Körper, $\mu(s) = \dfrac{1}{2}$.

Man beachte, daß der zugeordnete elastische Körper zwar gleiche Form und gleiches Volumen hat wie der ursprüngliche, im allgemeinen aber eine völlig verschiedene Verteilung der Temperatur und der vorgeschriebenen Oberflächenbelastung und Oberflächenverschiebungen aufweist. Denn die LAPLACE-Transformierte $\varphi^*(x, y, z, s)$ hat im allgemeinen eine von der Originalfunktion $\varphi(x, y, z, t)$ durchaus verschiedene räumliche Verteilung. Eine Ausnahme tritt lediglich ein, wenn sowohl Temperatur als auch Oberflächenbelastung als Produkte einer Ortsfunktion mit einem gemeinsamen Zeitfaktor erscheinen, wie dies z. B. bei sämtlichen stationären Temperaturfeldern der Fall ist, wo der Zeitfaktor zu einer Konstanten wird. Die zugeordnete elastische Lösung kann dann separabel sein, d. h. sich als Produkt einer Ortsfunktion mit einer nur von s abhängigen Funktion ergeben. Sie besitzt dann die gleiche räumliche Verteilung wie die viskoelastische Lösung und unterscheidet sich von dieser nur durch einen Zeitfaktor.

Im übrigen besteht, zumindest formal, auch im allgemeinen nichtseparablen Fall häufig die Möglichkeit der Entwicklung der Lösung nach separablen Funktionen, wobei die einzelnen Glieder dieser Entwicklung wegen der Linearität des Problems getrennt behandelt werden dürfen[1].

LEE[2] weist darauf hin, daß es bei Benützung der elastisch-viskoelastischen Analogie zum Auffinden von Lösungen unter Umständen zweckmäßiger ist, die Analogie nicht direkt in der eben beschriebenen Form anzuwenden, sondern das viskoelastische Problem zunächst unter der Annahme zu lösen, es sei rein elastisch die Lösung dann in den Bildraum zu transformieren, wo sie die zugeordnete elastische Lösung ergibt, und dann erst die Beziehungen (VI, 18) einzuführen und wieder zurück zu transformieren. Man wird die Methode besonders dann mit Vorteil anwenden, wenn die elastische Lösung bereits vorliegt.

Als Beispiel seien die Grundgleichungen für die Verschiebungen, Gl. (II, 11) von MELAN-PARKUS, auf den MAXWELLschen Körper umgerechnet. Die LAPLACE-Transformation liefert zunächst

$$(1 - 2\mu)\, \Delta u_i^* + \frac{\partial e^*}{\partial i} = 2\,(1+\mu)\, \frac{\partial (\alpha\, T)^*}{\partial i}.$$

Nun ist μ durch den Ausdruck (VI, 18) zu ersetzen. Es folgt

$$3\, Q(s)\, F(s)\, \Delta u_i^* + [Q(s)\, F(s) + 2\, H(s)\, P(s)]\, \frac{\partial e^*}{\partial i} = 6\, H(s)\, P(s)\, \alpha\, \frac{\partial T^*}{\partial i}.$$
(VI, 19)

Für den MAXWELLschen Körper ist gemäß Gl. (VI, 14)

$$Q \cdot F = \frac{1-2\mu}{1+\mu}\, s, \quad Q \cdot F + 2\, H\, P = \frac{2}{\vartheta} + \frac{3}{1+\mu}\, s, \quad H \cdot P = \frac{1}{\vartheta} + s.$$

Wird dies eingesetzt und sogleich rücktransformiert, so erhält man die gesuchten Gleichungen:

$$\frac{\partial}{\partial t}(\Delta u_i) + \frac{1}{1-2\mu}\left[\frac{\partial}{\partial t} + \frac{2(1+\mu)}{3\vartheta}\right]\frac{\partial e}{\partial i} = \frac{2(1+\mu)}{1-2\mu}\left(\frac{\partial}{\partial t} + \frac{1}{\vartheta}\right)\frac{\partial (\alpha\, T)}{\partial i}.$$
(VI, 20)

4. Das thermisch-viskoelastische Verschiebungspotential. Der Begriff des thermoelastischen Verschiebungspotentials im Sinne der Definitionsgleichungen $u_i = \partial \Phi/\partial i$, siehe Ziff. I, 7, kann ohne Schwierigkeit auf viskoelastische Körper ausgedehnt werden.

Das quasistatische elastische Potential genügt der Gl. (I, 46), die durch eine LAPLACE-Transformation übergeht in

$$(1-\mu)\, \Delta \Phi^* = (1+\mu)\, \alpha\, T^*.$$

---
[1] HILTON (2).
[2] loc. cit.

Wird jetzt μ durch den Ausdruck Gl. (VI, 18) ersetzt, so ergibt sich
$$[2\,Q(s)\,F(s) + H(s)\,P(s)]\,\Delta\Phi^* = 3\,H(s)\,P(s)\,\alpha\,T^* \qquad (VI, 21)$$
als Differentialgleichung (im Bildraum) für das thermisch-viskoelastische Verschiebungspotential. Die Rücktransformation in den Originalraum kann erst nach spezieller Wahl der Polynome $Q(s)$ usw. erfolgen. Im besonderen ist:

MAXWELL: $\quad 2\,Q\,F + H\,P = \dfrac{1}{\vartheta} + \dfrac{3\,(1-\mu)}{1+\mu}\,s, \quad H\,P = \dfrac{1}{\vartheta} + s,$

KELVIN: $\quad 2\,Q\,F + H\,P = \dfrac{3\,(1-\mu)}{1+\mu} + \dfrac{2\,(1-2\mu)}{1+\mu}\,\vartheta\,s, \quad H\,P = 1,$

Normalkörper: $2\,Q\,F + H\,P = \dfrac{3\,(1-\mu)}{1+\mu} + \left[\dfrac{2\,(1-2\mu)}{1+\mu}\,\vartheta_2 + \vartheta_1\right]s,$

$\qquad H\,P = 1 + s\,\vartheta_1.$

Damit wird beispielsweise für den MAXWELLschen Körper
$$\left(\frac{\partial}{\partial t} + \frac{1+\mu}{3\,(1-\mu)}\,\frac{1}{\vartheta}\right)\Delta\Phi = \frac{1+\mu}{1-\mu}\left(\frac{\partial}{\partial t} + \frac{1}{\vartheta}\right)\alpha\,T. \qquad (VI, 22)$$

In gleicher Weise transformiert man die Beziehungen (I, 31) mit $\varrho = 0$ und erhält
$$\sigma_{ik}^* = \frac{Q(s)}{P(s)}\left(\frac{\partial^2\Phi^*}{\partial i\,\partial k} - \delta_{ik}\,\Delta\Phi^*\right). \qquad (VI, 23)$$

Für den MAXWELLschen Körper gibt dies speziell
$$\sigma_{ik}^* = 2\,G\,\frac{s}{\frac{1}{\vartheta}+s}\left(\frac{\partial^2\Phi^*}{\partial i\,\partial k} - \delta_{ik}\,\Delta\Phi^*\right),$$

woraus nach Rücktransformation mit Benützung des Faltungssatzes

$$\left.\begin{array}{c}\sigma_{ik} = 2\,G\left[F(x,y,z,t) - \dfrac{1}{\vartheta}\,e^{-t/\vartheta}\displaystyle\int_0^t e^{\tau/\vartheta}\,F(x,y,z,\tau)\,d\tau\right], \\[1em] F(x,y,z,t) \equiv \dfrac{\partial^2\Phi}{\partial i\,\partial k} - \delta_{ik}\,\Delta\Phi\end{array}\right\} \quad (VI, 24)$$

folgt.

5. Stationäre und quasistationäre Temperaturfelder. Mit Hilfe der in Ziff. VI, 3 angegebenen Analogie läßt sich — abgesehen von mathematischen Schwierigkeiten — zu jedem gelösten quasistatischen elastischen Problem sofort die viskoelastische Lösung angeben. Wir führen dies im nachstehenden für einige einfachere Fälle durch und beginnen mit den stationären und quasistationären Temperaturfeldern.

Die elastischen Spannungen sind hier gleichfalls zeitlich konstant, es liegt also der in Ziff. VI, 3 erwähnte separable Fall vor. Allerdings werden im allgemeinen nicht alle Glieder in den Ausdrücken für die elastischen Spannungen mit dem gleichen Zeitfaktor zu multiplizieren sein, um die viskoelastischen Spannungen zu erhalten. Ein Beispiel bietet das

122 Wärmespannungen bei viskoelastischem Verhalten des Werkstoffes.

dickwandige Rohr. Die elastischen Spannungen sind in Ziff. VI, 1 von MELAN-PARKUS angegeben. Man bemerkt, daß alle Terme in den Ausdrücken (VI, 12) von MELAN-PARKUS für die Radial- und Umfangsspannungen den gleichen, von den elastischen Konstanten abhängigen Faktor GK besitzen, während dies bei der Axialspannung σ_{zz} nicht der Fall ist, da hier zwei Glieder außerdem noch den Faktor μ aufweisen. Die viskoelastischen Radial- und Umfangsspannungen werden also die gleiche räumliche Verteilung aufweisen wie die elastischen und sich nur durch einen Zeitfaktor von diesen unterscheiden, bei der Axialspannung wird dagegen auch die Ortsabhängigkeit verschieden sein, da für die einzelnen Glieder verschiedene Zeitfaktoren gelten.

Wir führen die Ermittlung der Zeitfaktoren am Sonderfall des MAXWELLschen Körpers durch. Gemäß den Gln. (VI, 18) und (VI, 14) gilt für diesen

$$\left.\begin{aligned}\mu(s) &= \frac{HP-QF}{2HP+QF} = \frac{1+\mu+3\mu\vartheta s}{2(1+\mu)+3\vartheta s} = \mu\frac{s+1/\vartheta''}{s+2\mu/\vartheta''},\\ \frac{1+\mu(s)}{1-\mu(s)} &= \frac{1+\mu}{1-\mu}\frac{s+1/\vartheta}{s+1/\vartheta'}, \quad G(s) = G\frac{s}{s+1/\vartheta},\\ \vartheta' &= \frac{3(1-\mu)}{1+\mu}\vartheta, \quad \vartheta'' = \frac{3\mu}{1+\mu}\vartheta.\end{aligned}\right\} \quad (VI, 25)$$

Nach der elastisch-viskoelastischen Analogie haben wir nun zuerst die elastischen Spannungen in den Bildraum zu transformieren. Da sie zeitlich konstant sind, gilt einfach

$$(\sigma_{ij}^*)_{\text{el}} = \frac{1}{s}(\sigma_{ij})_{\text{el}}.$$

Als nächstes sind die elastischen Konstanten durch die in den Gln. (VI, 25) gegebenen Ausdrücke zu ersetzen. Also

$$4GK = \frac{1+\mu}{1-\mu}G \propto T_1 \to \frac{1+\mu(s)}{1-\mu(s)}G(s) \propto T_1 = 4GK\frac{s}{s+1/\vartheta'},$$

$$4GK\mu \to 4GK\mu\frac{s}{s+1/\vartheta'}\frac{s+1/\vartheta''}{s+2\mu/\vartheta''}.$$

Jetzt kann die Rücktransformation vorgenommen werden und liefert

$$\left.\begin{aligned}(\sigma_{rr})_{\text{visk}} &= e^{-t/\vartheta'}(\sigma_{rr})_{\text{el}}, \quad (\sigma_{\varphi\varphi})_{\text{visk}} = e^{-t/\vartheta'}(\sigma_{\varphi\varphi})_{\text{el}},\\ (\sigma_{zz})_{\text{visk}} &= -4GK\left[\frac{2\log b/r}{\log b/a}e^{-t/\vartheta'} -\right.\\ &\left.- \left(\frac{1}{\log b/a} + \frac{2}{1-b^2/a^2}\right)[e^{-t/\vartheta'} - (1-\mu)e^{-2\mu t/\vartheta''}]\right].\end{aligned}\right\} \quad (VI, 26)$$

Die Axialspannung besteht also aus zwei Anteilen, die mit verschiedener Geschwindigkeit abklingen. Sämtliche Spannungen gehen schließlich gegen Null, während die Verschiebungen von Null verschiedenen Grenzwerten zustreben.

Es muß allerdings hervorgehoben werden, daß die angegebenen Formeln nur Näherungen darstellen, die für Werkstoffe mit hinreichend langer Relaxationszeit ϑ gelten. Denn bei ihrer Herleitung wurde stillschweigend vorausgesetzt, daß der stationäre Temperaturzustand schon erreicht ist, bevor noch der Kriechvorgang sich nennenswert bemerkbar macht.

6. Halbraum mit periodisch veränderlicher Oberflächentemperatur.

In Ziff. III, 2 haben wir den vollkommen elastischen Halbraum betrachtet, dessen Oberfläche eine periodisch schwankende Temperatur $T = T_0 \cos \omega t$ aufweist. Nun nehmen wir an, daß es sich um einen viskoelastischen Halbraum handle.

Da die Temperatur gemäß Gl. (III, 4) als Produkt von Orts- und Zeitfunktionen erscheint, liegt wieder ein separabler Fall vor. Zunächst folgt sofort

$$\sigma_{zz} = \sigma_{rz} = 0. \qquad (VI, 27)$$

Wenn wir speziell einen MAXWELLschen Körper voraussetzen, für den nach Gl. (VI, 25)

$$\frac{1 + \mu(s)}{1 - \mu(s)} G(s) = \frac{1 + \mu}{1 - \mu} G \frac{s}{s + 1/\vartheta'}$$

zu setzen ist, so gilt weiters mit Gl. (III, 6) im Bildraum

$$\sigma_{rr}^* = \sigma_{\varphi\varphi}^* = -2 \frac{1 + \mu(s)}{1 - \mu(s)} G(s) \, \alpha \, T^* = \frac{-E \alpha}{1 - \mu} \left(T^* - \frac{1}{\vartheta'} \frac{T^*}{s + 1/\vartheta'} \right).$$

Nach Rücktransformation folgt daraus

$$\sigma_{rr} = \sigma_{\varphi\varphi} = \frac{-E \alpha}{1 - \mu} \left(T(z, t) - \frac{1}{\vartheta'} e^{-t/\vartheta'} \int_0^t e^{\tau/\vartheta'} T(z, \tau) \, d\tau \right)$$

und nach Einsetzen von T aus Gl. (III, 4) schließlich

$$\sigma_{rr} = \sigma_{\varphi\varphi} = \frac{-E \alpha T_0}{1 - \mu} \exp\left(-z \sqrt{\frac{\omega}{2a}}\right) \frac{\omega \vartheta'}{1 + (\omega \vartheta')^2} \cdot$$

$$\cdot \left[\sin\left(z \sqrt{\frac{\omega}{2a}} - \omega t\right) + \omega \vartheta' \cos\left(z \sqrt{\frac{\omega}{2a}} - \omega t\right)\right]. \qquad (VI, 28)$$

Ein weiteres noch auftretendes Glied, das den Faktor $e^{-t/\vartheta'}$ enthält, wurde weggelassen, da es dem hier bereits als abgeklungen angenommenen Einschwingvorgang zugehört.

7. Unendlicher Körper mit kugeligem Hohlraum[1].

Wir greifen auf das in Ziff. II, 6 behandelte Problem zurück, setzen aber nunmehr ein viskoelastisches Medium voraus. Im Sinne der nun bereits wiederholt angewendeten elastisch-viskoelastischen Analogie gilt dann für die LAPLACE-Transformierte $u^*(r, t)$ der gesuchten Radialverschiebung gemäß Gl. (II, 44)

$$u^*(r, t) = \frac{1 + \mu(s)}{1 - \mu(s)} \frac{\alpha}{r^2} f^*(r, s), \qquad (VI, 29)$$

---

[1] STERNBERG (2).

124 Wärmespannungen bei viskoelastischem Verhalten des Werkstoffes.

wobei f^* die LAPLACE-Transformierte von

$$f(r, t) = \int_R^r x^2\, T(x, t)\, dx \tag{VI, 30}$$

ist. Ebenso erhält man aus den Gln. (II, 45) für die Spannungen

$$\left.\begin{aligned}\sigma_{rr}^* &= -4\,\frac{1+\mu(s)}{1-\mu(s)}\, G(s)\, \frac{\alpha}{r^3}\, f^*(r, s),\\ \sigma_{\varphi\varphi}^* &= \sigma_{\vartheta\vartheta}^* = 2\,\frac{1+\mu(s)}{1-\mu(s)}\, G(s)\, \alpha \left(\frac{1}{r^3}\, f^*(r, s) - T^*(r, s)\right).\end{aligned}\right\} \tag{VI, 31}$$

Nach Einsetzen der dem jeweiligen Werkstoff entsprechenden Ausdrücke (VI, 18) kann die Rücktransformation durchgeführt werden, allerdings unter der Voraussetzung, daß die Funktionen $u(r, t)$ und $\sigma(r, t)$ überhaupt L-Funktionen sind, d. h. eine LAPLACE-Transformierte besitzen. Aus physikalischen Gründen wird man dies freilich erwarten dürfen.

Wir beschränken uns hier auf zwei spezielle viskoelastische Werkstoffe: den MAXWELLschen und den KELVINschen Körper.

a) *MAXWELLscher Körper.* Die bezüglichen Ausdrücke sind in den Gln. (VI, 25) bereits zusammengestellt. Nach Eintragen in die Gln. (VI, 29) und (VI, 31) folgt unter Beachtung der Umkehrformel

$$L^{-1}\left(\frac{s + 1/\vartheta}{s + 1/\vartheta'}\, \frac{1}{s}\right) = \frac{\vartheta'}{\vartheta} + \left(1 - \frac{\vartheta'}{\vartheta}\right) e^{-t/\vartheta'} =$$

$$= \frac{1}{1+\mu}\,[3\,(1-\mu) - 2\,(1-2\mu)\, e^{-t/\vartheta'}],$$

$$L^{-1}[s\, f^*(r, s)] = \frac{\partial}{\partial t}\, f(r, t), \quad f(r, 0) \equiv 0$$

und mit Hilfe des Faltungssatzes die Lösung

$$u(r, t) = \frac{\alpha}{1-\mu}\, \frac{1}{r^2}\, [3\,(1-\mu)\, f(r, t) - 2\,(1-2\mu)\, g(r, t)], \tag{VI, 32}$$

$$\left.\begin{aligned}\sigma_{rr}(r, t) &= \frac{-2 E \alpha}{1-\mu}\, \frac{1}{r^3}\, g(r, t),\\ \sigma_{\varphi\varphi}(r, t) &= \sigma_{\vartheta\vartheta}(r, t) = \frac{E \alpha}{1-\mu}\left(\frac{1}{r^3}\, g(r, t) - h(r, t)\right).\end{aligned}\right\} \tag{VI, 33}$$

Hierbei ist

$$\left.\begin{aligned}g(r, t) &= e^{-t/\vartheta'} \int_0^t e^{\lambda/\vartheta'}\, \frac{\partial}{\partial \lambda}\, f(r, \lambda)\, d\lambda,\\ h(r, t) &= e^{-t/\vartheta'} \int_0^t e^{\lambda/\vartheta'}\, \frac{\partial}{\partial \lambda}\, T(r, \lambda)\, d\lambda.\end{aligned}\right\} \tag{VI, 34}$$

Wegen (VI, 30) gilt auch

$$g(r, t) = \int_R^r x^2\, h(x, t)\, dx. \tag{VI, 35}$$

Mit Hilfe der Regel von DE L'HÔPITAL zeigt man leicht, daß $\lim\limits_{t\to\infty} g(r,t) = 0$ und $\lim\limits_{t\to\infty} h(r,t) = 0$, so daß der Körper im stationären Zustand spannungsfrei wird, was für einen MAXWELLschen Werkstoff auch zu erwarten war.

(b) *KELVINscher Körper.* Mit Hilfe der Definitionen (VI, 14) folgt aus den Gln. (VI, 18)

$$\left.\begin{aligned}\mu(s) &= \frac{3\mu - (1-2\mu)\vartheta s}{3 + (1-2\mu)\vartheta s}, \quad \frac{1+\mu(s)}{1-\mu(s)} = \frac{1+\mu}{1-\mu}\frac{1}{1+s\vartheta'}, \\ G(s) &= G(1+\vartheta s), \quad \vartheta' = \frac{2(1-2\mu)}{3(1-\mu)}\vartheta.\end{aligned}\right\} \quad \text{(VI, 36)}$$

Damit wird

$$u(r,t) = \frac{1+\mu}{1-\mu}\frac{\alpha}{r^2}[f(r,t) - g(r,t)], \qquad \text{(VI, 37)}$$

$$\left.\begin{aligned}\sigma_{rr}(r,t) &= \frac{-2E\alpha}{1-\mu}\frac{1}{r^3}\left(f(r,t) + \frac{1+\mu}{2(1-2\mu)}g(r,t)\right), \\ \sigma_{\varphi\varphi}(r,t) &= \sigma_{\vartheta\vartheta}(r,t) = \frac{E\alpha}{1-\mu}\left[\frac{1}{r^3}f(r,t) - T(r,t) + \right. \\ &\quad \left. + \frac{1+\mu}{2(1-2\mu)}\left(\frac{1}{r^3}g(r,t) - h(r,t)\right)\right].\end{aligned}\right\} \quad \text{(VI, 38)}$$

Die Funktionen g und h sind in der gleichen Weise definiert wie früher, nur ist in den Gln. (VI, 34) die Größe ϑ' nicht nach Gl. (VI, 25), sondern nach Gl. (VI, 36) zu nehmen.

Im Gegensatz zum MAXWELLschen Körper und in Übereinstimmung mit dem in Ziff. VI, 2 geschilderten Verhalten des KELVINschen Körpers nähern sich hier Verschiebung und Spannungen für $t \to \infty$ den elastischen Werten Gl. (II, 44) und (II, 45).

Die angegebenen Formeln gelten für ein beliebiges Temperaturfeld, das nur der Anfangsbedingung $T(r, 0) = 0$ genügen muß. Werden sie jetzt auf die Temperaturverteilung nach Gl. (II, 42) spezialisiert und gleichzeitig die durch die Gln. (II, 46) definierten dimensionslosen Koordinaten ϱ und τ eingeführt, so wird nach Gl. (II, 47)

$$f(r,t) = R^3 T_0 F(\varrho, \tau), \qquad \text{(VI, 39)}$$

wobei $F(\varrho, \tau)$ durch Gl. (II, 48) gegeben ist. Weiters folgt aus der zweiten Gl. (VI, 34)

$$h(r,t) = \frac{T_0}{\varrho}\psi_1(\varrho, \tau) \qquad \text{(VI, 40)}$$

und damit aus Gl. (VI, 35)

$$g(r,t) = \frac{R^3 T_0}{\omega}\{\psi_1(\varrho,\tau) - \varrho\sqrt{\omega}\,\psi_2(\varrho,\tau) - \text{erfc}\,\zeta - $$
$$- e^{-\omega\tau}[i\sqrt{\omega}\,\text{erf}\,(i\sqrt{\omega\tau}) + 1] + 1\}. \qquad \text{(VI, 41)}$$

126 Wärmespannungen bei viskoelastischem Verhalten des Werkstoffes.

Hierbei sind ψ_1 und ψ_2 Real- und Imaginärteil der Funktion

$$\psi(z) = \psi_1 + i\,\psi_2 = \text{erfc}(\zeta) \exp(z^2 - \zeta^2), \quad \zeta = \frac{\varrho - 1}{2\sqrt{\tau}}, \quad (VI, 42)$$

$$z = \zeta - i\sqrt{\omega\tau}$$

und die dimensionslose Konstante ω ist gegeben durch

$$\omega = \frac{t}{\tau\vartheta'} = \frac{R^2}{a\vartheta'}. \qquad (VI, 43)$$

Im Falle des MAXWELLschen Körpers ist also

$$\omega = \frac{(1+\mu)\,R^2}{3(1-\mu)\,a\vartheta}, \qquad (VI, 44)$$

während im Falle des KELVINschen Körpers gilt

$$\omega = \frac{3(1-\mu)\,R^2}{2(1-2\mu)\,a\vartheta}. \qquad (VI, 45)$$

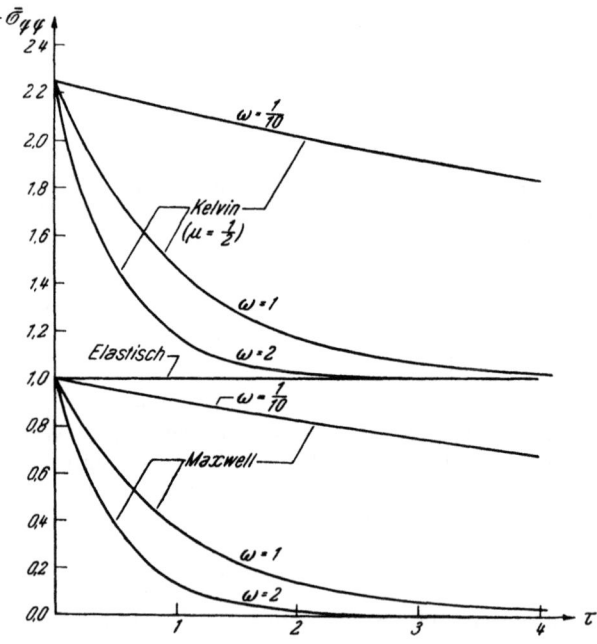

Abb. 28. $\mu = \frac{1}{2}$ ist zu ersetzen durch $\mu = \frac{1}{4}$.

Die Richtigkeit der Formeln (VI, 40) und (VI, 41) bestätigt man am einfachsten durch Differentiation.

Bei der von STERNBERG (2) durchgeführten numerischen Auswertung der vorangehenden Formeln erwiesen sich die nachstehenden asymptotischen Reihen, die für hinreichend kleine Werte von ω gelten, von großem Nutzen:

$$h(r, t) = T(r, t) + T_0 \left(\frac{2\zeta}{\sqrt{\pi}} e^{-\zeta^2} - (1 + 2\zeta^2)\, \text{erfc}\, \zeta \right) \frac{\omega \tau}{\varrho} + O(\omega^2),$$

$$\frac{g(r,t)}{R^3 T_0} = F(\varrho, \tau) + \left[\frac{1}{\sqrt{\pi}} \left((1 + 2\zeta^2)\, \zeta\, \tau^2 + \frac{4}{3}(1 + \zeta^2)\, \tau^{3/2} \right) e^{-\zeta^2} + \right.$$

$$+ \left(\frac{1}{2}(1 - 4\zeta^2 - 4\zeta^4)\, \tau^2 - \frac{2}{3}(3 + 2\zeta^2)\, \zeta\, \tau^{3/2} \right) \text{erfc}\, \zeta -$$

$$\left. - \frac{\tau^2}{2} - \frac{4}{3} \frac{\tau^{3/2}}{\sqrt{\pi}} \right] \omega + O(\omega^2).$$

Ein Teil der Rechnungsergebnisse ist in Abb. 28 dargestellt. Sie zeigt die dimensionslose Umfangsspannung $\bar{\sigma}_{\varphi\varphi}$ an der Oberfläche $\varrho = 1$ des Hohlraumes in Abhängigkeit von der dimensionslosen Zeit τ. Die Definition von $\bar{\sigma}_{\varphi\varphi}$ ist die gleiche wie in Ziff. II, 6. Man kann wiederum das charakteristische Verhalten der beiden viskoelastischen Stoffe beobachten, wie es bereits in den Abb. 27 b, c zum Ausdruck kam.

VII. Wärmespannungen bei elastisch-plastischem Verhalten des Werkstoffes.

1. Fließbedingung und Spannungs-Verzerrungs-Gleichungen.
Wenn die Spannungen in einem festen Körper eine bestimmte Grenze erreichen, tritt Fließen ein. Der Spannungs- und Verformungszustand im Fließbereich ist dann nicht mehr elastisch, sondern elastisch-plastisch, und die Verformungen gehen auch nach vollständiger Entfernung der Spannungen nicht mehr auf Null zurück[1]. Übrigens ist es im allgemeinen gar nicht möglich, die Spannungen durch Wegnahme der Lasten bzw. der Temperaturgradienten vollständig zum Verschwinden zu bringen. Es verbleibt ein *Restspannungs-* oder *Eigenspannungssystem*, das in sich im Gleichgewicht ist und das sich bei einer neuerlichen Belastung des Körpers den neu entstehenden Spannungen überlagert. Solche Restspannungssysteme sind z. B. die Spannungen, die durch das Abschrecken beim Härten von Werkstoffen entstehen.

Um feststellen zu können, wann ein Spannungszustand die Fließgrenze erreicht, muß eine *Fließbedingung* formuliert werden. Unter den zahlreichen Bedingungen, die vorgeschlagen wurden, wird die von HUBER und v. MISES[2] wohl derzeit am meisten verwendet. Bezeichnet man mit $\sigma_1, \sigma_2, \sigma_3$ die Hauptnormalspannungen im Körper, und bedeutet σ_0 die

---

[1] Für ausgezeichnete Darstellungen der Plastizitätstheorie sei auf das Buch von R. HILL, Mathematical Theory of Plasticity, Oxford: 1950, sowie auf W. PRAGER und P. G. HODGE: Theorie ideal plastischer Körper, Wien: 1954, verwiesen.

[2] Wesentliche Beiträge wurden auch von HENCKY und EICHINGER geleistet.

Fließspannung beim einachsigen Zugversuch, dann lautet die Bedingung mit Einführung einer durch

$$\bar{\sigma}^2 = \frac{1}{2}[(\sigma_1 - \sigma_2)^2 + (\sigma_2 - \sigma_3)^2 + (\sigma_3 - \sigma_1)^2] \qquad \text{(VII, 1)}$$

definierten „Vergleichsspannung" $\bar{\sigma}$ folgendermaßen:

$$\bar{\sigma} = \pm \sigma_0. \qquad \text{(VII, 2)}$$

Mit Benützung des Spannungsdeviators Gl. (VI, 1) kann diese Bedingung in der Form

$$3 \sum_i \sum_j (s_{ij})^2 = 2\sigma_0^2 \qquad \text{(VII, 3)}$$

geschrieben werden. Man entnimmt der Gleichung, daß die Größe $\bar{\sigma}^2/3$ identisch ist mit der zweiten Invariante des Spannungsdeviators und damit proportional der sogenannten Gestaltänderungsenergie, das ist derjenige Teil der gesamten Verzerrungsenergie, der von der Änderung der Körpergestalt bei unverändertem Volumen herrührt. Man kann deshalb die v. MISESsche Fließbedingung auch in dem Sinn deuten (HENCKY), daß Fließen eintritt, sobald die in der Volumeinheit aufgespeicherte Gestaltänderungsenergie einen kritischen Wert erreicht. Allseitiger (hydrostatischer) Druck oder Zug, $\sigma_1 = \sigma_2 = \sigma_3$ bewirkt eine reine Volumsänderung und kann gemäß Gl. (VII, 1) auch bei beliebiger Größe niemals Fließen hervorrufen. Dies steht im Einklang mit den Versuchsergebnissen.

Eine weitere Deutungsmöglichkeit (NÁDAI) ist dadurch gegeben, daß $\frac{\sqrt{2}}{3}\bar{\sigma}$ gleich ist der Schubspannung in den Seitenflächen des Oktaeders, welches die drei Hauptspannungsrichtungen als Achsen hat.

Die Fließbedingung gilt entlang der Grenzfläche zwischen elastischem und plastischem Bereich. Für den sogenannten „ideal-plastischen" Werkstoff, das ist ein solcher, der keinerlei Verfestigung aufweist, gilt sie im ganzen plastischen Bereich, wobei σ_0 entweder konstant ist oder von der Temperatur abhängt. Beim Werkstoff mit Verfestigung dagegen ist σ_0 innerhalb des plastischen Bereiches abhängig von der plastischen Verformung. Wir betrachten weiterhin nur den ideal-plastischen Werkstoff.

Die Fließbedingung allein reicht im allgemeinen (eine Ausnahme siehe beispielsweise Ziff. VII, 2) nicht aus, um den Spannungszustand im plastischen Bereich zu bestimmen. Es muß noch ein Spannungs-Verzerrungs-Gesetz vorgegeben sein. Unter den zahlreich vorgeschlagenen Beziehungen, die mathematisch hinreichend einfach sind, stimmen die Gleichungen von PRANDTL und REUSS am besten mit dem Experiment überein. Gemäß diesen Gleichungen besteht Proportionalität zwischen dem Zuwachs des Verzerrungsdeviators einerseits und dem Spannungsdeviator sowie dessen Zuwachs anderseits:

$$de_{ij} = \frac{ds_{ij}}{2G} + s_{ij}\,d\lambda. \qquad \text{(VII, 4)}$$

Fließbedingung und Spannungs-Verzerrungs-Gleichungen.

Der Verzerrungsdeviator e_{ij} ist hierbei durch Gl. (VI, 1) definiert. Die Volumsänderung ist auch bei der plastischen Verformung rein elastisch

$$d\varepsilon = \frac{1-2\mu}{E} d\sigma + d(\alpha T). \quad (VII, 5)$$

Die Dehnungs- und Spannungszuwächse in den Gl. (VII, 4) und (VII, 5) sind die eines bestimmten Körperelementes und nicht die in einem festen Raumpunkt,

$$d = \frac{\partial}{\partial t} dt + \frac{\partial}{\partial \mathfrak{r}} d\mathfrak{r}.$$

Wenn jedoch die Verschiebungen und die Verschiebungsableitungen klein sind, darf das nichtlineare Glied $\frac{\partial}{\partial \mathfrak{r}} d\mathfrak{r}$ gestrichen werden. Die Gl. (VII, 4) und (VII, 5) nehmen dann die Form an

$$\frac{\partial e_{ij}}{\partial t} = \frac{1}{2G} \frac{\partial s_{ij}}{\partial t} + \omega s_{ij}, \quad (VII, 6)$$

$$\varepsilon = \frac{1-2\mu}{E} \sigma + \alpha T, \quad (VII, 7)$$

wobei $\frac{\partial \lambda}{\partial t} = \omega$ gesetzt wurde. Gl. (VII, 6) weist eine oberflächliche Ähnlichkeit mit dem Spannungs-Verzerrungs-Gesetz (VI, 5) des MAXWELL-schen Körpers auf. Im Gegensatz zu diesem sind aber die Proportionalitätsfaktoren $d\lambda$ bzw. ω keine vorgegebenen Materialkenngrößen, sondern zusätzliche unbekannte Funktionen des Ortes und der Zeit. Als zusätzliche Gleichung gegenüber dem elastischen Fall steht hier noch die Fließbedingung zur Verfügung.

Streicht man in den Gl. (VII, 4) bis (VII, 7) die elastischen Terme, nimmt also unendlich großen Elastizitätsmodul an, so erhält man die nach LÉVY und v. MISES benannten Spannungs-Dehnungs-Gleichungen, in denen der elastische Anteil der Gesamtverformungen vernachlässigt ist. Die Gleichungen gelten streng nur für den sogenannten *starr-plastischen Körper*, der überhaupt keine elastischen Verformungen aufweist, also sich unterhalb der Fließgrenze wie ein starrer Körper verhält.

Wenn die Spannungsänderung derart vor sich geht, daß sich alle Spannungen im gleichen Verhältnis vergrößern, also $\sigma_{ij} = C(t) \sigma_{ij}^0$ gilt, wo C ein monoton wachsender Parameter ist und σ_{ij}^0 einen zeitunabhängigen Spannungszustand bedeutet, dann folgt aus Gl. (VII, 6) nach Integration

$$e_{ij} = \left(\frac{1}{2G} + \Phi\right) s_{ij}. \quad (VII, 8)$$

Hierin ist $\Phi = \frac{1}{C} \int_0^t \omega C \, dt$ ein Proportionalitätsfaktor, zu dessen Bestimmung wieder die Fließbedingung herangezogen werden muß. Die Gln. (VII, 8) wurden von HENCKY angegeben. Nach ihnen ist der Endverzerrungszustand bestimmt durch den Endspannungszustand, unabhängig von der Geschichte der Lastaufbringung. Die allgemeinen PRANDTL-

130 Wärmespannungen bei elastisch-plastischem Verhalten des Werkstoffes.

REUSSschen Beziehungen liefern einen solch eindeutigen Zusammenhang nicht.

Obwohl also die HENCKYschen Gleichungen nur unter stark einschränkenden Voraussetzungen gelten, werden sie doch ihrer Einfachheit wegen häufig, insbesondere von russischen Autoren[1] verwendet.

Die PRANDTL-REUSSschen Gleichungen — ebenso wie ihre Sonderfälle, die Gleichungen von LÉVY-V. MISES und HENCKY — gelten im plastischen Bereich des Körpers, solange nirgendwo Entlastung auftritt, d. h. also für $d\overline{\sigma} \geqslant 0$, wobei für den idealplastischen Werkstoff das Gleichheitszeichen gilt. Wenn sich der Spannungszustand an einer Stelle so ändert, daß $d\overline{\sigma} < 0$ wird, dann tritt Entlastung des betreffenden Elementes ein und als Spannungs-Verzerrungs-Gleichungen gilt das HOOKEsche Gesetz Gl. (VII, 6) und (VII, 7) mit $\omega = 0$. Bei neuerlicher Belastung tritt Fließen erst dann wieder auf, wenn die Fließbedingung wieder erfüllt ist. Bei orts- und zeitabhängigen Temperaturverteilungen ergeben sich hierbei im allgemeinen außerordentlich verwickelte Zusammenhänge[2].

Gewisse theoretische Überlegungen und auch Versuchsergebnisse deuten darauf hin, daß ein Zusammenhang zwischen Fließbedingung und Spannungs-Verzerrungs-Gesetz besteht und daß diese beiden wesentlichen Bestandteile einer Plastizitätstheorie nicht unabhängig voneinander beliebig gewählt werden können. Der Zusammenhang wird durch das von v. MISES eingeführte „*plastische Potential*" $g(\sigma_{ij})$ gegeben[3]. Für den plastischen Anteil $d\varepsilon_{ij}^p$ des Verzerrungszuwachses gilt dann nämlich

$$d\varepsilon_{ij}^p = \frac{\partial g}{\partial \sigma_{ij}} d\lambda \qquad (VII, 9)$$

mit $d\lambda$ als Proportionalitätsfaktor. Da die plastische Volumänderung Null ist, muß $d\varepsilon_{ii}^p = de_{ii}^p$, sowie

$$\frac{\partial g}{\partial \sigma} = 0$$

gelten, g also unabhängig vom hydrostatischen Druck sein.

Im Sonderfall der PRANDTL-REUSSschen Gleichungen ist gemäß Gl. (VII, 4) $\partial g/\partial \sigma_{ij} = s_{ij}$, somit

$$g = \frac{1}{2} \sum_i \sum_j (s_{ij})^2 + c = \frac{1}{6} [(\sigma_1 - \sigma_2)^2 + (\sigma_2 - \sigma_3)^2 + (\sigma_3 - \sigma_1)^2] + c.$$

---

[1] Vgl. z. B. V. V. SOKOLOVSKIJ: Theorie der Plastizität. Berlin: 1955.

[2] Um diese Schwierigkeiten zu umgehen, verwenden MURA (6) und andere japanische Forscher eine auf wesentlich vereinfachenden Annahmen aufgebaute Methode. Diese Annahmen sind: a) Unterhalb einer gewissen Temperatur T_0 verhält sich das Material vollkommen elastisch und fließt auch bei noch so großen Spannungswerten nicht. b) Oberhalb der Temperatur T_0 verhält sich das Material vollkommen plastisch mit $\sigma_0 = 0$. Diese Voraussetzungen dürften allerdings wohl nur für wenige Werkstoffe zutreffen.

[3] R. HILL: Mathematical Theory of Plasticity. S. 50. Oxford: 1950. W. PRAGER: Probleme der Plastizitätstheorie. S. 18. Basel: 1955.

Wird die Integrationskonstante zu $c = -\dfrac{\sigma_0^2}{3}$ angenommen, so sieht man, daß die Gleichung $g(\sigma_{ij}) = 0$ mit der v. MISESschen Fließbedingung (VII, 2) identisch ist.

Allgemein sprechen wir von dem einer Fließbedingung $f(\sigma_{ij}) = 0$ zugeordneten Fließgesetz (Spannungs-Verzerrungs-Gesetz) Gl. (VII, 9), falls die Beziehung $g \equiv f$ gilt. In diesem Sinne sind also die PRANDTL-REUSSschen Gleichungen der v. MISESschen Fließbedingung zugeordnet.

Von TRESCA wurde eine Fließbedingung angegeben, die unter Umständen einfacher zu handhaben ist als die v. MISESsche Bedingung. Nach ihr tritt Fließen ein, wenn die örtliche maximale Schubspannung einen bestimmten Wert erreicht,

$$2\tau_{\max} \equiv \sigma_1 - \sigma_3 = \sigma_0 \quad (\sigma_1 > \sigma_2 > \sigma_3). \tag{VII, 10}$$

wenn σ_1 die größte und σ_3 die kleinste Hauptnormalspannung ist. Die Fließgrenze ist also jetzt nicht durch eine einzige Funktion f, sondern durch mehrere, nämlich sechs Funktionen

$$\begin{aligned} f_1 &= \sigma_1 - \sigma_3 - \sigma_0, & f_2 &= \sigma_2 - \sigma_1 - \sigma_0, & f_3 &= \sigma_3 - \sigma_2 - \sigma_0, \\ f_4 &= \sigma_3 - \sigma_1 - \sigma_0, & f_5 &= \sigma_1 - \sigma_2 - \sigma_0, & f_6 &= \sigma_2 - \sigma_3 - \sigma_0 \end{aligned} \tag{VII, 11}$$

bestimmt, je nachdem, welches Hauptspannungspaar maßgebend ist. An der Fließgrenze verschwindet mindestens eine dieser Funktionen.

KOITER hat das plastische Potential bzw. das Fließgesetz (VII, 9) auf diesen Fall erweitert, indem er setzt

$$d\varepsilon_{ij}^p = \frac{\partial f_n}{\partial \sigma_{ij}} d\lambda_n + \ldots + \frac{\partial f_m}{\partial \sigma_{ij}} d\lambda_m. \tag{VII, 12}$$

Hierbei sind $f_n, \ldots, f_m$ diejenigen Funktionen, die an der Fließgrenze verschwinden.

Wie die Untersuchungen von Kap. II zeigen, tritt beim plötzlichen Abkühlen oder Erwärmen eines Körpers die maximale quasistatische Spannung im allgemeinen an der Oberfläche auf. Falls überhaupt, wird Fließen also in diesem Fall an der Oberfläche beginnen.

2. Elastisch-plastische Kugel[1]. Eine Kugel vom Radius R sei einem zeitlich veränderlichen, polarsymmetrischen Temperaturfeld $T(r, t)$ unterworfen, vgl. Ziff. II, 13.

Wir verwenden Kugelkoordinaten. Aus Symmetriegründen sind zwei der drei Hauptspannungen gleich, $\sigma_{\varphi\varphi} = \sigma_{\vartheta\vartheta}$, so daß sich die v. MISESsche Fließbedingung auf

$$|\sigma_{rr} - \sigma_{\varphi\varphi}| = \sigma_0 \tag{VII, 13}$$

reduziert. Unter der Voraussetzung eines idealplastischen Werkstoffes gilt Gl. (VII, 13) im ganzen plastischen Bereich. Die Temperaturabhängigkeit von σ_0 werde vernachlässigt.

---

[1] FREUDENTHAL (2) diskutiert den viskoelastisch-plastischen Fall.

Einsetzen von Gl. (VII, 13) in die Gleichgewichtsbedingung

$$\frac{r}{2}\frac{\partial \sigma_{rr}}{\partial r} + \sigma_{rr} - \sigma_{\varphi\varphi} = 0 \qquad \text{(VII, 14)}$$

und Integration liefert

$$\sigma_{rr} = \pm 2\,\sigma_0 \log\frac{r}{c_1} \qquad \text{(VII, 15)}$$

mit $c_1(t)$ als Integrationskonstante. Die Spannungen im plastischen Bereich lassen sich somit berechnen, ohne auf das Spannungs-Dehnungs-Gesetz eingehen zu müssen, es liegt also ein statisch bestimmter Spannungszustand vor.

Die Spannungsverteilung im elastischen Bereich wurde bereits in Ziff. II, 13 berechnet. Mit den zwei Integrationskonstanten $c_2(t)$ und $c_3(t)$ lautet sie

$$\left.\begin{aligned}\sigma_{rr} &= \frac{2}{3}\frac{E\alpha}{1-\mu}\left(c_2 + \frac{c_3}{r^3} - \overline{T}(r,t)\right),\\ \sigma_{\varphi\varphi} &= \sigma_{\vartheta\vartheta} = \frac{1}{3}\frac{E\alpha}{1-\mu}\left(2c_2 - \frac{c_3}{r^3} + \overline{T}(r,t) - 3\,T(r,t)\right).\end{aligned}\right\} \quad \text{(VII, 16)}$$

$\overline{T}(r,t)$ ist wieder die mittlere Temperatur über den Radius r, Gl. (II, 118).

Wenn die Kugel von einer Anfangstemperatur T_0 plötzlich auf die Oberflächentemperatur $T = 0$ abgekühlt wird, tritt bei genügend großem Temperaturunterschied T_0 an der Oberfläche sofort Fließen ein. Der Fließbereich schreitet dann nach innen zu weiter, gleichzeitig setzt aber, gleichfalls von außen nach innen zu fortschreitend, Entlastung ein. Man hat dann drei Bereiche zu unterscheiden: einen inneren, rein elastischen Kern, dann eine plastische Zone und schließlich einen äußeren Bereich, der ursprünglich plastisch war, aber zufolge der eingetretenen Entlastung wieder einen elastischen Spannungsverlauf aufweist. Die Berechnung der in der Kugel nach dem vollständigen Abkühlen verbleibenden Restspannungen wird dadurch recht unangenehm. Man ist im Einzelfall darauf angewiesen, den Spannungsverlauf schrittweise in hinreichend kleinen Zeitintervallen Δt zu berechnen, wobei die Integrationsfunktionen $c_i(t)$ in jedem Zeitintervall konstant angenommen werden.

Eine wesentliche Vereinfachung läßt sich erzielen, wenn der Werkstoff als inkompressibel vorausgesetzt wird[1]. Denn mit $\mu = \frac{1}{2}$ und $\varepsilon_{\varphi\varphi} = \frac{u}{r}$, $\varepsilon_{rr} = \frac{\partial u}{\partial r}$ folgt aus Gl. (VII, 7)

$$3\,\varepsilon = \frac{\partial u}{\partial r} + 2\frac{u}{r} = 3\,\alpha\,(T - T_0)$$

und nach Integration unter Berücksichtigung von $u(0, t) = 0$

$$u(r, t) = \alpha\,r\,[\overline{T}(r,t) - T_0]. \qquad \text{(VII, 17)}$$

Die Radialverschiebung $u(r, t)$ wird also vom Spannungszustand und damit vom Auftreten etwaiger Fließbereiche unabhängig und man kann

---

[1] LOMAKIN, PARKUS (4).

Elastisch-plastische Kugel.

nun umgekehrt den Spannungszustand aus dem gegebenen Verschiebungszustand berechnen. Zunächst folgt für die Vergleichsspannung $\bar{\sigma}$ aus

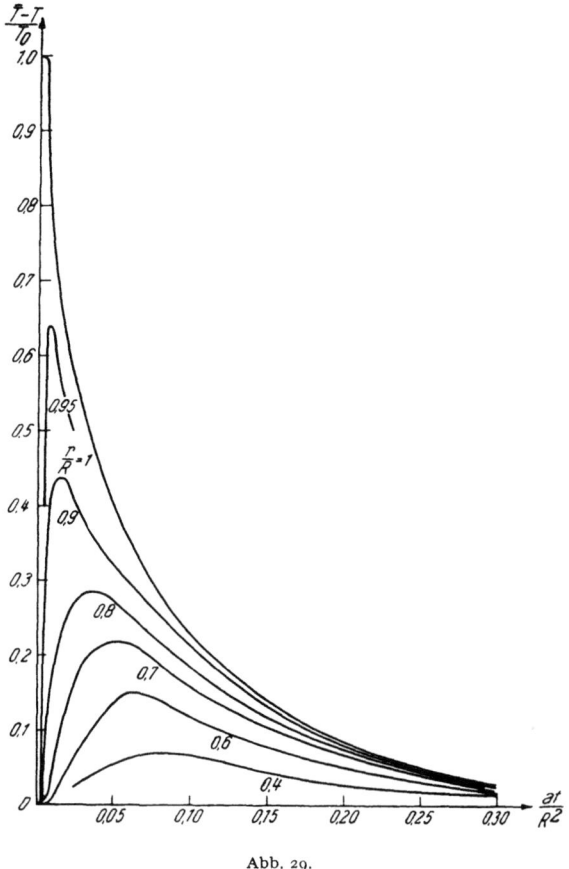

Abb. 29.

Gl. (VII, 1) unter Beachtung von Gl. (VII, 17) und mit $\partial \overline{T}/\partial r =$ $= 3(T - \overline{T})/r$:

$$\bar{\sigma} = \sigma_{\varphi\varphi} - \sigma_{rr} = 2G(\varepsilon_{\varphi\varphi} - \varepsilon_{rr}) = 6G\alpha(\overline{T} - T)$$
$$\text{für } \overline{T} - T \leqslant \frac{\sigma_0}{6G\alpha},$$
$$\bar{\sigma} = \sigma_0 \quad \text{für } \overline{T} - T \geqslant \frac{\sigma_0}{6G\alpha}. \quad \text{(VII, 18)}$$

Bei der Vorzeichenwahl in $\bar{\sigma}$ wurde davon Gebrauch gemacht, daß im vorliegenden Fall der Abkühlung der Kugel stets $\overline{T} - T \geqslant 0$ ist. Die dimensionslose Größe $\dfrac{\overline{T} - T}{T_0}$ ist in Abb. 29 dargestellt.

134 Wärmespannungen bei elastisch-plastischem Verhalten des Werkstoffes.

Die Beziehungen (VII, 18) gelten so lange, als an der betreffenden Stelle die Vergleichspannung $\bar{\sigma}$ zunimmt oder zumindest nicht abnimmt, d. h. solange $\frac{\partial}{\partial t}(\bar{T}-T) \geqslant 0$ ist. Für $\frac{\partial}{\partial t}(\bar{T}-T) < 0$ tritt Entlastung ein und die Spannungen folgen wieder dem HOOKEschen Gesetz.

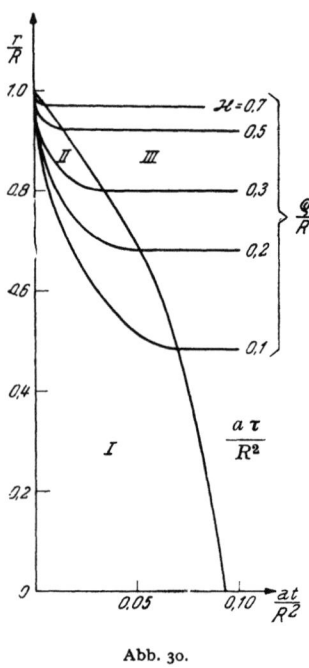

Abb. 30.

Wir bezeichnen jetzt mit $\varrho(t)$ diejenige Stelle $r = \varrho$, an der zur Zeit t Fließen beginnt, und mit $\tau(r)$ denjenigen Zeitpunkt, in dem an der Stelle r Entlastung einsetzt. $\varrho(t)$ ist gemäß Gl. (VII, 18) durch

$$\bar{T}(\varrho,t) - T(\varrho,t) = \frac{\sigma_0}{6\,G\,\alpha} \qquad \text{(VII, 19)}$$

und $\tau(r)$ ist durch

$$\frac{\partial}{\partial t}(\bar{T}-T)\Big|_{t=\tau} = 0 \qquad \text{(VII, 20)}$$

bestimmt. In Abb. 30 sind ϱ/R und $a\,\tau/R^2$ als Funktionen des dimensionslosen Radius r/R und der dimensionslosen Zeit $a\,t/R^2$ aufgetragen, wobei der Kugeldurchmesser $2\,R$ beträgt. ϱ hängt von der Fließgrenze für Zug $\sigma_0 = \varkappa\,K$ ab, mit $K = 6\,G\,\alpha\,T_0$. Den Kurven wurden die Werte $\varkappa = 0,1,\ 0,2,\ 0,3,\ 0,5$ und $0,7$ zugrunde gelegt.

Man entnimmt der Abbildung, daß bei noch nicht zu weit fortgeschrittener Abkühlung drei Bereiche auftreten: ein elastischer Bereich I, ein plastischer Bereich II, in dem $\bar{T}-T$ zunächst noch weiter ansteigt, und schließlich ein ursprünglich plastischer Bereich III, in dem aber bereits Entlastung eingetreten ist. Während also die Gl. (VII, 18) nur für $t \leqslant \tau(r)$ gelten, ist nach dem Entlastungsgesetz für beliebiges t

$$\begin{aligned}
\bar{\sigma} &= 6\,G\,\alpha\,[\bar{T}(r,t) - T(r,t)] & \text{Bereich I,} \\
\bar{\sigma} &= \sigma_0 & \text{Bereich II,} \\
\bar{\sigma} &= \sigma_0 - 6\,G\,\alpha\,[\bar{T}(r,\tau) - T(r,\tau) - \bar{T}(r,t) + T(r,t)] & \text{Bereich III.}
\end{aligned} \qquad \text{(VII, 21)}$$

Mit weiter fortschreitender Zeit tritt schließlich im ganzen plastischen Bereich — und anschließend natürlich auch im elastischen Gebiet — Entlastung ein. Der Bereich II verschwindet dann und die Grenze zwischen den Bereichen I und III wird durch $r = \varrho_0 = \varrho(\tau)$ gebildet.

Der Spannungszustand kann jetzt sofort angegeben werden. Aus der Gleichgewichtsbedingung (VII, 14)

$$\frac{\partial \sigma_{rr}}{\partial r} = \frac{2}{r}(\sigma_{\varphi\varphi} - \sigma_{rr}) = \frac{2}{r}\bar{\sigma}$$

ergibt sich durch Integration mit Berücksichtigung der Randbedingung $\sigma_{rr} = 0$ in $r = R$:

$$\sigma_{rr} = -2 \int_r^R \frac{\bar{\sigma}(x, t)}{x} dx. \tag{VII, 22}$$

$\bar{\sigma}$ ist durch Gl. (VII, 21) gegeben. Im besonderen erhält man für die vor allem interessierenden Restspannungen mit $T = 0$ für $t \to \infty$ die Ausdrücke

$$\left. \begin{aligned} \sigma_{rr}^0 &= 12\,G\,\varkappa \int_{\varrho_0}^R \{\overline{T}[x, \tau(x)] - T[x, \tau(x)]\} \frac{dx}{x} - 2\,\sigma_0 \log \frac{R}{\varrho_0} \\ &\qquad\qquad\qquad\qquad\qquad\qquad\qquad\qquad\text{für } r \leqslant \varrho_0, \\ \sigma_{rr}^0 &= 12\,G\,\varkappa \int_r^R \{\overline{T}[x, \tau(x)] - T[x, \tau(x)]\} \frac{dx}{x} - 2\,\sigma_0 \log \frac{R}{r} \\ &\qquad\qquad\qquad\qquad\qquad\qquad\qquad\qquad\text{für } r \geqslant \varrho_0. \end{aligned} \right\} \tag{VII, 23}$$

Die Restspannung in Umfangsrichtung ist mit $\sigma_{\varphi\varphi} = \sigma_{rr} + \bar{\sigma}$ gegeben durch

$$\left. \begin{aligned} \sigma_{\varphi\varphi}^0 &= \sigma_{rr}^0 & &\text{für } r \leqslant \varrho_0, \\ \sigma_{\varphi\varphi}^0 &= \sigma_{rr}^0 + \sigma_0 - 6\,G\,\varkappa \{\overline{T}[r, \tau(r)] - T[r, \tau(r)]\} & &\text{für } r \geqslant \varrho_0. \end{aligned} \right\} \tag{VII, 24}$$

Der Kugelkern $r \leqslant \varrho_0$ befindet sich also nach dem Abkühlen in einem Zustand allseits gleichen Zuges.

Die Formeln (VII, 21) bis (VII, 24) gelten nur dann, wenn beim Abkühlen die Fließgrenze nicht neuerlich (in der entgegengesetzten Richtung) überschritten wird. Der Maximalwert von $\overline{T} - T$ tritt an der Oberfläche $r = R$ zur Zeit $t = 0$ auf und ist gleich T_0. Somit ist gemäß Gl. (VII, 21)

$$|\bar{\sigma}|_{\max} = |\sigma_0 - 6\,G\,\alpha\,T_0| = (1 - \varkappa)\,K = \frac{1 - \varkappa}{\varkappa} \sigma_0$$

und dieser Wert darf nicht größer sein als der Betrag σ_0' der Fließgrenze für Druck. Da die Fließgrenze mit wachsender Temperatur abnimmt, wird im allgemeinen $\sigma_0' > \sigma_0$ sein. Ist im besonderen $\sigma_0' = \sigma_0$, so muß $\frac{1}{2} \leqslant \varkappa < 1$ sein, damit neuerliches Fließen nicht eintritt. Für $\varkappa \geqslant 1$ bleibt die gesamte Kugel elastisch. Restspannungen sind dann nicht vorhanden.

Für die numerische Auswertung schreibt man die Gleichungen mit Einführung der Funktion

$$F(r) = \int_{\frac{r}{R}}^1 \left(\frac{\overline{T} - T}{T_0}\right)_{\max} \frac{dx}{x}$$

136 Wärmespannungen bei elastisch-plastischem Verhalten des Werkstoffes.

zweckmäßig in der Form

$$\sigma_{rr}^0 = \begin{cases} 2K\left(F(\varrho_0) + \varkappa \log \dfrac{\varrho_0}{R}\right), \\ 2K\left(F(r) + \varkappa \log \dfrac{r}{R}\right), \end{cases} \qquad \sigma_{\varphi\varphi}^0 = \begin{cases} \sigma_{rr}^0 & r \leq \varrho_0, \\ \sigma_{rr}^0 + K\left[\varkappa - \left(\dfrac{\overline{T}-T}{T_0}\right)_{\max}\right] & r > \varrho_0. \end{cases}$$

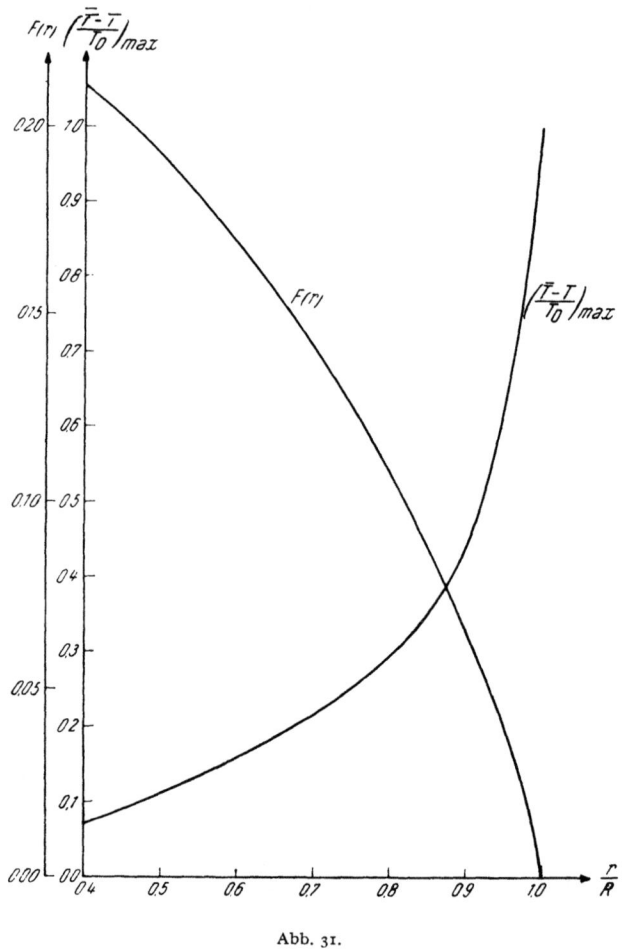

Abb. 31.

Die Funktionen $\left(\dfrac{\overline{T}-T}{T_0}\right)_{\max}$ und $F(r)$ sind in Abb. 31 dargestellt. Mit ihrer Hilfe lassen sich die Restspannungen für beliebiges $\varkappa$ sofort angeben. Abb. 32 zeigt ihren Verlauf für $\varkappa = 0{,}3$.

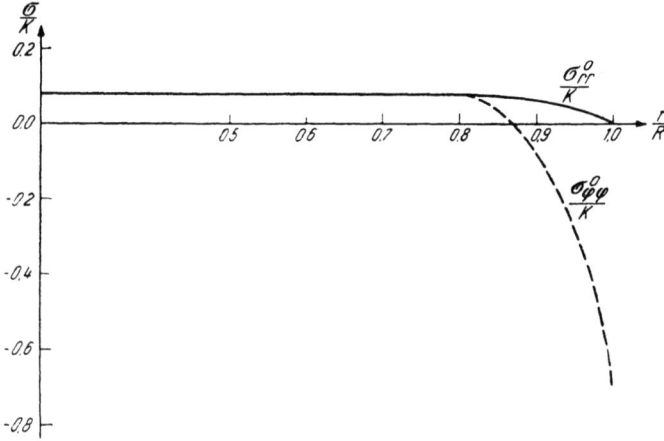

Abb. 32.

3. Dickwandiges Rohr[1]. Ein Rohr vom Innenradius[2] a und Außenradius b sei neben dem Innendruck p noch einer stationären und in Achsrichtung sowie in Umfangsrichtung konstanten Temperatur $T(r)$ ausgesetzt. Die Spannungen seien so groß, daß Fließen eintritt.

Wir verwenden Zylinderkoordinaten r, φ, z. Das Rohr sei hinreichend lang, so daß Spannungen und Verzerrungen als von z unabhängig angesehen werden können. Die Querschnitte bleiben eben und es gilt $\varepsilon_{zz} = $ const. Aus Symmetriegründen sind die Spannungen σ_{rr}, $\sigma_{\varphi\varphi}$ und σ_{zz} Hauptnormalspannungen.

Sowohl im elastischen wie im plastischen Bereich des Rohres gelten die Gleichgewichtsbedingungen

$$r \frac{d\sigma_{rr}}{dr} + \sigma_{rr} - \sigma_{\varphi\varphi} = 0 \qquad (VII, 25)$$

und die geometrischen Beziehungen

$$\varepsilon_{rr} = \frac{du}{dr}, \quad \varepsilon_{\varphi\varphi} = \frac{u}{r}, \qquad (VII, 26)$$

wo u die Radialverschiebung bedeutet. Es seien kleine Verformungen vorausgesetzt.

Die Behandlung der Aufgabe unter Zugrundelegung der v. MISESschen Fließbedingung und der PRANDTL-REUSSschen Gleichungen führt auf große mathematische Schwierigkeiten. Dagegen gelingt es bei Benutzung der Fließbedingung von TRESCA eine verhältnismäßig einfache Lösung anzugeben, die allerdings nur unter ziemlich einschränkenden Voraussetzungen gilt.

---

[1] BLAND. Das gleiche Problem wurde von MURA (5) mit Benützung der HENCKYschen Gleichungen behandelt, wobei Stabilitätsbetrachtungen mit einbezogen wurden.

[2] Eine Verwechslung mit der Temperaturleitzahl a ist wohl hier nicht möglich.

138 Wärmespannungen bei elastisch-plastischem Verhalten des Werkstoffes.

Als erstes machen wir die Annahme
$$\sigma_{\varphi\varphi} > \sigma_{zz} > \sigma_{rr}. \qquad (VII, 27)$$
Dann lautet die TRESCAsche Bedingung Gl. (VII, 11)
$$f = \sigma_{\varphi\varphi} - \sigma_{rr} - \sigma_0 = 0. \qquad (VII, 28)$$
Es sei angenommen, daß sowohl die Fließspannung σ_0 wie auch die elastischen und thermischen Beiwerte des Werkstoffes innerhalb des in Frage kommenden Temperaturbereiches als konstant angesehen werden können.

Das der Fließbedingung (VII, 28) zugeordnete Fließgesetz ergibt gemäß Gl. (VII, 12)
$$d\varepsilon^p_{\varphi\varphi} = - d\varepsilon^p_{rr}, \quad d\varepsilon^p_{zz} = 0. \qquad (VII, 29)$$
Die Axialdehnung ε_{zz} ist somit rein elastisch,
$$\varepsilon_{zz} = \frac{1}{E} \left[\sigma_{zz} - \mu (\sigma_{rr} + \sigma_{\varphi\varphi}) \right] + \alpha\, T. \qquad (VII, 30)$$
Falls sich das Rohr in einem ebenen Verzerrungszustand befindet, gilt $\varepsilon_{zz} = 0$, sonst ist ε_{zz} durch die resultierende Axialkraft bestimmt. Diese ist
$$P = 2\pi \int_a^b r\, \sigma_{zz}\, dr.$$
Setzt man σ_{zz} aus Gl. (VII, 30) ein und drückt $\sigma_{\varphi\varphi}$ durch σ_{rr} gemäß Gl. (VII, 25) aus, so erhält man nach Ausführung der Integration
$$P = E\pi(b^2 - a^2)\, \varepsilon_{zz} + 2\pi\mu a^2 p - 2\pi E \alpha \int_a^b r\, T\, dr. \qquad (VII, 31)$$
Hierbei wurde von den Randbedingungen $\sigma_{rr} = 0$ in $r = b$ und $\sigma_{rr} = -p$ in $r = a$ Gebrauch gemacht. Damit ist ε_{zz} bekannt. Für das offene Rohr gilt $P = 0$, für das geschlossene Rohr $P = \pi a^2 p$.

Die Volumänderung $3\varepsilon = \varepsilon_{rr} + \varepsilon_{\varphi\varphi} + \varepsilon_{zz}$ ist rein elastisch. Unter Berücksichtigung von Gl. (VII, 26) folgt aus Gl. (VII, 7)
$$\frac{du}{dr} + \frac{u}{r} + \varepsilon_{zz} = \frac{1 - 2\mu}{E} (\sigma_{rr} + \sigma_{\varphi\varphi} + \sigma_{zz}) + 3\alpha\, T$$
und nach Einsetzen von σ_{zz} aus Gl. (VII, 30) und $\sigma_{\varphi\varphi}$ aus Gl. (VII, 25) schließlich
$$\frac{du}{dr} + \frac{u}{r} = \frac{(1 - 2\mu)(1 + \mu)}{E} \left(2\sigma_{rr} + r\frac{d\sigma_{rr}}{dr} \right) - 2\mu\, \varepsilon_{zz} + 2(1 + \mu)\, \alpha\, T$$
oder
$$\frac{d}{dr}(r\, u) = \frac{(1 - 2\mu)(1 + \mu)}{E} \frac{d}{dr}(r^2\, \sigma_{rr}) - 2\mu\, r\, \varepsilon_{zz} + 2(1 + \mu)\, \alpha\, r\, T.$$
Integration liefert für die Radialverschiebung
$$u = \frac{(1 - 2\mu)(1 + \mu)}{E}\, r\, \sigma_{rr} - \mu\, \varepsilon_{zz}\, r + \frac{2(1 + \mu)\, \alpha}{r} \int r\, T\, dr + \frac{C}{r}, \qquad (VII, 32)$$

wo C eine Integrationskonstante bedeutet. Die Gleichung gilt sowohl im elastischen wie im plastischen Bereich.

Die Temperaturverteilung im stationären Fall ist gegeben durch (siehe MELAN-PARKUS S. 30)

$$T = M + 2 N \log r, \quad M = \frac{T_1 \log b}{\log b - \log a}, \quad N = \frac{-T_1}{2 (\log b - \log a)} \quad \text{(VII, 33)}$$

entsprechend den Randtemperaturen $T = T_1$ in $r = a$ und $T = 0$ in $r = b$. Damit wird

$$\int r \, T \, dr = \frac{1}{2} (M - N) \, r^2 + N \, r^2 \log r. \quad \text{(VII, 34)}$$

Wir gehen nun an die Spannungsberechnung. Im *elastischen Bereich* folgt aus dem HOOKEschen Gesetz

$$\varepsilon_{rr} = \frac{du}{dr} = \frac{1}{E} [\sigma_{rr} - \mu (\sigma_{\varphi\varphi} + \sigma_{zz})] + \alpha \, T, \quad \text{(VII, 35)}$$

$$\varepsilon_{\varphi\varphi} = \frac{u}{r} = \frac{1}{E} [\sigma_{\varphi\varphi} - \mu (\sigma_{rr} + \sigma_{zz})] + \alpha \, T, \quad \text{(VII, 36)}$$

durch Elimination von u und Einsetzen von σ_{zz} aus Gl. (VII, 30) sowie von $\sigma_{\varphi\varphi}$ aus Gl. (VII, 25) die nachstehende Differentialgleichung für σ_{rr}

$$\frac{d^2\sigma_{rr}}{dr^2} + \frac{3}{r} \frac{d\sigma_{rr}}{dr} + \frac{E \alpha}{1 - \mu} \frac{1}{r} \frac{dT}{dr} = 0.$$

Zweimalige Integration unter Berücksichtigung der durch Gl. (VII, 33) gegebenen Temperaturverteilung liefert für die Radialspannung im elastischen Bereich

$$\sigma_{rr} = \frac{C_1}{r^2} + C_2 - \frac{E \alpha N}{1 - \mu} \log r. \quad \text{(VII, 37)}$$

Die Grenze $r = \varrho$ des elastischen Bereiches ist gegeben durch Gl. (VII, 28) bzw. wegen Gl. (VII, 25) durch

$$r \frac{d\sigma_{rr}}{dr} \bigg|_{r=\varrho} = \sigma_0.$$

Mit σ_{rr} aus Gl. (VII, 37) folgt daraus die erste Integrationskonstante zu

$$C_1 = -\frac{1}{2} \left(\sigma_0 + \frac{E \alpha N}{1 - \mu} \right) \varrho^2.$$

Damit wird im elastischen Bereich

$$r \frac{d\sigma_{rr}}{dr} = \left(\sigma_0 + \frac{E \alpha N}{1 - \mu} \right) \frac{\varrho^2}{r^2} - \frac{E \alpha N}{1 - \mu}.$$

Im Inneren des elastischen Bereiches muß $r \frac{d\sigma_{rr}}{dr} < \sigma_0$ gelten, es muß $r \frac{d\sigma_{rr}}{dr}$ also von seinem Wert σ_0 am Rande $r = \varrho$ nach Innen zu abnehmen. Man sieht, daß dies für wachsendes r zutrifft, vorausgesetzt daß

$$\sigma_0 + \frac{E \alpha N}{1 - \mu} > 0 \quad \text{(VII, 38)}$$

140 Wärmespannungen bei elastisch-plastischem Verhalten des Werkstoffes.

gilt. Der elastische Bereich ist dann der Außenbereich $r > \varrho$ des Rohres.

Wird $\sigma_0 + \frac{E\alpha N}{1-\mu} = 0$, so gilt im ganzen elastischen Bereich $r\frac{d\sigma_{rr}}{dr} = \sigma_{\varphi\varphi} - \sigma_{rr} = -\frac{E\alpha N}{1-\mu} = \sigma_0$. In diesem Fall tritt also bei Erreichen der Fließgrenze an einer Stelle schlagartig Fließen im ganzen Rohrquerschnitt ein. Man spricht von „instabilem Fließen"[1].

Die Bedingung (VII, 38) ist sicher erfüllt, wenn $N > 0$, d. h. $T_1 < 0$, das Rohr also innen kälter als außen ist. Für $T_1 > 0$, also für das innen heißere Rohr, darf gemäß Gl. (VII, 33), damit Gl. (VII, 38) noch zutrifft, der Temperaturunterschied zwischen innen und außen nicht größer sein als

$$T_1 < 2(1-\mu)\frac{\sigma_0}{\alpha E}\log\frac{b}{a}. \qquad (VII, 39)$$

Wir wollen annehmen, daß diese Beziehung erfüllt ist[2].

Die zweite Integrationskonstante C_2 folgt aus der Randbedingung $\sigma_{rr} = 0$ in $r = b$ zu

$$C_2 = \frac{E\alpha N}{1-\mu}\log b - \frac{C_1}{b^2}.$$

Damit geht Gl. (VII, 37) über in

$$\sigma_{rr} = \frac{E\alpha N}{1-\mu}\log\frac{b}{r} - \frac{1}{2}\left(\sigma_0 + \frac{E\alpha N}{1-\mu}\right)\varrho^2\left(\frac{1}{r^2} - \frac{1}{b^2}\right), \qquad (VII, 40)$$

gültig in $\varrho \leq r \leq b$.

Mit σ_{rr} sind aus Gl. (VII, 25) auch $\sigma_{\varphi\varphi}$ und aus Gl. (VII, 30) auch σ_{zz} im elastischen Bereich bekannt. Man erhält

$$\sigma_{\varphi\varphi} = \frac{E\alpha N}{1-\mu}\left(\log\frac{b}{r} - 1\right) + \frac{1}{2}\left(\sigma_0 + \frac{E\alpha N}{1-\mu}\right)\varrho^2\left(\frac{1}{r^2} + \frac{1}{b^2}\right) \qquad (VII, 41)$$

und

$$\sigma_{zz} = E\varepsilon_{zz} + \frac{E\alpha N}{1-\mu}(2\mu\log b - 2\log r - \mu) + \mu\left(\sigma_0 + \frac{E\alpha N}{1-\mu}\right)\frac{\varrho^2}{b^2} -$$
$$- E\alpha M. \qquad (VII, 42)$$

Setzt man jetzt $\frac{u}{r}$ aus den Gln. (VII, 32) und (VII, 36) einander gleich, so folgt die Integrationskonstante C zu

$$C = \frac{1-\mu^2}{E}\left(\sigma_0 + \frac{E\alpha N}{1-\mu}\right)\varrho^2. \qquad (VII, 43)$$

Im *plastischen Bereich* gilt

$$r\frac{d\sigma_{rr}}{dr} = \sigma_0,$$

---

[1] Vgl. MURA (5).
[2] Für einen Kohlenstoffstahl mit $\alpha = 12 \cdot 10^{-6}/°C$, $E = 2{,}1 \cdot 10^6$ kp/cm², $\mu = 0{,}3$ und $\sigma_0 = 2500$ kp/cm² ergibt sich $T_1 < 139\log\frac{b}{a}$ °C.

Dickwandiges Rohr.

woraus mit $\sigma_0 = \text{const}$ nach Integration

$$\sigma_{rr} = \sigma_0 \log \frac{r}{K}, \quad a \leqslant r \leqslant \varrho,$$

folgt, mit K als Integrationskonstante. K ergibt sich aus der Bedingung, daß σ_{rr} stetig vom plastischen in den elastischen Bereich übergehen muß. Also

$$\sigma_{rr} = \sigma_0 \log \frac{r}{\varrho} + \frac{E \alpha N}{1-\mu} \log \frac{b}{\varrho} - \frac{1}{2}\left(\sigma_0 + \frac{E \alpha N}{1-\mu}\right)\left(1 - \frac{\varrho^2}{b^2}\right) \quad a \leqslant r \leqslant \varrho. \tag{VII, 44}$$

Als letztes ist noch die Randbedingung $\sigma_{rr} = -p$ am Innenrand $r = a$ zu erfüllen:

$$\sigma_0 \log \frac{a}{\varrho} + \frac{E \alpha N}{1-\mu} \log \frac{b}{\varrho} - \frac{1}{2}\left(\sigma_0 + \frac{E \alpha N}{1-\mu}\right)\left(1 - \frac{\varrho^2}{b^2}\right) + p = 0. \tag{VII, 45}$$

Diese Gleichung bestimmt ϱ.

Die Spannungen $\sigma_{\varphi\varphi}$ und σ_{zz} im plastischen Bereich folgen mit Gl. (VII, 44) aus den Gln. (VII, 25), (VII, 30) und (VII, 31).

Denken wir uns das Rohr zuerst dem Temperaturgradienten und dann einem langsam steigenden Innendruck ausgesetzt, so wird Fließen, am Innenrand beginnend, eintreten, sobald $\varrho = a$ wird. Der zugehörige Innendruck sei als kritischer Druck $p = p_c$ bezeichnet. Er folgt aus Gl. (VII, 45) mit $\varrho = a$ zu

$$p_c = \frac{1}{2}\left(\sigma_0 + \frac{E \alpha N}{1-\mu}\right)\left(1 - \frac{a^2}{b^2}\right) - \frac{E \alpha N}{1-\mu} \log \frac{b}{a}. \tag{VII, 46}$$

Ergibt sich p_c negativ, so bedeutet dies, daß das Rohr schon unter den Temperaturspannungen allein plastisch wird. Für weitere Einzelheiten, wie Einfluß einer Werkstoffverfestigung, Diskussion der verschiedenen Ungleichungen usw., sei auf die Originalarbeit von BLAND verwiesen, wo sich auch einige Zahlenbeispiele vorfinden. Für die praktische Rechnung geht man so vor, daß man für die vorgegebene Temperaturverteilung [die aber die Ungleichung (VII, 38) bzw. (VII, 39) erfüllen muß] zunächst Gl. (VII, 45) löst, indem man verschiedene Werte von $\frac{\varrho}{a}$ annimmt und den zugehörigen Druck p berechnet. Trägt man dann $\frac{\varrho}{a}$ über p auf, so kann man zum vorgegebenen p leicht den Grenzradius ϱ ablesen. Für $\varrho = b$ ist das Rohr vollplastisch geworden. Mit bekanntem ϱ lassen sich die Spannungen und Verschiebungen im elastischen und plastischen Bereich berechnen. Die Ungleichung (VII, 27) muß dann noch nachgeprüft werden, da die abgeleiteten Formeln nur bei Erfülltsein dieser Ungleichung ihre Gültigkeit behalten.

Beim Entlasten des Rohres, d. h. beim Verschwinden von Temperaturdifferenzen und Innendruck, tritt eine rein elastische Rückverformung ein, vorausgesetzt, daß die Fließgrenze von den sich ergebenden Restspannungen nicht neuerlich überschritten wird. Die zugehörigen rein elastischen Spannungen σ'_{rr}, $\sigma'_{\varphi\varphi}$, σ'_{zz} entsprechen einer mit entgegengesetztem Vorzeichen aufgebrachten Temperaturverteilung und Innendruckbelastung und folgen aus den in MELAN-PARKUS, Ziff. VI, 1 angegebenen Gleichungen. Durch Überlagerung der ursprünglichen Lastspannungen und der Entlastungsspannungen σ' ergeben sich die verbleibenden Rest- oder Eigenspannungen.

4. Im Mittelpunkt erhitzte Scheibe[1]. In einer unendlich ausgedehnten Scheibe wird zur Zeit $t = 0$ eine punktförmige Wärmequelle konstanter Ergiebigkeit S angebracht. Zur Zeit $t = \vartheta$ wird sie wieder entfernt. Ein solcher Vorgang tritt z. B. beim Punktschweißen auf[2].

Wir wollen die Temperatur- und Spannungsverteilung in der Scheibe unter den folgenden stark vereinfachenden Annahmen berechnen. Die Scheibe sei hinreichend dünn, so daß sämtliche Größen durch ihre Mittelwerte über die Dicke ersetzt werden können. Es liege also ein ebener Spannungszustand vor. Die Dickenänderung zufolge Temperatur und Spannungen werde vernachlässigt und alle mechanischen und thermischen Materialbeiwerte seien temperaturunabhängig. In der Umgebung der Punktquelle, wo die Temperatur theoretisch über alle Grenzen wächst, kann diese Annahme nur als eine sehr grobe Näherung angesehen werden.

Wegen der Axialsymmetrie der Aufgabe hängen alle Größen nur vom Abstand r von der Punktquelle und von der Zeit t ab.

Zunächst ist das Temperaturfeld zu berechnen. Unter Berücksichtigung des Wärmeüberganges von der Scheibe mit der Temperatur $T(r, t)$ an die Umgebung mit der Temperatur $T = 0$ lautet die Gleichung der Wärmeleitung, siehe Gl. (I, 41),

$$\frac{\partial T}{\partial t} = a\left(\frac{\partial^2 T}{\partial r^2} + \frac{1}{r}\frac{\partial T}{\partial r}\right) - \beta\, T \qquad \text{(VII, 47)}$$

mit a als Temperaturleitzahl des Werkstoffes und $\beta = 2\,k/c\,\varrho\,h$, wo k die Wärmeübergangszahl zwischen Scheibe und Umgebung, c die spezifische Wärme pro Masseneinheit und ϱ die spezifische Masse der Scheibe bedeuten. h ist die Scheibendicke.

Wird auf Gl. (VII, 47) einen LAPLACE-Transformation ausgeübt, so geht sie unter Berücksichtigung der Anfangsbedingung $T(r, 0) = 0$ über in

$$\frac{d^2 T^*}{dr^2} + \frac{1}{r}\frac{dT^*}{dr} - \frac{\beta + s}{a}\,T^* = 0. \qquad \text{(VII, 48)}$$

Die beiden Lösungen dieser Gleichung sind die modifizierten BESSEL-Funktionen I_0 und K_0. Da T für $r \to \infty$ beschränkt bleiben muß, kommt nur die Lösung K_0 in Frage:

$$T^* = C\,K_0\left(r\sqrt{\frac{s+\beta}{a}}\right). \qquad \text{(VII, 49)}$$

---

[1] PARKUS (3).
[2] Man vergleiche hierzu Ziffer II, 14, wo die Wärmeabgabe von der Scheibe an die Umgebung vernachlässigt und ein unbeschränkt elastischer Werkstoff angenommen wird.

Im Mittelpunkt erhitzte Scheibe.

Der Wärmefluß pro Zeiteinheit durch einen die Wärmequelle einschließenden sehr kleinen Zylinder muß gleich der Ergiebigkeit der Wärmequelle sein. Somit

$$-2\pi h \lambda \lim_{r \to 0} r \frac{dT^*}{dr} = \frac{S}{s}.$$

Einsetzen von T^* nach Gl. (VII, 49) liefert mit $K_0' = -K_1$ und wegen $\lim_{r \to 0} r K_1(m r) = \frac{1}{m}$ für die Integrationskonstante C den Wert

$$C = \frac{\gamma}{s}, \quad \gamma = \frac{S}{2\pi \lambda h}. \qquad \text{(VII, 50)}$$

Beachtet man, daß

$$K_0\left(r \sqrt{\frac{s}{a}}\right) = L\left(\frac{1}{2t} e^{-\frac{r^2}{4at}}\right),$$

so erhält man unter Benützung des Faltungssatzes für die Lösung im Originalraum

$$T(r, t) = \frac{\gamma}{2} \int_0^t \exp\left(-\beta \tau - \frac{r^2}{4a\tau}\right) \frac{d\tau}{\tau}. \qquad \text{(VII, 51a)}$$

Mittels partieller Integration kann dies auch in der Form geschrieben werden:

$$T = \frac{-\gamma}{2}\left[e^{-\beta t} Ei\left(\frac{-r^2}{4at}\right) + \beta \int_0^t e^{-\beta t} Ei\left(\frac{-r^2}{4a\tau}\right) d\tau\right]. \qquad \text{(VII, 51b)}$$

Ei stellt das Exponentialintegral dar[1].

Nunmehr kann an die Berechnung der Spannungen geschritten werden. In der Umgebung der Wärmequelle wird sich wegen der dort herrschenden theoretisch unbeschränkt hohen Temperaturen sofort ein plastischer Bereich ausbilden. Sei $r = R(t)$ die Grenze dieses Bereiches. Dann gelten die folgenden Beziehungen, wobei dynamische Wirkungen vernachlässigt sind[2]:

Im ganzen Scheibenbereich:

Gleichgewichtsbedingung $\quad \dfrac{\partial \sigma_{rr}}{\partial r} + \dfrac{\sigma_{rr} - \sigma_{\varphi\varphi}}{r} = 0.$ \qquad (VII, 52)

Geometrische Beziehungen $\varepsilon_{rr} = \dfrac{\partial u}{\partial r}, \qquad \varepsilon_{\varphi\varphi} = \dfrac{u}{r},$ \qquad (VII, 53)

u ist die radiale Verschiebung.

---
[1] Vgl. S. 39.
[2] Für diese siehe Ziff. V, 8.

144 Wärmespannungen bei elastisch-plastischem Verhalten des Werkstoffes.

Im elastischen Bereich $r \geq R$:

HOOKEsches Gesetz

$$\left.\begin{array}{l}\sigma_{rr} = \dfrac{2\,G}{1-\mu}\,[\varepsilon_{rr} + \mu\,\varepsilon_{\varphi\varphi} - (1+\mu)\,\alpha\,T], \\[2mm] \sigma_{\varphi\varphi} = \dfrac{2\,G}{1-\mu}\,[\varepsilon_{\varphi\varphi} + \mu\,\varepsilon_{rr} - (1+\mu)\,\alpha\,T].\end{array}\right\} \quad \text{(VII, 54)}$$

Im plastischen Bereich $0 \leq r \leq R$:

v. MISEssche Fließbedingung

$$\sigma_{rr}^2 - \sigma_{rr}\,\sigma_{\varphi\varphi} + \sigma_{\varphi\varphi}^2 = \sigma_0^2, \qquad \text{(VII, 55)}$$

PRANDTL-REUSSsche Gleichungen

$$\left.\begin{array}{l} 2\,G\,\dfrac{\partial}{\partial t}\,(\varepsilon_{rr} - \varepsilon) = \dfrac{\partial}{\partial t}\,(\sigma_{rr} - \sigma) + 2\,G\,\omega(\sigma_{rr} - \sigma), \\[2mm] 2\,G\,\dfrac{\partial}{\partial t}\,(\varepsilon_{\varphi\varphi} - \varepsilon) = \dfrac{\partial}{\partial t}\,(\sigma_{\varphi\varphi} - \sigma) + 2\,G\,\omega(\sigma_{\varphi\varphi} - \sigma), \\[2mm] \varepsilon = \dfrac{1-2\,\mu}{E}\,\sigma + \alpha\,T. \end{array}\right\} \quad \text{(VII, 56)}$$

Die Gln. (VII, 52) bis (VII, 54) lassen sich auf eine einzige Gleichung in der Verschiebung u reduzieren

$$\frac{\partial^2 u}{\partial r^2} + \frac{1}{r}\,\frac{\partial u}{\partial r} - \frac{u}{r^2} = (1+\mu)\,\alpha\,\frac{\partial T}{\partial r}$$

mit der Lösung

$$u(r,t) = \frac{A(t)}{r} + B(t)\,r + \frac{(1+\mu)\,\alpha}{r}\int T\,r\,dr.$$

A und B sind Integrationsfunktionen. Da die Spannungen für $r \to \infty$ verschwinden müssen, ist $B = 0$ zu setzen. Substituiert man noch T aus Gl. (VII, 51a), so erhält man schließlich

$$u(r,t) = \frac{1}{r}\,[A(t) - \Phi(r,t)], \qquad \text{(VII, 57)}$$

wobei

$$\Phi(r,t) = (1+\mu)\,\alpha\,a\,\gamma\int_0^t \exp\left(-\beta\,\tau - \frac{r^2}{4\,a\,\tau}\right) d\tau. \qquad \text{(VII, 58)}$$

Nach Einsetzen von Gl. (VII, 57) in die Gln. (VII, 54) ergibt sich für die Spannungen

$$\sigma_{rr} = 2\,G\,\frac{\Phi(r,t) - A(t)}{r^2}, \qquad \sigma_{\varphi\varphi} = -\sigma_{rr} - E\,\alpha\,T. \qquad \text{(VII, 59)}$$

Die Ausdrücke (VII, 57) bis (VII, 59) gelten im elastischen Bereich. Im plastischen Bereich ist der Spannungszustand statisch bestimmt, nämlich durch die beiden Gln. (VII, 52) und (VII, 55), aus denen, da die Spannungen für $r = 0$ beschränkt bleiben müssen,

$$\sigma_{rr} = \sigma_{\varphi\varphi} = -\sigma_0 \qquad \text{(VII, 60)}$$

folgt. Das negative Vorzeichen deutet an, daß es sich um Druckspannungen handelt. Setzt man dies in die PRANDTL-REUSSschen Gln. (VII, 56) ein, so ergibt sich nach Elimination von ω

$$\frac{\partial}{\partial t}\left(\frac{\partial u}{\partial r} - \frac{u}{r}\right) = 0.$$

Die allgemeine Lösung dieser Gleichung ist mit $u(0, t) = 0$

$$u(r, t) = r[C(t) + D(r)], \qquad (VII, 61)$$

mit C und D als zunächst beliebigen Funktionen.

Beim Durchgang durch den Grenzkreis $r = R(t)$ zwischen plastischem und elastischem Bereich müssen σ_{rr} und u stetig verlaufen. Aus der ersten Bedingung folgt

$$A(t) = \frac{\sigma_0}{2G} R^2 + \Phi(R, t). \qquad (VII, 62)$$

Da gemäß Gl. (VII, 58)

$$\Phi(r, t) < \Phi(R, t), \quad \text{für} \quad r > R,$$

so folgt, daß σ_{rr} im ganzen Scheibenbereich negativ ist.

Die Tangentialspannung $\sigma_{\varphi\varphi}$ kann, wie man der Fließbedingung in $r = R$ entnimmt, entweder stetig verlaufen oder aber unstetig vom Wert $-\sigma_0$ im plastischen Bereich auf den Wert Null im elastischen Bereich springen. Setzen wir Stetigkeit voraus, so folgt aus der zweiten Gleichung (VII, 59) mit (VII, 60)

$$T[R(t), t] = \frac{2\sigma_0}{\alpha E}. \qquad (VII, 63)$$

Diese Gleichung bestimmt den Begrenzungsradius $R(t)$. Man sieht, daß sich zwar der Radius ändert, die Temperatur auf ihm aber konstant bleibt. Die Umfangsspannung, die im Scheibeninneren eine Druckspannung ist, nimmt nach außen hin zu und geht schließlich in eine Zugspannung über. Weiters folgt aus Gl. (VII, 54), daß am Grenzradius $\frac{u}{r} = \frac{\partial u}{\partial r} = -(1-\mu)\sigma_0/E + \alpha T$ gilt. Da aber R beliebig ist, liefern die Gln. (VII, 61) und (VII, 63)

$$C(t) + D(r) = \text{const} = \frac{\sigma_0}{2G}. \qquad (VII, 64)$$

Damit sind sämtliche noch unbekannte Größen bestimmt.

Die eben aufgestellte Lösung gilt so lange, als nirgends im plastischen Scheibenbereich Entlastung eintritt, d. h. solange $\frac{\partial \bar{\sigma}}{\partial t} \geq 0$ ist. Nach Gl. (VII, 55) ist

$$\bar{\sigma}\frac{\partial \bar{\sigma}}{\partial t} = (\sigma_{rr} + \sigma_{\varphi\varphi})\frac{\partial}{\partial t}(\sigma_{rr} + \sigma_{\varphi\varphi}) - \frac{3}{2}\frac{\partial}{\partial t}(\sigma_{rr}\sigma_{\varphi\varphi}).$$

Für die Spannungen gilt im Augenblick des Entlastungseintrittes Gl. (VII, 60), für ihre Änderungen aber das HOOKEsche Gesetz Gl. (VII, 59). Also

146 Wärmespannungen bei elastisch-plastischem Verhalten des Werkstoffes.

$$\bar{\sigma}\frac{\partial\bar{\sigma}}{\partial t} = -2\,\sigma_0\frac{\dot{c}}{\partial t}(-E \varkappa T) + \frac{3}{2}\,\sigma_0\frac{\partial}{\partial t}(-E \varkappa T) = \frac{1}{2}E \varkappa \sigma_0 \frac{\partial T}{\partial t}.$$

Nach Gl. (VII, 51a) ist aber $\partial T/\partial t > 0$, solange die Wärmequelle in $r = 0$ wirksam ist, also während der Erwärmungsperiode der Scheibe. Während dieser Zeit gilt somit die angegebene Lösung. Weiters folgt aus Gl. (VII, 51a), daß $\partial T/\partial r < 0$, so daß nach Gl. (VII, 63)

$$\frac{dR}{dt} \equiv -\frac{\partial T/\partial t}{\partial T/\partial R} > 0,$$

der Grenzradius also zunimmt.

Zur Zeit $t = \vartheta$ werde die Wärmequelle entfernt. Die dann wirksame Temperaturverteilung $T_1(r, t)$ wird erhalten durch Überlagerung eines zweiten Temperaturfeldes, das von einer Wärmequelle mit der Ergiebigkeit $-S$ erzeugt wird, wobei diese Quelle an der Stelle $r = 0$ im Augenblick $t = \vartheta$ anzubringen ist. Also

$$T_1(r, t) = T(r, t) - T(r, t-\vartheta) \qquad (t > \vartheta). \qquad \text{(VII, 65)}$$

Setzt man $\partial T_1/\partial t = 0$, so folgt

$$\log\frac{t}{t-\vartheta} - \frac{r^2\,\vartheta}{4\,a\,t\,(t-\vartheta)} + \beta\vartheta = 0 \qquad \text{(VII, 66)}$$

als Bestimmungsgleichung für den Zeitpunkt $t > \vartheta$, bis zu dem (an einer festen Stelle r) die Temperatur zunächst noch anwächst. Dann beginnt sie abzunehmen und geht schließlich gegen den ursprünglichen Wert Null.

Da für kleine r, also im Scheibenmittelpunkt und dessen Umgebung, die Temperatur nach Entfernen der Wärmequelle sofort abnimmt, während sie weiter draußen noch ansteigt, so wird sich im Inneren ein elastisches Entlastungsgebiet ausbilden, während sich das äußere plastische Gebiet zunächst noch weiter ausbreitet. Es ergibt sich also ein ziemlich verwickelter Spannungszustand, der nicht weiter diskutiert werden soll.

Darf man jedoch annehmen, daß die Zeitdauer ϑ der Einwirkung der Wärmequelle groß genug war um praktisch bereits den stationären Temperaturzustand zu ergeben, dann läßt sich der Spannungszustand weiterhin leicht verfolgen und man kann insbesondere die nach dem Abkühlen in der Scheibe zurückbleibenden Restspannungen verhältnismäßig einfach berechnen. Mit

$$\lim_{t\to\infty} T(r, t) = \lim_{s\to 0} s\,T^*(r, s) = \gamma\,K_0\!\left(r\sqrt{\frac{\beta}{a}}\right) = T'(r) \qquad \text{(VII, 67)}$$

gilt nämlich dann

$$T_1(r, t) = T'(r) - T(r, t-\vartheta) \qquad \text{(VII, 68)}$$

und es wird

$$\frac{\partial T_1}{\partial t} < 0$$

für alle r und $t > \vartheta$. Es tritt also im ganzen Scheibenbereich sofort **Abkühlung** ein. Damit lassen sich die Restspannungen unmittelbar **durch** Überlagerung von zwei Spannungssystemen erhalten. Das erste folgt aus den oben angegebenen Gln. (VII, 57) bis (VII, 64), wenn für

T die Funktion T' gemäß Gl. (VII, 67) eingesetzt wird. Das zweite System erhält man aus denselben Gleichungen, wobei aber für T jetzt eine Temperaturverteilung $T'' = -T'$ einzusetzen und die Fließspannung σ_0 durch $-2\sigma_0$ zu ersetzen ist. Denn beim Abkühlen wird die Fließgrenze neuerlich erreicht, und falls der plastische Bereich dabei nicht größer wird als der ursprüngliche vor dem Abkühlen, dann muß die Vergleichsspannung zuerst auf Null absinken und dann in der entgegengesetzten Richtung wieder auf σ_0 ansteigen.

Die beiden zu den Temperaturen T' und T'' gehörigen Grenzradien folgen gemäß Gl. (VII, 63) aus

$$T'(R') = \frac{2\sigma_0}{\lambda E}, \quad T''(R'') = -T'(R'') = -\frac{4\sigma_0}{\lambda E}. \quad \text{(VII, 69)}$$

Man sieht unmittelbar, daß $R'' < R'$ ist. Das angegebene Verfahren ist daher gerechtfertigt.

5. Gebogene Platte[1]. Einer unbelasteten Platte mit der Anfangstemperatur Null wird auf der Oberseite die veränderliche Wärmemenge $q(t)$ pro Zeit- und Flächeneinheit zugeführt. Es sei $q(0) = 0$. Die Unterseite und die Ränder der Platte sind wärmeisoliert. Die Dicke der Platte ist $2h$ und es sei vorausgesetzt, daß sich die Platte völlig frei verformen kann[2]. Die Werkstoffeigenschaften seien wieder temperaturunabhängig angenommen.

Wir berechnen zunächst die Temperaturverteilung. Legen wir ein Koordinatensystem x, y, z so in die Platte, daß die x, y-Ebene mit der Plattenmittelfläche zusammenfällt, dann wird unter den getroffenen Voraussetzungen die Temperatur nur von der in Richtung der Plattendicke gezählten Koordinate z und der Zeit t abhängen, $T = T(z, t)$. Die strenge Lösung des Wärmeleitungsproblems läßt sich nur mittels Reihen darstellen. Sie ist zu kompliziert für eine übersichtliche Behandlung des Spannungsproblems. Wir wollen daher eine Näherungslösung für die Temperaturverteilung zugrunde legen, indem wir uns diese in eine nach Potenzen von z fortschreitende Reihe entwickelt denken und diese Reihe nach dem quadratischen Glied abbrechen[3]:

$$T(z, t) = T_0(t) + z\,\tau(t) + z^2\,\omega(t) + \ldots .$$

Auf der Oberseite $z = +h$ ist die Randbedingung $\lambda \frac{\partial T}{\partial z} = q(t)$, und auf der Unterseite $z = -h$ die Randbedingung $\frac{\partial T}{\partial z} = 0$ vorgeschrieben. Dies liefert

$$T(z, t) = T_0(t) + \frac{q(t)}{2\lambda}\left(z + \frac{z^2}{2h}\right). \quad \text{(VII, 70)}$$

---

[1] Weiner (1).
[2] Eine solche Situation liegt etwa beim aerodynamischen Aufheizen einer von der Ruhe aus anfahrenden Platte (Tragfläche) vor.
[3] Eine Herleitung auf anderem Wege gibt Weiner (1).

148 Wärmespannungen bei elastisch-plastischem Verhalten des Werkstoffes.

Die hierin noch unbekannte Temperatur $T_0(t)$ der Plattenmittelfläche fällt bei der Spannungsberechnung heraus und wird daher nicht weiter benötigt.

Die Spannungen in der Platte folgen, solange nirgends die Fließgrenze erreicht wird, mit den üblichen Annahmen der Theorie dünner Platten[1] zu

$$\left.\begin{aligned}\sigma_{xx} &= \frac{E}{1-\mu^2}\left[\varepsilon_{xx}+\mu\,\varepsilon_{yy}-z\left(\frac{\partial^2 w}{\partial x^2}+\mu\,\frac{\partial^2 w}{\partial y^2}\right)-(1+\mu)\,\alpha\,T\right],\\ \sigma_{yy} &= \frac{E}{1-\mu^2}\left[\varepsilon_{yy}+\mu\,\varepsilon_{xx}-z\left(\frac{\partial^2 w}{\partial y^2}+\mu\,\frac{\partial^2 w}{\partial x^2}\right)-(1+\mu)\,\alpha\,T\right],\\ \sigma_{xy} &= \frac{E}{1+\mu}\left(\varepsilon_{xy}-z\,\frac{\partial^2 w}{\partial x\,\partial y}\right),\end{aligned}\right\} \quad \text{(VII, 71)}$$

wo $\varepsilon_{xx}, \varepsilon_{xy}, \varepsilon_{yy}$ die Dehnungen in der Plattenmittelfläche und w die Durchbiegung sind. Bildet man damit die resultierenden Schnittkräfte

$$n_{xx} = \int_{-h}^{+h}\sigma_{xx}\,dz, \quad n_{xy} = \int_{-h}^{+h}\sigma_{xy}\,dz, \quad n_{yy} = \int_{-h}^{+h}\sigma_{yy}\,dz$$

und die resultierenden Schnittmomente

$$m_{xx} = \int_{-h}^{+h} z\,\sigma_{xx}\,dz, \quad m_{xy} = \int_{-h}^{+h} z\,\sigma_{xy}\,dz, \quad m_{yy} = \int_{-h}^{+h} z\,\sigma_{yy}\,dz$$

und setzt die so erhaltenen Ausdrücke in die Gl. (VII, 71) ein, so ergibt sich

$$\left.\begin{aligned}\sigma_{xx} &= \frac{1}{2h}\,n_{xx}+\frac{3z}{2h^3}\,m_{xx}+\frac{E\alpha}{1-\mu}\,(T_m-T+z\,\theta),\\ \sigma_{xy} &= \frac{1}{2h}\,n_{xy}+\frac{3z}{2h^3}\,m_{xy},\\ \sigma_{yy} &= \frac{1}{2h}\,n_{yy}+\frac{3z}{2h^3}\,m_{yy}+\frac{E\alpha}{1-\mu}\,(T_m-T+z\,\theta),\end{aligned}\right\} \quad \text{(VII, 72)}$$

wobei

$$T_m = \frac{1}{2h}\int_{-h}^{+h} T\,dz, \quad \theta = \frac{3}{2h^3}\int_{-h}^{+h} z\,T\,dz. \quad \text{(VII, 73)}$$

Da im vorliegenden Falle die Temperatur von x, y unabhängig ist und die Platte sich frei verformen kann, verschwinden sämtliche Schnittkräfte und Schnittmomente. Weiters wird mit Gl. (VII, 70)

$$T_m = T_0 + \frac{q\,h}{12\,\lambda}, \quad \theta = \tau = \frac{q}{2\,\lambda}$$

und somit

$$\sigma_{xx} = \sigma_{yy} = \sigma = \frac{E\alpha}{1-\mu}\,\frac{q}{4\,\lambda\,h}\left(\frac{h^2}{3}-z^2\right). \quad \text{(VII, 74)}$$

Alle anderen Spannungskomponenten verschwinden.

---

[1] Vgl. MELAN-PARKUS, S. 58.

Als Fließbedingung legen wir die v. MISESsche Bedingung (VII, 2) zugrunde, die hier übergeht in

$$|\sigma| = \sigma_0. \qquad (VII, 75)$$

Führen wir die dimensionslose Variable $\zeta = \frac{z}{h}$ ein und setzen zur Abkürzung

$$\frac{E\alpha}{1-\mu} \frac{qh}{4\lambda} = Q(t), \qquad (VII, 76)$$

so lautet die Gl. (VII, 74)

$$\sigma = Q\left(\frac{1}{3} - \zeta^2\right). \qquad (VII, 77)$$

Die absolut größte Spannung tritt an den Plattenoberflächen $\zeta = \pm 1$ auf. Wir wollen voraussetzen, daß der Platte Wärme zugeführt wird, $q(t) \geqslant 0$, und daß q von seinem Anfangswert $q(0) = 0$ monoton bis zu einem bestimmten Größtwert q_m anwächst. Fließen setzt dann an den Plattenoberflächen ein, sobald $Q(t)$ den Wert

$$Q(t) = \frac{3}{2}\sigma_0 \qquad (VII, 78)$$

erreicht[1].

Wächst Q noch weiter an, so werden sich, von Plattenober- und -unterseite ausgehend, zwei plastische Bereiche symmetrisch zur Plattenmittelfläche ausbilden. Sei $\zeta = \pm \beta$ die Grenze zwischen elastischem und plastischem Bereich. Dann gilt für die Spannungsverteilung im plastischen Bereich

$$\sigma = -\sigma_0, \quad 1 \geqslant |\zeta| \geqslant \beta. \qquad (VII, 79)$$

Im elastischen Bereich $0 \leqslant |\zeta| \leqslant \beta$ muß die Spannung weiterhin den durch die Temperaturverteilung bedingten parabolischen Verlauf (VII, 77) aufweisen, wobei jedoch die Plattendicke $2h$ durch die Dicke $2\beta h$ des elastischen Bereiches zu ersetzen ist. Außerdem ist noch eine gleichmäßige Zugspannung zu überlagern, da die resultierende Schnittkraft weiterhin verschwinden muß. Ein resultierendes Biegemoment tritt aus Symmetriegründen nicht auf. Also

$$\sigma = Q\left(\frac{\beta^2}{3} - \zeta^2\right) + \frac{1-\beta}{\beta}\sigma_0, \quad 0 \leqslant |\zeta| \leqslant \beta. \qquad (VII, 80)$$

Da bereits am Rande des elastischen Bereiches die Fließbedingung gilt, muß σ stetig vom elastischen in den plastischen Bereich übergehen. Mit $\zeta = \beta$ und $\sigma = -\sigma_0$ folgt aus Gl. (VII, 80)

$$\beta = \sqrt[3]{\frac{3\sigma_0}{2Q}}. \qquad (VII, 81)$$

Die Spannungsverteilung gemäß den Gln. (VII, 79) und (VII, 80) gilt so lange, als nicht im elastischen Bereich die in $\zeta = 0$ wirksame maximale Zugspannung gleichfalls die Fließgrenze erreicht. Mit

$$(\sigma)_{\zeta=0} = Q\frac{\beta^2}{3} + \frac{1-\beta}{\beta}\sigma_0 = \sigma_0$$

---

[1] Der rein elastische Fall mit verschiedenen Wärmeübergangsbedingungen an der Oberseite $z = +h$ wurde von HEISLER ausführlich behandelt.

wird dies unter Berücksichtigung von Gl. (VII, 81) dann eintreten, wenn $\beta = \frac{3}{4}$ wird, also Q den Wert

$$Q(t) = \frac{32}{9} \sigma_0 \qquad (\text{VII, 82})$$

erreicht.

Wächst Q auch noch über den durch diese Gleichung gegebenen Wert weiter an, so wird sich ein dritter plastischer Bereich ausbilden, der von der Plattenmittelfläche aus nach beiden Seiten fortschreitet. Wird die Dicke dieses Bereiches mit $\pm \gamma h$ bezeichnet, so ergibt sich jetzt folgende Spannungsverteilung:

$$\left.\begin{array}{ll} \sigma = + \sigma_0, & 0 \leq |\zeta| \leq \gamma, \\ \sigma = Q \left(\dfrac{\beta^3 - \gamma^3}{3(\beta - \gamma)} - \zeta^2 \right) + \dfrac{1 - \beta - \gamma}{\beta - \gamma} \sigma_0, & \gamma \leq |\zeta| \leq \beta, \\ \sigma = - \sigma_0, & \beta \leq |\zeta| \leq 1. \end{array}\right\} \quad (\text{VII, 83})$$

Die Spannungen im elastischen Bereich wurden wieder aus der Überlegung gefunden, daß erstens der Spannungsverlauf, soweit er von der Temperatur direkt herrührt, parabolisch mit der Resultierenden Null sein muß und daß zweitens eine konstante Spannung zu überlagern ist, die den Spannungen im plastischen Bereich das Gleichgewicht hält.

Die Größen β und γ sind aus den Bedingungen eines stetigen Spannungsverlaufes, also $\sigma = + \sigma_0$ für $\zeta = \gamma$ und $\sigma = - \sigma_0$ für $\zeta = \beta$ zu bestimmen. Das ergibt die beiden Gleichungen

$$Q \left(\frac{\beta^3 - \gamma^3}{3(\beta - \gamma)} - \gamma^2 \right) + \frac{1 - \beta - \gamma}{\beta - \gamma} \sigma_0 = + \sigma_0,$$

$$Q \left(\frac{\beta^3 - \gamma^3}{3(\beta - \gamma)} - \beta^2 \right) + \frac{1 - \beta - \gamma}{\beta - \gamma} \sigma_0 = - \sigma_0.$$

Setzt man
$$u = \beta + \gamma, \quad v = \beta - \gamma,$$

so gehen die Gleichungen nach einigen Umformungen über in

$$\left.\begin{array}{l} \left(\dfrac{Q}{\sigma_0} \right)^2 v^4 - 6 \left(\dfrac{Q}{\sigma_0} \right) v + 12 = 0, \\ u = 2 \left(\dfrac{\sigma_0}{Q} \right) \dfrac{1}{v}. \end{array}\right\} \quad (\text{VII, 84})$$

Aus der ersten Gleichung wird v auf numerischem Wege gefunden, womit dann auch u bestimmt ist. Das Ergebnis ist in Abb. 33 dargestellt.

Die in den vorangehenden Gleichungen angegebene Spannungsverteilung gilt so lange, als nirgends in der Platte Entlastung eintritt. Das ist sicher der Fall, solange der plastische Bereich wächst oder zumindest gleichbleibt, d. h. β nicht zunimmt und γ nicht abnimmt. Man ersieht aus Abb. 33, daß dies zutrifft, solange $Q(t)$ nicht abnimmt, also $\dot{Q}(t) \geq 0$ gilt.

$Q(t)$ nehme nun, nachdem es einen Maximalwert Q_m erreicht hat, monoton ab. Falls dabei Entlastung eintritt, gilt für die zu überlagernde

Spannungsänderung wieder das HOOKEsche Gesetz, also Gl. (VII, 77). Abb. 34 zeigt die Situation. Die stark ausgezogene Linie sei die zu Q_m gehörige Spannungsverteilung, während die strichlierte Linie die zu $Q_m - Q$ gehörige Entlastungsspannung darstellt, die von der ursprüng-

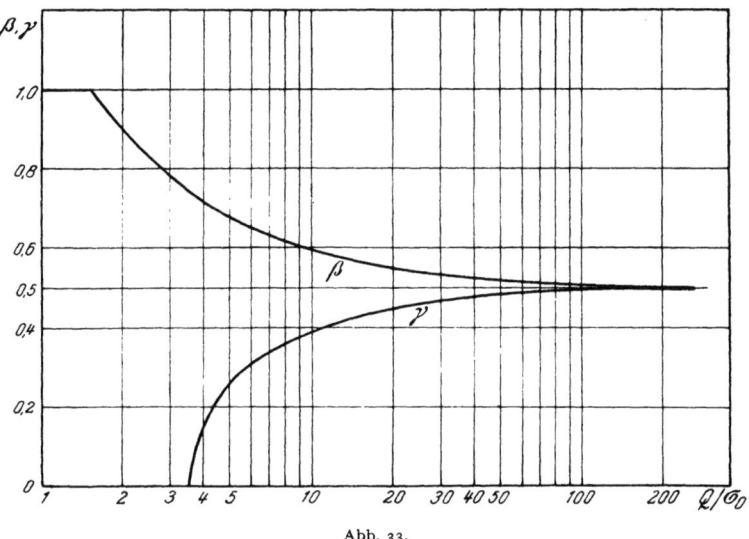

Abb. 33.

lichen Spannung abzuziehen ist, so daß die schraffiert angedeutete Spannungsverteilung übrigbleibt. Diese Überlagerung ist korrekt, falls hierbei im plastischen Bereich eine Spannungsabminderung eintritt. Man sieht sofort, daß dies nur zutrifft, wenn $\beta_m \geq \frac{1}{\sqrt{3}}$ ist, was gemäß den Gln. (VII, 84) einem Wert von $Q_m \leq 13\,\sigma_0$ entspricht. Größere Werte sollen im nachstehenden nicht in Betracht gezogen werden.

Bei der Berechnung der in der Platte nach dem Abkühlen verbleibenden Restspannungen hat man verschiedene Fälle zu unterscheiden. Dies rührt davon her, daß bei der Entlastung ein neuerliches Überschreiten der Fließgrenze in der ent-

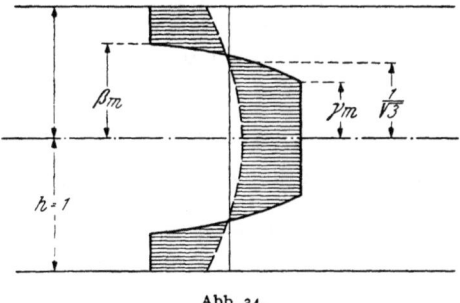

Abb. 34.

gegengesetzten Richtung eintreten kann. Der Betrag der Fließspannung ist dann mit $2\,\sigma_0$ einzusetzen.

Fall I: $0 \leq Q_m \leq \frac{3}{2}\sigma_0$. Dies entspricht nach Gl. (VII, 78) einer im Augenblick der maximalen Wärmezufuhr noch rein elastischen Spannungsverteilung. Die Platte ist somit nach dem Abkühlen wieder spannungsfrei.

Fall II: $\frac{3}{2}\sigma_0 < Q_m \leq 3\sigma_0$. Man entnimmt aus Gl. (VII, 78), indem man dort σ_0 durch $2\sigma_0$ ersetzt, daß die zu überlagernde Entlastungsspannung so lange rein elastisch ist, als Q_m den Wert $3\sigma_0$ nicht übersteigt. Die zu Q_m gehörige Spannungsverteilung ist durch die Gln. (VII, 79) und (VII, 80) gegeben, während die Entlastungsspannung aus Gl. (VII, 77) folgt, wobei Q durch Q_m zu ersetzen ist. Subtraktion ergibt für die nach dem Abkühlen verbleibende Restspannung

$$\left. \begin{aligned} \sigma &= \frac{Q_m}{3}(\beta_m^2 - 1) + \frac{1-\beta_m}{\beta_m}\sigma_0, & 0 \leq |\zeta| \leq \beta_m, \\ \sigma &= Q_m\left(\zeta^2 - \frac{1}{3}\right) - \sigma_0, & \beta_m \leq |\zeta| \leq 1. \end{aligned} \right\} \text{(VII, 85)}$$

β_m folgt aus Gl. (VII, 81) mit $Q = Q_m$.

Fall III: $3\sigma_0 < Q_m \leq \frac{32}{9}\sigma_0$. Jetzt wird beim Entlasten die Fließgrenze in der entgegengesetzten Richtung überschritten. Für die Entlastungsspannungen gilt daher nicht mehr Gl. (VII, 77), sondern die Gln. (VII, 79) und (VII, 80), mit Q ersetzt durch Q_m und σ_0 ersetzt durch $2\sigma_0$:

$$\left. \begin{aligned} \sigma_e &= Q_m\left(\frac{\delta^2}{3} - \zeta^2\right) + 2\frac{1-\delta}{\delta}\sigma_0, & 0 \leq |\zeta| \leq \delta, \\ \sigma_e &= -2\sigma_0, & \delta \leq |\zeta| \leq 1. \end{aligned} \right\} \text{(VII, 86)}$$

Die Größe δ folgt in Analogie zu Gl. (VII, 81) aus

$$\delta = \sqrt[3]{\frac{3\sigma_0}{Q_m}} > \beta_m = \sqrt[3]{\frac{3\sigma_0}{2Q_m}}. \tag{VII, 87}$$

Um die Restspannungen zu erhalten, sind die Spannungen nach Gl. (VII, 86) von den durch die Gln. (VII, 79) und (VII, 80) gegebenen Spannungen σ_m abzuziehen, wobei wieder Q durch Q_m zu ersetzen ist und die drei Bereiche $|\zeta| \leq \beta_m$, $\beta_m \leq |\zeta| \leq \delta$ und $\delta \leq |\zeta| \leq 1$ zu unterscheiden sind.

Fall IV: $\frac{32}{9}\sigma_0 < Q_m \leq \frac{64}{9}\sigma_0$. Die Spannungsverteilung für $Q = Q_m$ ist jetzt durch die Gl. (VII, 83) gegeben. Für die Entlastungsspannungen gelten weiterhin die Gln. (VII, 86). Bei der Subtraktion hat man nur zu beachten, daß jetzt vier Bereiche zu unterscheiden sind: $|\zeta| \leq \gamma_m$, $\gamma_m \leq |\zeta| \leq \beta_m$, $\beta_m \leq |\zeta| \leq \delta$ und $\delta \leq |\zeta| \leq 1$.

Wenn Q_m den Wert $\frac{64}{9}\sigma_0$ erreicht, wird die Restspannung $\sigma_m - \sigma_e$ in der Plattenmitte $\zeta = 0$ gerade an die Fließgrenze kommen.

Fall V: $\frac{64}{9}\sigma_0 < Q_m \leq 13\sigma_0$. Die Entlastung führt jetzt auch in Plattenmitte zu einem neuerlichen Fließen. Es gelten daher auch für die Entlastungsspannungen die Gln. (VII, 83) mit $2\sigma_0$ an Stelle von σ_0:

$$\left.\begin{array}{ll} \sigma_e = +\,2\,\sigma_0, & 0 \leqslant |\zeta| \leqslant \eta, \\ \sigma_e = Q_m \left(\dfrac{\delta^3 - \eta^3}{3\,(\delta - \eta)} - \zeta^2 \right) + 2\,\dfrac{1 - \delta - \eta}{\delta - \eta}\,\sigma_0, & \eta \leqslant |\zeta| \leqslant \delta, \\ \sigma_e = -\,2\,\sigma_0, & \delta \leqslant |\zeta| \leqslant 1. \end{array}\right\} \quad (\text{VII},88)$$

Die Größen δ und η folgen aus den Gln. (VII, 84) bzw. können Abb. 33 entnommen werden. Es ist hierbei nur Q/σ_0 zu ersetzen durch $Q_m/2\,\sigma_0$. Man sieht, daß
$$0 \leqslant \eta < \gamma_m < \beta_m < \delta < 1$$
gilt.

Durch Subtraktion der Gl. (VII, 88) von den Gln. (VII, 83) erhält man wieder die nach dem vollständigen Auskühlen in der Platte verbleibenden Restspannungen.

In einer weiteren Arbeit haben LANDAU und WEINER den Fall untersucht, daß nicht die Wärmezufuhr, sondern die Temperaturverteilung in der Platte gegeben ist, wobei wieder Unabhängigkeit von x und y vorausgesetzt wird. Als Anwendung wird das Auskühlen einer Platte behandelt.

Literaturverzeichnis.

A. Im Text häufig zitierte Bücher.

CARSLAW, H. S. and J. C. JAEGER: Conduction of heat in solids. Oxford: 1947. Zitiert als CARSLAW-JAEGER.

DOETSCH, G.: Anleitung zum praktischen Gebrauch der LAPLACE-Transformation. München: 1956. Zitiert als DOETSCH: Anleitung.

— Einführung in Theorie und Anwendung der LAPLACE-Transformation. Basel: 1958. Zitiert als DOETSCH: Einführung.

ERDÉLYI—MAGNUS—OBERHETTINGER—TRICOMI: Tables of Integral transforms. 2 Bde. New York: 1954. Zitiert als ERDÉLYI et al.

JAHNKE, E. und F. EMDE: Funktionentafeln mit Formeln und Kurven. Leipzig, jetzt Stuttgart. Mehrere Auflagen. Zitiert als JAHNKE-EMDE.

MELAN, E. und H. PARKUS: Wärmespannungen infolge stationärer Temperaturfelder. Wien: 1953. Zitiert als MELAN-PARKUS.

WATSON, G. N.: Theory of Bessel functions. Cambridge: 1944. Zitiert als WATSON.

B. Wärmespannungen.

ARGYRIS, J. H. and S. KELSEY: (1) Energy theorems and structural analysis. Part II. Aircraft Engng. **26**, 410 (1954).

— (2) The matrix force method of structural analysis and some new applications. Aero. Res. Counc. London, Rep. Mem. 3034 (1957).

BADER, W.: Zur numerischen Bestimmung der Wärmespannungen. Z. angew. Math. Mech. **36**, 331 (1956).

BAEHR, H. D.: Nichtstationäre Wärmespannungen in ausgemauerten Behältern und die Berechnung der Ausmauerung an Hand eines Temperatur-Schaubildes. Ing.-Arch. **25**, 330 (1957).

BAILEY, J. L.: A thermoelastic problem in the half-space. Dissertation, Michigan State University, **1958**.

BARBER, A. D., J. H. WEINER and B. A. BOLEY: An analysis of the effect of thermal contact resistance in a sheet-stringer structure. J. Aeronaut. Sci. **24**, 232 (1957).

BEHLENDORFF, E.: Über die Bestimmung der Wärmespannungen in einer Kugel. Math. Nachrichten **8**, 59 (1952).

BELOV, A. V.: Temperaturzustände im umgebenden Medium, die vorgegebene Spannungen an der Oberfläche einer Betonplatte hervorrufen. (Russisch.) Gidrotekh. Stroit. S. 19 (1953).

BELOV, A. V. and P. I. VASILEV: Praktische Methoden zur Bestimmung von Temperatur und Spannungen in einer Betonplatte bei harmonisch schwankender Lufttemperatur. (Russisch.) Gidrotekh. Stroit. S. 19 (1952).

BIJLAARD, P. P.: Differential equations for cylindrical shells with arbitrary temperature distributions. J. Aero/Space Sci. **25**, 594 (1958).

Biot, M. A.: (1) Thermoelasticity and irreversible thermodynamics. J. Appl. Physics **27**, 240 (1956).
— (2) Influence of thermal stresses on the aeroelastic stability of supersonic wings. J. Aeronaut. Sci. **24**, 418 (1957).
Bisplinghoff, R. L.: (1) The finite twisting and bending of heated elastic lifting surfaces. Mitt. Inst. Flugzeugstatik und Leichtbau E. T. H. Zürich. Nr. 4, 1957.
— (2) Further remarks on the torsional rigidity of thermally stressed wings. J. Aero/Space Sci. **25**, 657 (1958).
Bland, D. R.: Elastoplastic thick-walled tubes of workhardening material subject to internal and external pressures and to temperature gradient. J. Mech. Phys. Solids **4**, 209 (1956).
Bock, Ph.: Die Wärmespannungen eines endlichen Zylinders unter dem Einfluß einer periodisch veränderlichen Temperaturverteilung. Mitt. Hauptver. Deutsch. Ing. in der Tschechoslowak. Republik **27**, 94 u. 114 (1938).
Bogdanoff, J. L.: Note on thermal stresses. J. Appl. Mechan. **21**, 88 (1954).
Boley, B. A.: (1) The determination of temperature, stresses, and deflections in two-dimensional thermoelastic problems. J. Aeronaut. Sci. **23**, 67 (1956).
— (2) Thermally induced vibrations of beams. J. Aeronaut. Sci. **23**, 179 (1956).
— (3) The calculation of thermoelastic beam deflections by the principle of virtual work. J. Aeronaut. Sci. **24**, 139 (1957).
Boley, B. A. and A. D. Barber: Dynamic response of beams and plates to rapid heating. J. Appl. Mechan. **24**, 413 (1957).
Boley, B. A. and E. S. Barrekette: Thermal stress in curved beams. J. Aero/Space Sci. **25**, 627 (1958).
Bollenrath, F.: Some remarks upon the problem of temperature shock in aircraft. AGARD Rep. 90 (1956).
Borchardt, C. W.: Untersuchungen über die Elasticität fester isotroper Körper unter Berücksichtigung der Wärme. Mber. Akad. d. Wiss. Berlin **9** (1873).
Born, J. S. and G. Horvay: Thermal stresses in rectangular strips. II. J. Appl. Mechan. **22**, 401 (1955).
Brooks, W. A. Jr., G. E. Griffith and H. K. Strass: Two factores influencing temperature distributions and thermal stresses in structures. NACA Techn. Note 4052 (1957).
Buckens, F.: (1) Determination des tensions thermo-élastiques dans un tube cylindrique. Mém. Acad. Roy. Belg. **27**, No. 1628 (1952).
— (2) Théorie limite du flambage d'une plaque circulaire chauffée en son centre. Ann. Soc. Sci. Bruxelles **68**, 63 (1954).
— (3) Théorie limite du flambage d'une plaque circulaire chauffée en son centre. Déformées caractéristiques. Ann. Soc. Sci. Bruxelles **68**, 157 (1954).
Buckland, F. F. and J. B. Gatzemeyer: Transient temperature and thermal stress in locomotive gas turbine buckets. A. S. M. E. Ann. Meet., Chicago 1955. Pap. 55-A-179.
Budiansky, B. and J. Mayers: Influence of aerodynamic heating on the effective torsional stiffness of thin wings. J. Aeronaut. Sci. **23**, 1081 (1956).
Chadwick, P. and I. N. Sneddon: Plane waves in an elastic solid conducting heat. J. Mech. Phys. Solids **6**, 223 (1958).
Chang, C. C. and W. H. Chu: Stresses in a metal tube under both high radial temperature variation and internal pressure. J. Appl. Mechan. **21,** 101 (1954).
Chen, S. Y.: Transient temperature and thermal stresses in skin of hypersonic vehicle with variable boundary conditions. A. S. M. E. Ann. Meet., New York 1957. Pap. 57-A-9.

CHMELKA, F.: Wärmespannungen in einem PRANTL-REUSSschen Körper. Österr. Ing.-Archiv **10**, 133 (1956).
CHWALLA, E. und H. STEINER: Über das Einbeulen von Druckschachtpanzerungen. Österr. Bauzeitschr. **12**, 57 (1957).
COFFIN, L. F.: (1) A study of the effects of cyclic thermal stresses on a ductile metal. Trans. A. S. M. E. **76**, 931 (1954).
— (2) Design aspects of high-temperature fatigue with particular reference to thermal stresses. Trans. A. S. M. E. **78**, 527 (1956).
COPELAND, R. E.: Shrinkage and temperature stresses in masonry. J. Amer. Concrete Inst. **28**, 769 (1957).
DAHL, O. G. C.: Temperature and stress distribution in hollow cylinders. Trans. A. S. M. E. **46**, 161 (1924).
DANILOVSKAYA, V. I.: (1) Wärmespannungen im elastischen Halbraum, verursacht durch plötzliche Erwärmung der Oberfläche. (Russisch.) Prikl. Mat. Mekh. **14**, 316 (1950).
— (2) Über ein dynamisches Problem der Thermoelastizität. (Russisch.) Prikl. Mat. Mekh. **16**, 341 (1952).
DERESIEWICZ, H.: Plane waves in a thermoelastic solid. J. Acoust. Soc. Amer. **29**, 204 (1957).
DERSKI, W.: (1) The state of stress in a thin circular ring, due to a non-steady temperature field. Arch. Mech. Stos. **10**, 255 (1958).
— (2) Der Spannungszustand in einer dünnen Kreisplatte zufolge eines nichtstationären Temperaturfeldes. (Polnisch.) Rozpr. Inzyn. **6**, 253 (1958).
DUBERG, J. E.: Aircraft structures research at elevated temperatures. AGARD Rep. 3, **1955**.
DUHAMEL, M. C.: Second mémoire sur les phénomènes thermo-mécaniques. J. de l'École Polytechn. **15**, 1 (1837).
DURELLI, A. J. and C. H. TSAO: Determination of thermal stresses in three-ply laminates. J. Appl. Mechan. **22**, 190 (1955).
ENDRES, W.: Wärmespannungen in Rohrleitungen. Forschung **23**, 33 (1957).
ERINGEN, A. C.: Thermal stresses in a multiple layer beam. Proc. First Midwest. Conf. Solid Mech., Engng. Exp. Sta. Univ. of Ill. 69, **1953**.
FAZEKAS, G. A. G.: Temperature gradients and heat stresses in brake drums. S. A. E. Trans. **61**, 279 (1953).
FORRAY, M. J.: Thermal stresses in plates. J. Aeronaut. Sci. **25**, 716 (1958).
FORRAY, M. J. and M. ZAID: Thermal stresses in a circular bulkhead subjected to a radial temperature distribution. J. Aeronaut. Sci. **25**, 63 (1958).
FOUST, A. S.: Conditions in heat transfer problems which create high thermal stress. Heat-Transfer Symposium, Univ. of Mich. Press, 1, **1953**.
FREUDENTHAL, A. M.: (1) On inelastic thermal stresses in flight structures. J. Aeronaut. Sci. **21**, 772 (1954).
— (2) Effect of rheological behavior on thermal stresses. J. Appl. Physics **25**, 1110 (1954).
— (3) Problems of structural design for elevated temperatures. Trans. New York Acad. Sci., II, **19**, 4 (1957).
FRITZ, R. J.: Evaluation of transient temperature and stresses. Trans. A. S. M. E. **76**, 913 (1954).
GATEWOOD, B. E.: (1) Thermal loads on joints. J. Aeronaut. Sci. **21**, 645 (1954).
— (2) Effect of thermal resistance of joints upon thermal stresses. J. Aeronaut. Sci. **24**, 152 (1957).
— (3) Thermal stresses. McGraw-Hill. New York: 1957.

GATEWOOD, B. E.: (4) Inelastic combined thermal and applied stresses in skin-stringer aircraft structure. J. Aeronaut. Sci. **25**, 212 (1958).
GECKLER, R. D.: Thermal stresses in solid propellant grains. Jet Prop. **26**, 93 (1956).
GEERTSMA, J.: A remark on the analogy between thermoelasticity and the elasticity of saturated porous media. J. Mech. Phys. Solids **6**, 13 (1957).
GERARD, G.: Life expectancy of aircraft under thermal flight conditions. J. Aeronaut. Sci. **21**, 675 (1954).
GERARD, G. and A. C. GILBERT: Photo-thermoelasticity: an exploratory study. New York Univ. Res. Div., TN Rep. SM 56—11, **1956**.
GOLDBERG, J. E.: Axisymmetric flexural temperature stresses in circular plates. J. Appl. Mechan. **20**, 257 (1953).
GOLDBERG, M. A.: Investigation of the temperature distribution and thermal stresses in a hypersonic wing structure. J. Aeronaut. Sci. **23**, 981 (1956).
GOLOVANOV, S. G.: Berechnung der Restspannungen durch Abkühlung in Stahl und Gußeisen. (Russisch.) Vestn. Maschin. **7**, 34 (1953).
GOODIER, J. N.: (1) Thermal stress in long cylindrical shells due to temperature variation round the circumference and through the wall. Canad. J. of. Res. **15**, 49 (1937).
— (2) On the integration of the thermo-elastic equations. Philos. Mag. VII, **23**, 1017 (1937).
— (3) Thermal stress and deformation. J. Appl. Mechan. **24**, 467 (1957).
GREEN, A. E., J. R. M. RADOK and R. S. RIVLIN: Thermo-elastic similarity laws. Quart. Appl. Math. **15**, 381 (1958).
GRIFFITH, G. E. and G. H. MILTENBERGER: Some effects of joint conductivity on the temperatures and thermal stresses in aerodynamically heated skin-stiffener combinations. NACA Techn. Note 3699 (1956).
GRÜNBERG, G.: Über die in einer isotropen Kugel durch ungleichförmige Erwärmung erregten Spannungszustände. Z. Physik **35**, 548 (1925).
GUTTMAN, S. G.: Die Bestimmung der Wärmespannungen bei harmonischen Temperaturschwankungen. (Russisch.) Isv. Vses. n.-i. in-ta Gidrotekh. **47**, 72 (1952) und **51**, 23 (1954).
HAMMITT, F. G.: Axial-temperature gradient bending stresses in tubes. J. Appl. Mechan. **25**, 109 (1958).
HEAPS, N. S.: Transient thermal stress in a flat plate due to non-uniform heat transfer across one surface. Aeron. Res. Counc. London 1956. Curr. Pap. 299.
HEISLER, M. P.: Transient thermal stresses in slabs and circular pressure vessels. J. Appl. Mechan. **20**, 261 (1953).
HELDENFELS, R. R. and L. F. VOSTEEN: Approximate analysis of effects of large deflections and initial twist on torsional stiffness of a cantilever plate subjected to thermal stresses. NACA Techn. Note 4067 (1957.)
HEMP, W. S.: (1) Fundamental principles and methods of thermoelasticity. Aircraft Engng. **26**, 126 (1954).
(2) Thermo-elastic formulae for the analysis of beams. Aircraft Engng. **28**, 374 (1956).
HERRMANN, G.: On a complementary energy principle in linear thermoelasticity. J. Aero/Space Sci. **25**, 660 (1958).
HIEKE, M.: (1) Über ein ebenes unstetiges Temperaturspannungsproblem. Z. angew. Math. Mech **34**, 121 (1954).
— (2) Über ein ebenes Distorsionsproblem. Z. angew. Math. Mech. **35**, 54 (1955).
— (3) Eine indirekte Bestimmung der AIRYschen Fläche bei unstetigen Wärmespannungen. Z. angew. Math. Mech. **35**, 285 (1955).

HILTON, H. H.: (1) Thermal stresses in bodies exhibiting temperature-dependent elastic properties. J. Appl. Mechan. **19**, 350 (1952).
— (2) An extension of ALFREYS elastic-viscoelastic analogy to viscoelastic thermal stress problems. Rep. No. TSVE-TR-2 on contract No. AF 33 (616) — 291, Dept. Aeron. Engng., Univ. of Illinois, **1953**.
— (3) Thermal stresses in thick-walled cylinders exhibiting temperature-dependent viscoelastic properties of the Kelvin type. Proc. Second U. S. Nat. Congr. Appl. Mechan., p. 547, **1954**.
HILTON, H. H., H. A. HASSAN and H. G. RUSSELL: Analytical studies of thermal stresses in media possessing temperature-dependent viscoelastic properties. Wright Air Development Center. Rep. 53—322 (1953).
HIRSCHFELD, K.: Kreisförmiger Stollen unter Temperaturbeanspruchung. Ing.-Archiv **23**, 270 (1955).
HLINKA, J. H., H. G. LANDAU and V. PASCHKIS: Charts on elastic thermal stresses in heating and cooling of slabs and cylinders. A. S. M. E. Ann. Meet., New York 1957. Pap. 57-A-238.
HOFF, N. J.: (1) Structural problems of future aircraft. Proc. Third Anglo-American Aer. Conf. 1951, p. 103.
(2) The thermal barrier. Structures. A. S. M. E. Ann. Meet., New York 1954. Pap. 54-A-207.
— (3) High temperature effects in aircraft structures. AMR. **8**, 453 (1955).
— (4) Approximate analysis of the reduction in torsional rigidity and of the torsional buckling of solid wings under thermal stresses. J. Aeronaut. Sci. **23**, 603 (1956).
— (5) Thermal buckling of supersonic wing panels. J. Aeronaut. Sci. **23**, 1019 (1956).
— (6) Buckling at high temperature. J. Roy. Aer. Soc. **61**, 756 (1957).
— (7) (Herausgeber): High temperature [effects in aircraft structures. London 1958.
HOLMS, A. G. and R. D. FALDETTA: Effects of temperature distribution and elastic properties of materials on gas-turbine-disk stresses. NACA Rep. No. 864, **1947**.
HOPKINSON, J.: On the stresses caused in an elastic solid by inequalities of temperature. Messenger of Math. **8**, 168 (1879).
HORVAY, G.: (1) Thermal stresses in perforated plates. Proc. First U. S. Nat. Congr. Appl. Mechan., p. 247, **1952**.
— (2) Transient thermal stresses in circular disks and cylinders. Trans. A. S. M. E. **76**, 127 (1954).
— (3) Thermal stresses in rectangular strips — I, II. Proc. Second U. S. Nat. Congr. Appl. Mechan., p. 313, **1954**, und J. Appl. Mechan. **22**, 401 (1955).
— (4) Stress relief obtainable in sectioned heat-generating cylinders. Proc. Second Midwestern Conf. Solid Mechan. Purdue Univ., p. 45, **1955**.
HORVAY, G. and I. M. CLAUSEN: Stresses and deformations of flanged shells. A. S. M. E. Ann. Meet. New York, Dec. 1953. Pap. 53-A-43.
HOUBOLT, J. C.: A study of several aerothermoelastic problems of aircraft structures in high-speed flight. Mitt. Inst. Flugzeugstatik und Leichtbau E. T. H. Zürich: Nr. 5, **1957**.
HOYLE, R. D.: Transient temperature stresses in axially symmetrical systems with special application to a solid rotor of a steam turbine. Proc. Inst. Mechan. Engng. 3—8, **1955**.
HUTH, J. H.: Thermal stresses in conical shells. J. Aeronaut. Sci. **20**, 613 (1953).
IGNACZAK, J.: (1) Thermal displacements in an elastic semi-space due to sudden heating of the boundary plane. Arch. Mech. Stos. **9**, 395 (1957).

IGNACZAK, J.: (2) Thermal stresses in a long cylinder heated in a discontinuous manner over the lateral surface. Arch. Mech. Stos. **10**, 25 (1958).
— (3) Thermal displacement in a non-homogeneous elastic semi-infinite space caused by sudden heating of the boundary. Arch. Mech. Stos. **10**, 147 (1958).
— (4) Thermal stresses due to a nucleus of thermo-elastic strain in an elastic semi-space, containing a hemispherical pit at a free surface. Bull. Acad. Pol. Sci., s. techn. **6**, 151 (1958).
IGNACZAK, J. and W. NOWACKI: Two cases of discontinuous temperature field in an elastic space and semi-space. Bull. Acad. Pol. Sci., s. techn. **6**, 309 (1958).
ISAKSON, G.: A simple model study of transient temperature and thermal stress distribution due to aerodynamic heating. J. Aeronaut. Sci. **24**, 611 (1957).
JAEGER, J. C.: On thermal stresses in circular cylinders. Philos. Mag. **36**, 418 (1945).
JÄGER, K.: Wärmespannungen in Stahlbetonstabwerken. Österr. Ing.-Z. **1**, 184 und 219 (1958).
JASPER, N. H.: Temperature-induced stresses in beams and ships. David W. Taylor Mod. Basin Rep. 937, **1955**.
JOHNS, D. J.: Approximate formulas for thermal-stress analysis. J. Aero/Space Sci. **25**, 524 (1958).
JUNG, H.: (1) Zur Berechnung von Wärmeaustauschern. Österr. Ing.-Arch. **10**, 382 (1956).
— (2) Über die Bestimmung der Wärmespannungen in ungleichförmig erwärmten Kontaktöfen. Österr. Ing.-Arch. **11**, 257 (1957).
KARUSH, W. and A. V. MARTIN: Thermal contraction of a split hollow cylinder. J. Appl. Physics **24**, 1427 (1953).
KENT, C. H.: Thermal stresses in spheres and cylinders. Trans. A. S. M. E. **54**, 185 (1932).
KIHARA, H. and K. MASUBUCHI: Theoretical studies on the residual welding stress. Rep. Transport. Tech. Res. Inst. 6, **1953**.
KLÖPPEL, K. und W. SCHÖNBACH: Wärmespannungen in rechteckig berandeten Scheiben. Stahlbau **27**, 122 (1958).
KLOSNER, J. M. and M. J. FORRAY: Buckling of simply supported plates under arbitrary symmetrical temperature distributions. J. Aeronaut. Sci. **25**, 181 (1958).
KOCHANSKI, S. L. and J. H. ARGYRIS: Some effects of kinetic heating on the stiffness of thin wings. Aircr. Engng. **29**, 310 (1957) und **30**, 32 (1958).
KOSTIUK, A. G.: Bestimmung von Temperaturverteilung und Wärmespannungen in Turbinenscheiben. (Russisch.) Teploenergetika **3**, 3 (1956).
LANDAU, H. G. and J. H. WEINER: Transient and residual stresses in heat-treated plates. J. Appl. Mechan. **25**, 459 (1958).
LANGHAAR, H. L. and M. STIPPES: Three-dimensional stress functions. J. Franklin Inst. **258**, 371 (1954).
LEOPOLD, W. R.: Centrifugal and thermal stresses in rotating disks. J. Appl. Mechan. **15**, 322 (1948).
LESSEN, M.: (1) On similarity of thermal stresses in elastic bodies. J. Aeronaut. Sci. **20**, 716 (1953).
— (2) Thermoelasticity and thermal shock. J. Mechan. Physics Solids **5**, 57 (1956).
— (3) On the motion of a thermo-viscoelastic solid. Proc. Third Midwestern Conf. Solid Mechan., 20, **1957**.
— (4) The motion of a thermoelastic solid. Quart. Appl. Math. **15**, 105 (1957).
— (5) Thermoelastic damping at the boundary between dissimilar solids. J. Appl. Physics **28**, 364 (1957).

LESSEN, M. and C. E. DUKE: On the motion of an elastic thermally conducting solid. Proc. First Midwestern Conf. Solid Mechan., Engng. Exp. Sta. Univ. of Ill., 14, 1953.
LEVY, S.: (1) Determination of loads in the presence of thermal stresses. J. Aeronaut. Sci. 21, 659 (1954).
— (2) Thermal stresses and deformations in beams. Aeronaut. Engng. Rev. 15, 62 (1956).
LOCKETT, F. J.: Effect of thermal properties of a solid on the velocity of Rayleigh waves. J. Mech. Phys. Solids 7, 71 (1958).
LOMAKIN, V. A.: Elasto-plastisches Gleichgewicht einer Kugel in einem instationären Temperaturfeld. (Russisch.) Prikl. Mat. Mekh. 19, 244 (1955).
LOVELESS, E. and A. C. BOSWELL: The problem of thermal stresses in aircraft structures. Aircraft Engng. 26, 122 (1954).
MADEJSKI, J.: Ähnlichkeitstheorie für thermoelastisch-plastische Erscheinungen. (Polnisch.) Rozpr. Inzyn. 5, 481 (1957).
MALININ, N. N.: Berechnung einer rotierenden, ungleichmäßig erwärmten Scheibe veränderlicher Dicke. (Russisch.) Inzhener. Sbornik, Akad. Nauk. SSSR 17, 151 (1953).
MANSON, S. S.: (1) Determination of elastic stresses in gas-turbine disks. NACA Rep. 871, 1947.
— (2) Direct method of design and stress analysis of rotating disks with temperature gradient. NACA Rep. 952, 1950.
— (3) Stress investigations in gas turbine disks and blades. SAE Quarterly Trans. 3, 229 (1949).
— (4) Analysis of rotating disks of arbitrary contour and radial temperature distribution in the region of plastic deformation. Proc. First U. S. Nat. Congr. Appl. Mechan., p. 569, 1952.
— (5) Temperature, thermal stress, and shock in heat-generating plates of constant conductivity and of conductivity that varies linearly with temperature. NACA Techn. Note 2988 (1953).
— (6) Behavior of materials under conditions of thermal stress. NACA Rep. 1170, 1954.
MAR, J. W. and L. A. SCHMIT: Some structural penalties associated with thermal flight. Trans. A. S. M. E. 79, 990 (1957).
MATZ, W.: Berechnung der Ausmauerung stählerner Gefäße. Berlin-Göttingen-Heidelberg: Springer-Verlag. 1953.
MAZET, R.: Sur un modèle admissible pour l'étude des vibrations thermoélastiques d'une éprouvette en cours de fluage. 9. Int. Kongr. angew. Mech. Brüssel 1957, 8, 293.
MCDOWELL, E. L.: Thermal stresses in an infinite plate of arbitrary thickness. Proc. Third Midwestern Conf. Solid Mech., 72, 1957.
MCDOWELL, E. L. and E. STERNBERG: Axisymmetric thermal stresses in a spherical shell of arbitrary thickness. J. Appl. Mechan. 24, 376 (1957).
MELAN, E.: (1) Wärmespannungen in einer Scheibe infolge einer wandernden Wärmequelle. Ing.-Arch. 20, 46 (1952).
— (2) Wärmespannungen in Platten mit Wärmeverlust an den Oberflächen. Österr. Bauzeitschrift 8, 89 (1953).
— (3) Wärmespannungen infolge eines rotierenden Temperaturfeldes. Österr. Ing.-Arch. 8, 165 (1954).
— (4) Wärmespannungen in einem kreisrunden Behälter infolge warmen Füllgutes. Österr. Bauzeitschrift 9, 81 (1954).
— (5) Wärmespannungen infolge einer quasi-stationären Temperaturverteilung. Anz. Österr. Akad. Wiss., Math.-Naturw. Kl. 12, 183 (1954).

MELAN, E.: (6) Spannungen infolge nicht stationärer Temperaturfelder. Österr. Ing.-Arch. 9, 171 (1955).
— (7) Wärmespannungen bei der Abkühlung einer Kugel. Acta Phys. Austr. 10, 81 (1956).
MERCKX, K. R.: (1) The time and temperature dependence of thermal stresses in cylindrical reactor fuel elements. Trans. A. S. M. E. 80, 505 (1958).
— (2) The dependence of thermal stresses in cylindrical reactor fuel elements upon the method of cooling. Trans. A. S. M. E. 80, 985 (1958).
MEYER, J. H.: Thermoelastic distortion and wing structural design. Aeronaut. Engng. Rev. 16, 46 (1957).
MILLENSON, M. B. and S. S. MANSON: Determination of stresses in gas-turbine disks subjected to plastic flow and creep. NACA Rep. 906, **1948**.
MILLER, D. R. and W. E. COOPER: Structural problems of a sodium-cooled nuclear reactor. A. S. M. E. Semi-Ann. Meet., Pittsburgh 1954. Pap. 54-SA-75.
MILLER, K. A. G.: The design of tube plates in heat exchangers. Inst. Mechan. Engng. Proc. (B) 1B, 215 (1952).
MINDLIN, R. D.: Force at a point in the interior of semi-infinite solid. Physics 7, 195 (1956).
MORGAN, A. J. A.: A proof of DUHAMELs analogy for thermal stresses. J. Aeronaut. Sci. 25, 466 (1958).
MOSSAKOWSKA, Z. and W. NOWACKI: Thermal stresses in transversally isotropic bodies. Arch. Mechan. Stos. 10, 569 (1958).
MOSSAKOWSKI, J.: The state of stress and displacement in a thin anisotropic plate due to a concentrated source of heat. Arch. Mechan. Stos. 9, 565 (1957).
MURA, T.: (1) Thermal strains and stresses in transient state. Proc. Second Japan. Nat. Congr. Appl. Mechan. **1952**, p. 9.
— (2) Extremum principles of thermal elasto-plastic problems. Res. Rep. Fac. of Engng., Meiji Univ., 6, **1955**.
— (3) Buckling type deformation of thin plates due to welding. Res. Rep. Fac. of Engng., Meiji Univ., 7, **1956**.
— (4) Dynamical thermal stresses due to thermal shocks. Res. Rep. Fac. of Engng., Meiji Univ., 8, **1956**.
— (5) Unstable plastic yield of a hollow cylinder under internal pressure and thermal stresses. Res. Rep. Fac. of Engng., Meiji Univ., 9, **1957**.
— (6) Residual stresses due to thermal treatments. Res. Rep. Fac. of Engng., Meiji Univ., 10, **1957**.
MURA, T. and N. KINOSHITA: Expression of initial stresses based on GREENs functions. First Meeting Japan Soc. Appl. Math. Mechan. **1956**.
NEUBAUER, R.: Temperatur- und Spannungsverteilung in ausgemauerten zylindrischen Reaktionsgefäßen. Berlin-Göttingen-Heidelberg: Springer-Verlag, 1958.
NISHIMURA, G. and M. SUZUKI: Horizontal deformation of a Japanese two-storied frame house. Bull. Earthq. Res. Inst. Tokyo Univ. 32, part 1, 113 (1954).
NORBURY, J. F.: Thermal stresses in disks of constant thickness. Aircraft Engng. 29, 132 (1957).
NOWACKI, W.: (1) Wärmespannungen in anisotropen Körpern, I. (Polnisch,) Arch. Mechan. Stos. 6, 481 (1954).
— (2) Wärmespannungen in Zylinderschalen. (Polnisch.) Arch. Mechan. Stos. 8, 69 (1956).
— (3) The state of stress in a thin plate due to the action of sources of heat. Publ. Int. Assoc. Bridge Struct. Engng. 16, 373 (1956).
— (4) State of stress in an infinite and semi-infinite elastic space due to an instantaneous source of heat. Bull. Acad. Pol. Sci., Cl. IV, 5, 77 (1957).

NOWACKI, W.: (5) The state of stress in an elastic space due to a source of heat varying harmonically in function of time. Bull. Acad. Pol. Sci., Cl. IV, **5**, 145 (1957).
— (6) A quasi-stationary thermo-elastic problem in three dimensions. Bull. Acad. Pol. Sci., Cl. IV, **5**, 155 (1957).
— (7) The state of stress in an elastic semi-space due to an instantaneous source of heat. Bull. Acad. Pol. Sci., Cl. IV, **5**, 165 (1957).
— (8) The state of stress in a thick circular plate due to a temperature field. Bull. Acad. Pol. Sci., Cl. IV, **5**, 227 (1957).
— (9) The stresses in a thin plate due to a nucleus of thermo-elastic strain. Arch. Mechan. Stos. **9**, 89 (1957).
— (10) A three-dimensional thermoelastic problem with discontinuous boundary conditions. Arch. Mechan. Stos. **9**, 319 (1957).
— (11) A dynamical problem of thermoelasticity. Arch. Mechan. Stos. **9**, 325 (1957).
— (12) A plane distortion problem. Arch. Mechan. Stos. **9**, 417 (1957).
— (13) Two steady-state thermoelastic problems. Arch. Mechan. Stos. **9**, 579 (1957).
— (14) The state of stress in an elastic slab due to a steady heat source. Bull. Acad. Pol. Sci., s. techn. **6**, 301 (1958).
— (15) Non-steady state thermal stresses in an infinite cylinder of rectangular or circular cross-section. Bull. Acad. Pol. Sci., s. techn. **6**, 321 (1958).
NOWINSKI, J.: (1) Wärmespannungen in einem dickwandigen Kugelbehälter aus transversal isotropem Werkstoff. (Polnisch.) Arch. Mechan. Stos. **7**, 363 (1955).
— (2) The principle of stationary free energy in the thermoelastic analysis of thin-walled tubes. Arch. Mechan. Stos. **9**, 357 (1957).
NOWINSKI, J. and W. OLSZAK: Wärmespannungen in dickwandigen anisotropen Zylindern. (Polnisch.) Arch. Mechan. Stos. **5**, 221 (1953).
NOWINSKI, J., W. OLSZAK and W. URBANOWSKI: On the thermoelastic problem in the case of bodies of any type of curvilinear orthotropy. Bull. Acad. Pol. Sci., Cl. IV, **4**, 97 (1956).
OSGOOD, W. R.: Residual stresses in metals and metal construction. New York: Reinhold Publ. Corp., **1954**.
OGIBALOV, P. M.: Einfluß von Innendruck und veränderlicher Temperatur auf die Verformung von Rohren. (Russisch.) Inzhener. Sbornik **20**, 55 (1954).
PAHL, G.: Zulässige Last- und Temperaturänderungen bei Dampfturbinen. Brennstoff-Wärme-Kraft **9**, 541 (1957).
PANASYUK, V. V., YA. S. PODSTRIGACH und S. Y. YAREMA: Wärmespannungen in einer Zylinderschale. (Ukrainisch.) Dopovidi Akad. Nauk URSR **3**, 231 (1955).
PARIA, G.: Stresses in an infinite strip due to a nucleus of thermo-elastic strain inside it. Bull. Calcutta Math. Soc. **45**, 83 (1953).
PARKES, E. W.: (1) The alleviation of thermal stress. Aircraft Engng. **25**, 51 (1953).
— (2) Transient thermal stresses in wings. Aircraft Engng. **25**, 373 (1953).
— (3) Wings under repeated thermal stress. Aircraft Engng. **26**, 402 (1954).
— (4) Panels under thermal stress. Aircraft Engng. **28**, 180 (1956).
— (5) The stresses in a plate due to a local hot spot. Aircraft Engng. **29**, 67 (1957).
PARKUS, H.: (1) Über eine Erweiterung des HAMILTONschen Prinzipes auf thermoelastische Vorgänge. FEDERHOFER-GIRKMANN-Festschrift, S. 295. Wien: **1950**.
— (2) Das Prinzip von CASTIGLIANO bei wärmebeanspruchten Körpern. Österr. Bauzeitschrift **6**, 89 (1951).
— (3) Stress in a centrally heated disk. Proc. Second U. S. Nat. Congr. Appl. Mechan. 307, **1954**.
— (4) Spannungen beim Abkühlen einer Kugel. Ing.-Arch., im Druck.

Peck, C. F., Jr., F. M. Bonetti and F. T. Mavis: Temperature stresses in iron work rolls. Iron Steel Eng. **31**, 45 (1954).
Pell, W. H.: Thermal deflections of anisotropic thin plates. Quart. Appl. Math. **4**, 27 (1946).
Plantema, F. J.: Konstruktive Probleme im Zusammenhang mit dem Aufheizen von Überschall-Flugzeugen. (Holländisch.) De Ingenieur **66**, 31 (1954).
Pohle, F. V. and H. Oliver: Temperature distribution and thermal stresses in a model of a supersonic wing. J. Aeronaut. Sci. **21**, 8 (1954).
Poritsky, H. and F. A. Fend: Relief of thermal stresses through creep. J. Appl. Mechan. **25**, 589 (1958).
Prager, W.: Thermal stresses in viscoelastic structures. Z. angew. Math. Physik **7**, 230 (1956).
Pride, R. A. and J. B. Hall, Jr.: Transient heating effects on the bending strength of integral aluminum-alloy box beams. NACA Techn. Note 4205 (1958).
Przemieniecki, J. S.: Transient temperature distributions and thermal stresses in fuselage shells with bulkheads or frames. J. Royal Aeronaut. Soc. **60**, 799 (1956).
Reissner, H.: Eigenspannungen und Eigenspannungsquellen. Z. angew. Math. Mechan. **11**, 1 (1931).
Roy, S. K.: On the biharmonic analysis of thermal stresses around openings in structures. Proc. First Congr. Theor. and Appl. Mechan., p. 125, **1955**. Kharagpur, Indian Inst. of Technology.
Sadowsky, M. A.: Thermal shock on a circular surface of exposure of an elastic half space. J. Appl. Mechan. **22**, 177 (1955).
Salvadori, M. G.: Live load and temperature moments in shells of rotation built into cylinders. J. Amer. Concr. Inst. **27**, 149 (1955).
Sanders, W. B., Jr. and E. A. Trabant: An analytical method of evaluating thermal stresses in gas-turbine blades. Aeronaut. Engng. Rev. **16**, 52 (1957).
Santini, P.: Thermoelastodynamik von Schalenflügeln. (Italienisch.) Aerotecnica **37**, 201 (1957).
Schneider, P. J.: Variation of maximum thermal stress in free plates. J. Aeronaut. Sci. **22**, 872 (1955).
Schuh, H.: (1) On the calculation of temperature distribution and thermal stresses in parts of aircraft structures at supersonic speeds. J. Aeronaut. Sci. **21**, 575 (1954).
— (2) Transient temperature distributions and thermal stresses in a skin-shear web configuration at high-speed flight for a wide range of parameters. J. Aeronaut. Sci. **22**, 829 (1955).
Schulze, H.: Zur Frage der Temperaturbeanspruchung in massiven Brücken. Dtsch. Eisenbahntech. **5**, 443 und 575 (1957).
Sestini, G.: Calcolo termo-meccanico delle turbazioni a vertici compensatori di dilatazione. Termotecnica **9**, 399 (1953).
Seth, B. R.: Finite thermal strain in spheres and circular cylinders. Arch. Mechan. Stos. **9**, 633 (1957).
Sharma, B.: (1) Stresses in an infinite slab due to a nucleus of thermoelastic strain in it. Z. angew. Math. Mechan. **36**, 75 (1956).
— (2) Thermal stresses in infinite elastic disks. J. Appl. Mechan. **23**, 527 (1956).
— (3) Stresses due to a nucleus of thermoelastic strain (1) in an infinite elastic solid with spherical cavity and (2) in a solid elastic sphere. Z. angew. Math. Physik **8**, 142 (1957).
— (4) Thermal stresses in transversely isotropic semi-infinite elastic solids. J. Appl. Mechan. **25**, 87 (1958).

SINGER, J.: (1) The effect of amplitude on the torsional vibrations of solid wings subjected to aerodynamic heating. J. Aeronaut. Sci. **24**, 620 (1957).
— (2) Thermal buckling of solid wings of arbitrary aspect ratio. J. Aero/Space Sci. **25**, 573 (1958).
SINGER, J. and N. J. HOFF: Effect of the change in thermal stresses due to large deflections on the torsional rigidity of wings. J. Aeronaut Sci. **24**, 310 (1957).
SINGH, K. P.: Centrifugal and thermal stresses in rotating discs. Proc. First Congr. Theor. and Appl. Mechan. p. 169, **1955**. Kharagpur, Indian Inst. of Technology.
SOBEY, A. J.: Thermo-elastic similarity. Aircraft Engng. **26**, 298 (1954).
SOKOLOWSKI, M.: Axially-symmetrical problems of thermo-elasticity for a cylinder of unlimited length. Bull. Acad. Pol. Sci., s. techn. **6**, 207 (1958).
STERN, M.: Analysis of thermal stresses in conical shells. J. Aeronaut. Sci. **22**, 506 (1955).
STERNBERG, E.: (1) Transient thermal stresses in an infinite medium with a spherical cavity. Proc. Kon. Ned. Akad. Wetensch. B, **60**, 396 (1957).
— (2) On transient thermal stress in linear viscoelasticity. Im Druck.
STERNBERG, E. and J. G. CHAKRAVORTY: (1) On inertia effects in a transient thermoelastic problem. J. Appl. Mechan. Im Druck.
— (2) Thermal shock in an elastic body with a spherical cavity. Quart. Appl. Math. Im Druck.
STERNBERG, E and E. L. MCDOWELL: On the steady-state thermoelastic problem for the half-space. Quart. Appl. Math. **14**, 381 (1957).
STRUB, R. A.: (1) Distribution of mechanical and thermal stresses in multilayer cylinders. Trans. A. S. M. E. **75**, 73 (1953).
— (2) Méthode générale de calcul des tensiones mécaniques et thermiques dans les disques de profil quelconque. Bull. techn. Suisse Rom. **80**, 97 (1954).
SUHARA, S.: Über die Spannungen in einer Kreisscheibe veränderlicher Dicke, deren Elastizitäts- und Wärmeausdehnungskoeffizienten Funktionen der Temperatur sind. (Japanisch.) Proc. Fac. Eng. Keiogijuku Univ. I. 43 (1948).
SULLIVAN, W. J., Jr.: Theory of aircraft structural models subject to aerodynamic heating and external loads. NACA Techn. Note 4115 (1957).
Symposium on thermal fracture. (Ed. by W. D. KINGERY.) J. Amer. ceramic Soc. **38**, 1 (1955).
TEODORESCU, P. P.: Über das ebene Problem der Thermoelastizität. (Rumänisch.) Bull. Sci. Acad. Rep. Pop. Romine, Sect. Mat. Fiz. IX, 471 (1957).
THOMPSON, A. C.: Thermal stresses around a heated hole in a large glass plate. J. Amer. ceramic Soc. **40**, 244 (1957).
THOMPSON, A. S.: (1) Stresses in rotating disks at high temperature. J. Appl. Mech. **13**, 45 (1946).
— (2) Thermal stress in power-producing elements. J. Aeronaut. Sci. **19**, 476 (1952).
THRUN, Z.: Thermische Verformungen und Spannungen in dünnen Platten mit veränderlicher Dicke. (Polnisch.) Rozpr. Inzyn. **4**, 523 (1956).
TREMMEL, E.: (1) Beitrag zum Problem der Wärmespannungen in Scheiben. Ing.-Arch. **23**, 159 (1955).
— (2) Über die Anwendung der Plattentheorie zur Bestimmung von Wärmespannungsfeldern. Österr. Ing.-Arch. **11**, 165 (1957).
— (3) Wärmespannungen beim Abbinden von Massenbeton. Österr. Ing.-Arch. Im Druck.
TROSTEL, R.: (1) Instationäre Wärmespannungen in Hohlzylindern mit Kreisringquerschnitt. Ing.-Arch. **24**, 1 (1956).

Trostel, R.: (2) Instationäre Wärmespannungen in einer Hohlkugel. Ing.-Arch. **24**, 373 (1956).
— (3) Wärmespannungen in Hohlzylindern mit temperaturabhängigen Stoffwerten. Ing.-Arch. **26**, 134 (1958).
van der Linden, C. A. M.: Thermal stresses in a plate containing two circular holes of equal radius, the boundaries of which are kept at different temperatures. Appl. Sci. Res. (A) **6**, 117 (1956).
Vinokurov, S. G.: Wärmespannungen in Platten und Schalen. (Russisch.) Izv. Kazan Filial Akad. Nauk SSSR, Ser. Fiz. Mat. Tekn. Nauk. **3**, 18 (1953).
Vosteen, L. F. and K. E. Fuller: Behavior of a cantilever plate under rapid heating conditions. NACA Res. Mem., RML 55 E 20 C, **1955**.
Wahl, A. M.: Stress distribution in rotating disks subjected to creep, including effects of variable thickness and temperature. A. S. M. E. Ann. Meet. New York: **1956**, Pap. 56-A-162.
Wang, A. J. and W. Prager: Thermal and creep effects in work-hardening elastic-plastic solids. J. Aeronaut. Sci. **21**, 343 (1954).
Wegner, U.: Zwei Probleme der Elastizitätstheorie. Z. angew. Math. Mechan. **33**, 300 (1953).
Weiner, J. H.: (1) An elastoplastic thermal-stress analysis of a free plate. J. Appl. Mechan. **23**, 395 (1956).
— (2) A uniqueness theorem for the coupled thermoelastic problem. Quart. Appl. Math. **15**, 102 (1957).
Williams, M. L.: Large deflection analysis for a plate strip subjected to normal pressure and heating. J. Appl. Mechan. **22**, 458 (1955).
Zender, G. W. and R. A. Pride: The combinations of thermal and load stresses for the onset of permanent buckling in plates. NACA Techn. Note 4053 (1957).
Zoller, K.: Wärmespannungen beim Anheizen von Kesseltrommeln. Ing.-Arch. **23**, 51 (1955).
Zorski, H.: (1) On a certain property of thermoelastic media. Bull. Acad. Pol. Sci., s. techn. **6**, 327 (1958).
— (2) Singular solutions for thermoelastic media. Bull. Acad. Pol. Sci., s. techn. **6**, 331 (1958).
Zuk, W.: Thermal buckling of clamped cylindrical shells. J. Aeronaut. Sci. **24**, 389 (1957).
Zwick, S. A.: Thermal stresses in an infinite, hollow case-bonded cylinder. Jet Propulsion **27**, 872 (1957).

Sachverzeichnis.

Airysche Spannungsfunktion 61.
Analogie, elastisch-viskoelastische 118.
Ausstrahlungsbedingung 103.

Balken, Biegeschwingungen 109.

Deltafunktion 39.
Dipol, momentaner 18, 21.
Duhamelsche Hypothese 1.

Energie, Ergänzungs- 7.
—, Formänderungs- 4.
—, potentielle 6.
Exponentialintegral 39.

Fehlerfunktion 16, 20.
Fließbedingung 127, 131.
Fließgesetz 128 ff.

Greensche Funktion 11, 17.

Halbraum 18, 21, 23, 71, 77, 79, 89, 94, 123.
Hookesches Gesetz 2, 115.
Hookescher Körper 115, 118.

Kelvinscher Körper 116, 118, 121, 125.
Kreiszylinder 34, 40, 42, 47, 51, 58, 106.
Kriechen 114.
Kugel 64, 131.
Kugelkoordinaten 2, 10.

Laplace-Transformation 15, 25, 27, 42, 45.
Lovesche Verschiebungsfunktion 19, 22, 26, 36, 42.

Maxwellscher Körper 115, 118, 120 ff.

Platte 108, 147, 153.
Potential, elastisches 4.
—, plastisches 130.
—, retardiertes 89.
—, thermisch-elastisches Verschiebungs- 10, 14, 71.
—, thermisch-viskoelastisches Verschiebungs- 120.
Prinzip von Castigliano 7.
— d'Alembert 4.
— Dirichlet 6.
— Hamilton 6.
— der virtuellen Kräfte 7.
— — Verschiebungen 4.

Quasistationär 77.
Quasistatisch 1, 13.

Rohr 122, 137.
Relaxationszeit 116.
Restspannungen 135, 142, 146, 151 ff.
Retardationszeit 116.

Scheibe 68.
— mit Wärmeabgabe 14, 80, 104, 142
—, Turbinen- 82.
Spannungszustand, ebener 11, 14.
Sprungfunktion 95.

Verzerrungszustand, ebener 10, 14.
Viskosität 115, 116.

Wärmeleitung, Gleichung der 13, 14, 76.
Wärmequelle 20, 68, 72, 74, 77, 80, 97, 102, 104.
—, momentane 11, 15, 18, 69, 96.
Wärmeschock 87.

Zylinderkoordinaten 2, 10.

Im Springer-Verlag, Wien, erschien früher:

Wärmespannungen
infolge stationärer Temperaturfelder

Von

Dipl. Ing. Dr. techn. Ernst Melan
o. Professor an der Technischen Hochschule in Wien
wirkl. Mitglied der Österreichischen Akademie der Wissenschaften

und

Dipl. Ing. Dr. techn. Heinz Parkus
Professor am Michigan State College, East-Lansing, Michigan, USA.

Mit 30 Textabbildungen. V, 114 Seiten. Gr.-8°. 1953
Ganzleinen S 110.—, DM 18.50, sfr. 18.90, $ 4.40

„... Die Verfasser entwickeln in systematischem Aufbau die theoretischen Grundlagen für die Berechnung von Spannungen als die Folge von Temperaturfeldern in einem rein elastischen Werkstoff, d. h. unter Voraussetzung der Gültigkeit des Hookeschen Gesetzes. Zeitlich nicht stetige Felder und das plastische Verhalten der Werkstoffe sollen später in einem zweiten Bande behandelt werden. Das Buch bietet so eine gründliche Darstellung der Theorie dieses Sondergebietes der Elastostatik und umfaßt zugleich erstmalig die im Schrifttum vorhandenen Lösungsverfahren ..."
VDI-Zeitschrift

"The determination of thermal stresses in various parts of engineering structures of numerous kinds, especially in mechanical engineering, is one of the fundamental problems, which the designing engineer faces in his daily work. While there is great number of separate contributions to the subject in the technical literature, the book under review is the first attempt of giving the interested public a concise but comprehensive presentation of considerable variety of problems on temperature stresses in the form of a monograph. Within a comparatively small space the authors offer an abundance of useful information with illustrating examples, maintaining at the same time a high theoretical level in an easily readable exposition ...
The authors intend to add to the volume under review another one dealing with stress problems for nonstationary temperature distributions and with such characterized by high temperatures, at which elastoplastic conditions are to be expected. These are practically very important but rather difficult problems. The first volume justifies the hope that the second one will be a valuable contribution to the particular subject just indicated."
Journal of Applied Mechanics

MIX
Papier aus verantwortungsvollen Quellen
Paper from responsible sources
FSC® C105338

If you have any concerns about our products,
you can contact us on
ProductSafety@springernature.com

In case Publisher is established outside the EU,
the EU authorized representative is:
**Springer Nature Customer Service Center GmbH
Europaplatz 3, 69115 Heidelberg, Germany**

Printed by Libri Plureos GmbH
in Hamburg, Germany